NATURAL
WINEMAKERS
ory

KB161390

내추럴 와인메이커스
두 번째 이야기

최영선 지음
임정현 사진

내추럴 와인의
현재와 미래를 만드는 43인

FRANCE

hansmedia

내추럴 와인과
나의 이야기

나의 직업은 와인 수출입 에이전트다. 프랑스, 스페인, 이탈리아, 체코, 슬로바키아 등 온 유럽을 다니며 아직 알려지지 않은 보석 같은 와인을 발굴하고, 이를 한국과 중국, 대만, 필리핀 등에 소개하는 일을 한다. 말하자면 유럽과 아시아 사이에서 와인 수출입의 교두보 역할을 하는 것이다. 나는 일을 할 때 언제나 중매를 서는 기분으로 한다. 각 나라 사이에 와인을 소개하는 일 역시 서로에게 좋은 배우자를 찾는 것과 마찬가지라고 생각하기 때문이다. 2008년부터 파리를 베이스 기지 삼아 와인 에이전트를 하고 있으니, 벌써 와인 중매 인생 15년 차다.

중매를 잘하면 술이 석 잔이요, 못하면 뺨이 석 대라고 했다. 나에게 술 석 잔은 생산자와 수입자가 오래도록 함께하면서 와인을 잘 파는 것이고, 뺨 석 대는 생산자와 수입자가 결별을 선언한 이후 벌어지는 복잡한 일들의 뒤치다거리다. 생산자에게 새로운 수입자를 찾아줘야 하는 경우, 다시 또 헤어지는 일이 없도록 '왜 이제야 나타났어!'를 외칠 만한 천생연분을 찾아서 맺어줘야 한다. 특히 기존 수입자에게 해당 와인의 재고가 아직 남아 있는 상태에서 헤어지는 경우가 좀 복잡한데, 이를 새로운 수입자와 상호 우호적으로 잘 처리할 수 있도록 중간에서 도와야 한다. 생산자와 수입사가 결별하게 되는 이유에는 여러 가지가 있지만, 와인 생산자 측에서 다른 수입자한테 눈을 돌리거나 수입자가 와인을 더 이상 판매할 능력이 안 돼서, 또는 그 와인이 시장에서 더 이상 팔리지 않아서 등이다. 그러니 처음부터 이런 문제가 생기지 않도록 사전에 꼼꼼하게 각자 원하는 바를 잘 살피고, 좋은 파트너를 만나도록 최선을 다해야 하는 것이다.

2008년에 디종에서 와인 비즈니스 석사 학위를 받은 나는 처음에는 프랑스 와인 대기업의 아시아 책임자 자리에 지원을 했다. 하지만 당시 한국의 와인 시장은 지금과는 비교할 수도 없을 정도로 작았고, 프랑스의 와인 기업들은 외국어에 능통하면서 와인 지식을 갖춘 중국인을 찾고 있었다. 석사 학위 동기 중 중국 친구가 2명, 대만 친구 1명, 그리고 한국에서 온 나, 이렇게 총 4명이 아시아 출신이었다. 석사 과정의 일부였던 와이너리 방문에는 프랑스뿐 아니라 이탈리아나 스페인 와이너리들도 포함되어 있었는데, 규모가 큰 와이너리의 관계자는 하나 같이 우리 4명에게 이중 누가 중국인이냐고 물었다. 처음에는 동기들 중 프랑스어와 영어가 가장 유창한 나에게 먼저 관심이 쏟아졌지만, 한국에서 왔다고 하면 하던 말이 중단되는 일이 반복되었다. 결국 나는 졸업 후 취업을 하려는 계획보다는 창업으로 마음이 기울 수밖에 없었다.
석사 학위를 받고 나서는 교수님과 진지하게 의논을 했다. 내 나라인 한국과 연관된 일을 해야 고국을 자주 찾을 것 같은데, 어떤 일을 하면 좋을까 하고. 그때 교수님과 함께 머리를 맞대고 생각해낸 비즈니스 모델이 바로 와인 수출입 에이전트였다. 파리 상공회의소를 찾아가 이 일을 어떻게 시작해야 하는지 자문을 구하고, 사업 목적을 정하고, 비노필VINOFEEL이란 이름으로 회사를 차렸다. 당시 학생 비자로는 창업이 불가능했기 때문에, 파리 경시청을 들락거리며 여러 번 소명 자료를 제출하고 내가 왜 이 사업을 해야 하는지 자세히 설명을 해야 했다.

어렵게 회사를 만들었으니, 일단 좋은 와인을 발굴하는 일이 급선무였다. 당시 나에게 좋은 와인이란, 유명 와인 평론가인 로버트 파커가 높은 점수를 준 와인이거나 유명 와인 잡지로부터 훌륭한 평가를 받은 와인들이었다. 당연히 그런 와인만을 찾아 다녔다. 지역적으로는 프랑스의 론 지역 와인이 보르도나 부르고뉴보다 상대적으로 덜 소개가 되었던 시기라서, 론을 공략하는 것으로 방향을 잡았다. 와인 비즈니스 석사를 갓 마친 내가 할 수 있는 최선의 전략이었다. 대부분의 와이너리가 이메일을 보내고 전화 통화를 거치면 나의 에이전시 제안을 수락하고 수출입 제안을 위한 가격표 등 기본 자료를 보내주었다.

와인을 찾아 내면 그다음은 적당한 수입사를 찾아서 와이너리와 매치를 시켜야 하는데, 금융권에서만 일하다가 와인으로 인생을 바꾸겠다고 프랑스로 온 나에게, 한국 와인 업계의 인맥이 있을 리가 없었다. 프랑스에 유학을 와서도 소믈리에 과정이 아닌 와인 비즈니스 석사를 한 것이라서 소믈리에 쪽 인맥도 전무했다. 결국 한국에서 사회생활을 할 당시 고객으로서 와인을 자주 사서 마셨던 몇몇 수입사들, 그리고 그분들께 소개를 받거나 일을 하며 우연히 알게 된 분들이 나의 첫 거래처가 되었다.

내가 에이전시를 차렸던 2008년 초반, 한국의 와인 시장 분위기는 꽤 좋았다. 아직 석사 과정 중이던 2007년에는 과거 프랑스로 와인을 공부하러 떠난다는 나를 말렸던 사람들이 하나둘 연락을 해왔다. 수백억 규모의 '와인 펀드'를 운영할 예정인데 매니징을 해줄 수 있느냐, 투자를 할 테니 와인 수입사를 차려보자, 돈은 얼마든지 대겠다 등의 제안들이 몇 건이나 있었다. 당시 한국에서 어떤 일이 벌어지고 있는지 몰랐던 나는, 〈신의 물방울〉이라는 만화가 대히트를 쳤고 이로 인해 와인 시장이 급격하게 커지고 있다는 것을 뒤늦게 알았다. 하지만 나는 이 모든 제안들을 일언지하에 거절하고 아주 작게 내 회사를 만들었다. 화려한 버섯은 독을 품었을 가능성이 높고, 신기루 같다는 생각이 들었기 때문이다. 어쨌든 당시의 열렬한 시장 분위기 덕분에 나의 시작도 참으로 산뜻했다. 손대는 와이너리마다 주문으로 연결되었다. 아, 이대로 차근차근 열심히만 한다면 사업이 잘되겠구나 싶었다.

하지만 인생에는 늘 생각지도 못했던 변수들이 예고 없이 튀어나온다. 2008년 9월경 글로벌 경제 위기가 시작되었다. 사업을 시작한 지 반년 정도 지난 시점에서 예상치 못한 장애물을 만난 나의 회사는 앞으로 더 나아가지 못하고 좌초할 듯 보였다. 예정된 주문이 취소되거나 축소되었고, 모두가 그다음 해를 기약할 수 없어 보였다. 급성장하던 와인 시장의 성장세에 맞추어 수입이 결정된 대량의 와인들이 한국에 도착한 후 팔리지 않고 창고에 고스란히 쌓여 갔다.

생각해보면, 내가 본격적으로 와인에 입문하고 많이 마시기 시작했던 시기 역시 경제 위기 때였다. 1997년부터 시작된 아시아의 외환 위기는 한국에도 막대한 영향을 미쳤고 우리는 IMF(국제통화기금)로부터 차관을 받아 겨우 국가 부도를 면했다. 당시 나는 금융 기관에서 근무하며 별을 보고 출근해서 별을 보며 퇴근하곤 했었는데, 그 피로감을 와인으로 달래곤 했다. 학부 때 교수님께 와인을 처음 배우기 시작했고, 외국계 금융 기관에 다니면서 와인에 제대로 눈을 떴으며, 외환 위기로 원가 이하로 덤핑을 하는 와인들을 정말 손쉽게 그리고 많이 사서 마실 수 있었던 것이다. 그런데 몇 년간 이런저런 와인들을 계속 마시다 보니, 문득 궁금해졌다. 대체 이 와인이라는 존재란 무엇인가. 시간이 지나면서 가지고 있는 캐릭터가 바뀌고, 같은 포도 품종이라는데 생산자마다 맛이 달랐다. 같은 와인이라도 1년 전의 맛과 1년 후의 맛이 달랐다. 뭐든지 궁금해지면 책부터 집어 들던 나는 와인과 관련된 책을 찾아 읽기 시작했다. 90년대만 해도 한국어로 된 와인 서적이 많지 않던 시절이라 영문 원서들을 사서 읽고, 혼자서 스터디라도 하듯 내가 마신 와인에 대한 궁금증을 책을 통해 해결을 했다.

나는 원래 호기심이 많고, 그에 따른 관심사 역시 음악, 미술, 음식, 여행, 스포츠, 사람 등 꽤 많은 분야를 아우른다. 처음 호기심을 갖기 시작할 때는 열정적으로 그 분야를 파고드는데, 다만 그 속도만큼 빨리 싫증을 내는 경우가 허다하다. 하지만 와인은 달랐다. 매번 나를 궁금하게 했다. 같은 포도인데도 테루아에 따라 다르게 표현되고, 다시 또 생산자마다 스타일이 달라진다. 게다가 숙성이 되면서 또 여러 번 달라진다. 이 정도면 평생 호기심을 갖고 궁금해할 수 있는 분야인 게 분명했다. 그런 확신과 명분을 가지고 나는 프랑스로 왔던 것이다.

첫 번째 글로벌 경제 위기로 판매되지 않고 쌓여가는 와인들이 덤핑으로 나왔을 때 나는 환호를 지르며 호기롭게 사서 마셨는데, 와인 에이전시 비즈니스를 시작하자마자 닥친 두 번째 경제 위기는 한국에 도착한 나의 와인들을 덤핑으로 내몰았고, 이번에는 비명을 지르고 말았다. 하지만 터널에 들어온 이상 계속 앞으로 걸어가야 언젠가는 저 멀리 보이는 빛에 닿을 수 있는 법. 처음에 그렸던 빠르게 성장하는 회사의 청사진과는 사뭇 달랐지만, 나는 천천히 그리고 조금씩 에이전트 일을 계속해 나갔다.

그러다 2014년, 사업적으로나 개인적으로 나는 아주 중요한 전환점이자 분수령을 맞는다. 내추럴 와인에 대한 '각성'을 하게 된 것이다. 2020년 2월 출간된 나의 첫 책,《내추럴 와인메이커스》의 서문에서 자세히 밝혔듯이, 내가 내추럴 와인의 존재를 안 지는 꽤 되었지만 2014년 초의 한 사건을 계기로 나는 완전히 내추럴 와인에 몰입하기 시작했다.
사실 내추럴 와인에 눈을 뜨지 못했더라면, 어쩌면 나는 또 다른 업계로 인생을 바꾸었을지도 모른다. 경제 위기 상황이 지속되면서 와인 시장이 계속 어려웠는데, 그 상황에서 1년 남짓 거래하던 한 수입사로부터 배신까지 당한 것이다. 그 수입사는 처음에 와인을 소개하고 수입까지 도왔던 나를 배제하고 몰래 생산자와 직거래를 했고, 2년 차 새내기 에이전트인 나로서는 속수무책으로 당할 수밖에 없었다. '아, 내가 이 일을 계속할 수 있을까. 한국 와인 업계에 이런 사람들이 많다면, 과연 내가 살아낼 수 있을까.' 일과 사람에 대한 근본적인 회의가 들었다. 결국 와인 비즈니스 외에 추가로 다른 일들을 병행하게 됐고 그 새로운 사업을 키우는 일에 힘을 쏟던 바로 그 무렵, 나는 느닷없이 내추럴 와인에 대한 각성을 했던 것이다.

어떻게 팔아야 할지는 나중 문제고, 우선 어떤 와인들이 좋은 내추럴 와인인지부터 알기 위해 나는 다시 파고들었다. 내추럴 와인 생산자들은 컨벤셔널 와인 생산자들과는 결이 다르다는 것을 금방 알아차릴 수 있었다. 그동안 내가 해왔던 방식, 전화나 이메일 등의 비대면 진행은 절대 통하지 않는 사람들이었다. 누구든 일단 내가 직접 찾아가야 했다. 그들에게 얼굴을 비추고, 내가 어떤 사람인지 알리는 것이 가장 중요했다. 이전까지는 전화, 팩스, 이메일을 통해 편하게 일을 했다면, 내추럴 와인에 매진하면서는 언제나 프랑스 곳곳으로 여행을 다녀야 했다. 다행히 2014년의 프랑스는 이미 내추럴 와인 시장이 어느 정도 자리를 잡고 급부상을 목전에 두던 시점이어서, 여기저기서 다양한 시음회Salon가 열렸고 그 자리에서 나는 여러 내추럴 와인 생산자들을 한꺼번에 만날 수 있었다.

내추럴 와인을 한국에 처음 알리는 입장에서 제일 중요한 것은, 바로 '어떻게 알릴 것인가'라는 점이었다. 나 자신도 내추럴 와인을 이해하는 데 시간이 한참 걸렸는데, '어떻게 해야 현재 한국에 있는 소비자들에게 내추럴 와인을 제대로 잘 알릴 수 있을까' 꽤 고심을 했다. 나는 내추럴 와인이 '미래'다, 이게 '진짜 와인'이다, 라는 자칫 위험하게 해석될 수 있는 용어들을 서슴없이 내세웠다. 무모할 정도의 확신과 과도한 애정의 결과물이었다. 하지만 이 논리에 따르면 내추럴 와인이 아닌 와인은 저절로 나쁜 와인이 되는 상황이었다. 열정이 넘친 나머지, 도를 넘었던 것이 아닌가 싶다. 내추럴 와인과 컨벤셔널 와인은 서로 존중하는 요소들이 다를 뿐이다. 하지만 당시의 내가 '내추럴 와인'이 마치 새로운 종교라도 되는 것처럼 강한 확신과 믿음을 가지고 설파하지 않았더라면, 그때의 한국 시장에서 내 이야기를 들어줄 사람이 과연 몇이나 되었을까.

나의 이야기에 귀를 기울여 준 첫 와인 수입사는 '다경와인', 그리고 다경와인보다 늦게 시작했지만 지금은 한국에서 가장 큰 내추럴 와인 전문 수입사인 '뱅베'가 있다. 이 자리를 빌어서 다경와인의 진정훈 대표, 그리고 뱅베의 김은성 대표에게 진심으로 감사를 전하고 싶다. 내 이야기를 가장 먼저 믿어주고 한국 최초로 내추럴 와인 전문 수입사를 차린 진정훈 대표, 다경보다 조금 늦게 뛰어들었지만 한국의 내추럴 와인 시장에서 가장 강력한 견인차 역할을 하며 압도적으로 힘을 발휘하고 있는 뱅베의 김은성 대표. 이 두 사람이 없었다면 지금처럼 한국의 내추럴 와인 시장이 폭발적으로 크지도 못했을 것이고 아마 나의 책도 태어나지 못했을 것이 분명하다.

그렇게 내추럴 와인을 한국에 처음 소개하기 시작한 2014년으로부터 정확히 3년 후인 2017년, 나는 또 한 번의 분기점이 될 사건을 벌였다. 당시 한국에 이미 수입되던 내추럴 와인 생산자들을 초대해서 한국 최초의 내추럴 와인 페어인 '살롱 오Salon O'를 개최한 것이다. SNS에 관심이 없던 내가 이 행사를 위해서 인스타그램을 처음으로 시작하고, 페이스북 페이지도 만들었다. 추가적인 홍보를 위한 다른 방법은 쓰지 않았다. 그저 '올 사람들은 오지 않겠는가'라는 막연한 기대 혹은 희망이 있었을 뿐. 그렇게 시작했던 살롱 오는 매해 커지는 한국의 내추럴 와인 시장과 더불어, 한국을 방문하는 와인 생산자의 수와 방문자 수도 크게 증가했다. 그리고 오는 2023년 2월, 코로나로 인해 3년간 중단되었던 살롱 오가 다시 재개된다. 한국의 내추럴 와인 시장의 시작과 성장을 함께한, 나의 분신처럼 애착이 가는 행사다.

살롱 오는 천재지변이 없는 한, 앞으로 계속해서 매해 2월 하순 혹은 3월 초에 개최될 예정이다. 본업이 농부인 내추럴 와인 생산자들을 위해 포도밭에서 할 일이 많은 시기와 양조로 바쁜 시기를 피해 정한 일정이다. 살롱 오는 서울과 부산에서 각각 개최되는데, 이 책을 읽는 독자분들 중 아직 방문하지 않은 분들은 꼭 한번 방문하시기를 권하고 싶다. 생산자들이 직접 따라 주는 와인을 시음하며, 궁금했던 것들을 직접 물어볼 수 있는 흔치 않은 기회일 뿐 아니라, 그곳에 있는 모두가 함께 즐기는 흥겨운 축제이기도 하기 때문이다.

어느새 나는 두 번째 책 집필을 마무리하고 있다. 첫 번째 책《내추럴 와인메이커스》가 전설적인 내추럴 와인 1세대에 대한 오마주였다면, 이번 책은 현재의 내추럴 와인 시장을 이끌어가고 있는 열정적인 다음 세대들에 관한 이야기다. 프랑스 여행을 하면서 내추럴 와인 산지를 찾아가 보고, 생산자들을 직접 만나고 싶어 하는 분들에게 유용한 가이드 역할을 하기를 바라며 구성한 책이기도 하다. 이 책에 실린 내추럴 와인 중에는 나의 에이전시를 통해 한국에 수입되는 와인도 있고, 그렇지 않은 와인도 있다. 하지만 대부분은 실제로 구입해서 마셔볼 수 있는 와인들이다.

새로운 길, 남들이 가지 않은 길을 가고 있는 내추럴 와인 생산자들. 어찌 보면 나의 삶은 이들과 결을 같이 하고 있는 듯하다. 그래서인지 업무상 언제나 길을 떠나야 하는 생활이 가끔 힘들기도 하지만, 그 길 끝에서 만나는 생산자들과의 즐거운 만남은 과정의 어려움을 상쇄하고도 남는다. 운명처럼 내추럴 와인을 만나고, 그들이 만들어 놓은 용감한 길 위에서 나는 참 행운아의 삶을 살고 있다.

CONTENTS

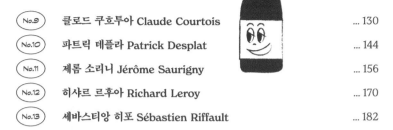

루아르
Loire

알자스
Alsace

보르도
Bordeaux

부르고뉴
Bourgogne

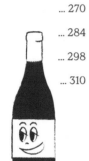

쥐라 & 사부아
Jura & Savoie

랑그독 루시용
Lanquedoc Roussillon

이 책에 자주 등장하는 와인 용어와 프랑스 행정 및 교육 관련 용어를 정리했습니다. 프랑스어와 영어가 섞여서 쓰이는 경우가 가끔 있으나, 현재 대중적으로 널리 쓰이고 있는 단어들은 영어로 표기했다는 점을 참고하시기 바랍니다.

용어 정리

도멘(Domaine), 네고시앙(Négociant), 메종(Maison) : 도멘은 생산자가 직접 소유한 포도밭에서 나온 포도만을 가지고 와인을 만드는 경우를 말하며, 네고시앙은 이와 반대로 포도를 매입해 양조를 하거나 혹은 이미 완성된 와인을 구입해서 자신의 이름을 붙여 판매하는 사업자를 일컫는다. 반면에 메종은 이러한 두 가지 행위를 같이 하는 경우에 사용되는 좀 더 넓은 의미이다.

담쟌(Dame Jeanne) : 와인을 발효하거나 숙성할 때 쓰는 30리터 유리통. 루시용 지역에서 주로 많이 사용된다.

리덕션(Reduction) : 동물 향이나 상한 달걀 냄새 등으로 표현되는 리덕션은 양조 과정 혹은 숙성 과정에서 공기가 충분히 공급이 되지 못했을 때 일어나는 현상이다. 대부분 간단한 디켄팅이나 공기 주입으로 해결이 된다. 이와 반대되는 개념이 산화(Oxidation)다.

모노컬쳐(Monoculture)와 폴리컬쳐(Polyculture) : 모노컬쳐는 동일한 지역에 같은 종류의 작물을 모아 심는 단일 재배를 말한다. 이와 반대되는 개념인 폴리컬쳐는 같은 지역에서 다양한 작물과 식물의 재배를 하는 것을 말한다. 현재 내추럴 와인 생산자들은 포도밭을 경작하는 방식으로 폴리컬쳐를 선택해 전환해 가는 중이다.

방당쥬(Vendange) : 포도 수확.

브레타노미세스(Brettanomyces) : 줄여서 '브렛'이라고도 한다. 페놀 향을 전이해 레드와인을 오염시키는 일종의 효모로, 가죽, 땀 등의 동물성 냄새가 특징이다.

비에이 비뉴(Vieilles Vignes) : 오래된 포도나무를 말한다.

비오디나미(Biodynamie) : '생명역동농법'으로 불리는, 1924년 오스트리아의 루돌프 슈타이너에 의해 창시된 새로운 농법. 땅과 식물에 문제가 생겼을 때 모든 해법을 자연에서 찾고자 하며, 천체의 움직임도 중요시한다.

상 수프르(Sans Soufre) : sans = without, soufre = sulfer(황). 즉, 와인에 황을 넣지 않았다는 뜻이다.

샵탈리자시옹(Chaptalisation) : 와인에 일정 정도의 알코올 도수를 내기 위해 알코올 발효 시 설탕을 추가하는 것을 말한다.

수 부알(Sous Voile) : 발효가 끝난 와인을 오크통에서 숙성시킬 때 알코올의 증발이 일어나고, 이를 다시 채워서 산화를 막는 작업을 '우이야주'라고 한다. 이때 우이야주를 하지 않으면 증발되는 알코올로 인해 오크통에는 공기층이 생기고 효모 균주가 막을 형성하게 된다. 이 막을 부알(voile)이라 하며, 이러한 방식으로 숙성된 와인에 수 부알이라는 표현을 쓴다.

수티라주(Soutirage, Racking) : 와인 숙성 시 아래에 침전하는 찌꺼기를 없애는 작업.

스킨 콘택트(Skin Contact) : 일반적인 레드와인 양조 방식으로, 포도의 주스를 짜서 발효하는 것이 아닌 포도를 껍질과 함께 발효시키는 양조 방법이다. 화이트와인은 대개 포도를 바로 압착하여 주스만 발효시키지만, '스킨 콘택트'한 화이트와인은 껍질과 함께 발효를 진행하여 마치 레드와인처럼 껍질로부터 색이나 타닌 등이 추출된다.

양조협동조합(Coopérative, 코페라티프) : 다수의 동일 지역 포도밭 소유주들이 함께 설립한 협동조합으로, 조합원들의 포도를 매입하여 와인을 생산한다.

우이야주(Ouillage, Top-up) : 오크통에서 와인을 숙성시키다 보면 와인이 증발되어 없어지는데, 이때 액체를 계속해서 채워주어 와인의 산화를 방지하는 작업.

이산화황(SO_2) : 와인 양조 과정의 다양한 단계에서 사용하는 황은 SO_2, Soufre, Sulfite등 다양한 형태와 서로 다른 이름으로 존재한다. 일반적으로는 SO_2 혹은 Sulfite라고 부른다

잔당(Residual Sugar) : 발효를 끝내고 난 후 남아 있는 당을 일컫는다.

저온 살균(Pasteurisé, 파스퇴리제) : 발효 가능성이 있는 액체를 섭씨 60~80도 정도로 가열한 후 급격히 냉각시키는 것. 병원성 세균만 살균된다. 프랑스의 파스퇴르 박사가 19세기에 특허를 낸, 와인에 적용하는 살균 방법인데 지금은 사용하지 않고 현재 우유나 주스를 살균할 때 가장 널리 쓰인다.

쥐(Souris, Mouse) : 내추럴 와인에서 가끔씩 나타나는 땅콩, 햄 껍질 등으로 표현되는 독특한 맛. 현대 양조학에서는 양조 과정의 '오류'로 지정하는데 이산화황을 넣으면 간단히 해결되는 문제. 따라서 상 수프르 와인이 이 문제에 좀 취약할 수 있지만 시간이 흐르면 없어진다. 어떤 사람은 싫어하지만, 또 어떤 사람은 좋아하기도 하며 아예 이 맛에 미맹인 사람들도 있다.

퀴베(Cuvée) : 전 세계적으로 통용되는 와인 관련 프랑스어 용어로, 와인의 종류, 이름 등을 일컫는다.

필록세라(Phylloxera) : 진딧물의 일종이며 1밀리미터 내외 크기의 포도나무 뿌리를 좀먹는 벌레 이름이다. 미국과 유럽 사이에 포도나무 묘목이 오가던 19세기 중반, 미국에 오랫동안 자생하던 필록세라가 당시로서는 완전히 무방비 상태였던 유럽의

포도나무를 습격해 초토화시킨 대대적인 사건이 있었다.

호메오파티(Homéopathie, Homeopathy) : 독일 하네만 박사에 의해 개발된 동종 요법.

휘발산(Volatile acid, 볼라틸) : 내추럴 와인에서 가장 많이 발생하는 특징적 요소 중 하나다. 알코올 발효가 완전히 끝난 후 이어서 젖산 발효가 일어나는 경우에는 문제가 없지만, 그렇지 않고 알코올 발효가 끝나지 않은 상태에서 젖산 발효가 동시에 진행될 경우 아세트산균이 활동을 하게 되며, 휘발산이 발생하게 된다. 이때 이산화황을 넣으면 휘발산이 사라지지만, 황을 사용하지 않는 내추럴 와인 양조에서는 문제가 되는 요소다.

A.V.N(Association des Vins Naturels, 아베엔) : 내추럴와인협회.

BTS(Brevet de Technicien Supérieur agricole, 베테에스) : 프랑스의 고등농업기술학교.

CFPPA(Centre de Formation Professionelle et de Promotion Agricole, 세에프페페아) : 직업 훈련 & 농업진흥원.

VMN(Vin Méthode Nature, 베엠엔) : '내추럴 방식의 양조'라는 뜻의 노동조합.

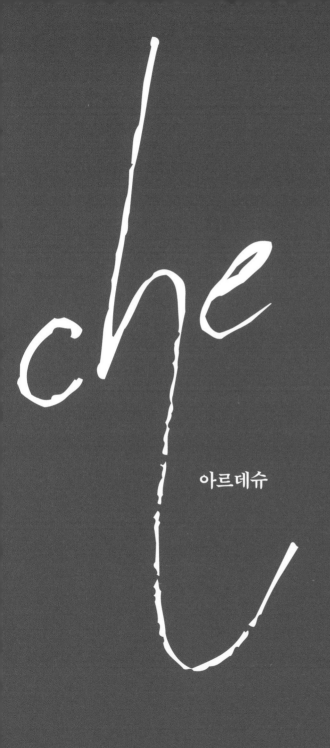

아르데슈

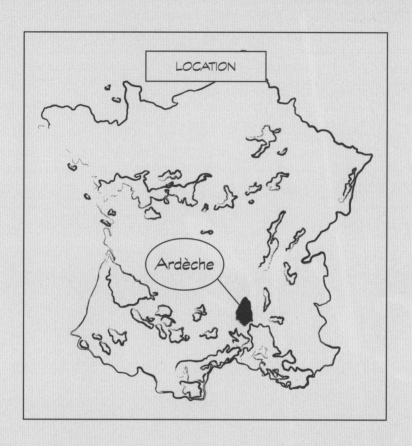

LOCATION

Ardèche

론Rhône강은 파리를 관통하는 센강, 루아르의 와인 산지를 통과하는 루아르강, 그리고 보르도의 갸론강과 함께 프랑스의 중요한 4대 강 중 하나다. 이 강을 따라 론 북부와 남부의 와인 생산지가 펼쳐지는데, 아르데슈Ardèche는 론의 북부와 남부 사이에 살짝 걸쳐 있는, 론강의 왼쪽을 포함하는 내륙 지방이다. 론 북부의 기라성 같은 AOC인 코트 로티Côtes Rôties, 콩드리유Condrieu, 크로즈 에르미타주Crozes-Hermitage, 에르미타주Hermitage를 살짝 비켜가는 지역이기도 하다.

아르데슈는 나 역시 내추럴 와인에 빠져든 후에야 처음으로 방문하게 되었을 정도로 와인으로는 비교적 덜 알려진, 좀 더 야생적인 지역이라고 할 수 있다. 총면적의 45%가 숲으로 둘러싸여 있기 때문에 등산, 카약, 산악자전거를 즐기는 사람들도 많이 찾는다.

이곳에서 와인은 고대 로마 시대부터 만들어지기 시작했지만, 필록세라가 포도밭을 휩쓸고 지나간 이후 거의 초토화가 되었다. 그러다가 2000년대 초 질 아쪼니Gilles Azzoni, 제랄드 우스트릭Gérald Oustric 등 1세대 내추럴 와인 생산자들이 자리를 잡기 시작하면서 새로운 와인 생산지로 부상했으며, 현재는 젊은 내추럴 와인 생산자들의 활발한 움직임이 목격되고 있는 곳이다. 이제부터 와인 불모지에서 용감하게 와인을 만들었던 1세대 와인메이커들과 이를 잇는 젊은 생산자의 이야기를 전해보고자 한다.

NATURAL
WINEMAKER
No.1

Gérald Oustric

제랄드 우스트릭

WINERY

르 마젤
Le Mazel

제랄드 우스트릭
Gérald Oustric

제랄드 우스트릭. 늘 유쾌하고 긍정적인 그를 친구들은 '제제'라고 부른다. 제제를 부를 때는 다들 저절로 미소가 지어질 만큼 그는 밝고 유쾌하다. 그의 양조장은 파리에서 남쪽으로 쉬지 않고 7시간을 달려야 도착하는 지역에 있다. 발비니에르Valvignière라는 작고 예쁜 중세 마을 외곽에 자리한 그의 와이너리는 구글맵이 지금처럼 활성화되기 전만 해도 일반 네비게이션으로는 도저히 찾을 수 없을 정도로 외진 곳이다. 나 역시 그의 셀러를 찾아가다가 2~3번 길을 잃었던 기억이 난다. 그런 한적한 곳에서 그는 아버지에게 물려받은 20헥타르의 포도밭을 일구며 와인을 만든다.

1983년부터 본격적으로 와인 양조를 시작한 제랄드는 부모로부터 물려받은 20헥타르의 포도밭에 자신이 야심 차게 매입한 10헥타르를 더해 총 30헥타르라는 꽤 커다란 규모의 포도밭을 가지고 있었다. 하지만 본인의 밭에서 수확한 많은 포도들을 혼자 다 양조하기에는 역부족이라는 것을 깨닫고, 곧바로 그 지역의 양조협동조합에 가입해 포도를 판매하고 일부 포도만 자신이 직접 양조(당시엔 이를 Cave Particulière, 독립 양조장이라 불렀다)를 했다. 그때 그가 만들었던 와인은 완전한 컨벤셔널 와인이었다.

그렇다면 제랄드는 어떻게 갑자기 내추럴 와인을 만들기 시작했을까. "1985년의 어느 날이었어. 같은 날 정말 우연히도 다르와 히보-Dard & Ribo 그리고 마르셀 라피에르-Marcel Lapierre를 만났거든. 그날 처음 만난 사람들이었고 나는 그들이 만드는 와인이 내추럴 와인인 줄도 몰랐어." 그는 내추럴 와인의 1세대 거장들을 운 좋게도 같은 날에 함께 만난 것이다. 곧바로 그들이 만든 와인에 매료된 그는 그 거장들의 양조장에 자주 방문했다. "마르셀 라피에르에게는 수확 시기에 어김없이 찾아와 2달 정도 머무르며 양조를 도와주던 자크 네오포흐-Jacques Néauport(《내추럴 와인케이커스》에 소개된 1세대 내추럴 와인 양조가)가 있었어. 내가 그를 보졸레에 데려다주고 데려오곤 했기 때문에 더 자주 방문하곤 했지". 자크의 본가는 아르데슈 남쪽에 위치해 있는데, 제랄드 우스트릭이 사는 곳에서 40여 분 거리였다. 평생 운전면허를 가져본 적이 없는 자크는 제랄드의 도움으로 마르셀 라피에르의 양조장을 오갔다. 마르셀 라피에르를 중심으로 형성된 보졸레의 내추럴 와인 군단은 모두 자크에게 도움을 받고 있었고, 제랄드는 자크의 가장 가까이에서 그러한 과정을 모두 지켜보며 내추럴 와인 양조에 대한 지식을 차근차근 쌓아갈 수 있었다. 결정적으로 자크 덕분에 제랄드가 내추럴 와인을 만들기 시작할 수 있었던 것이다.

10년이 넘게 자크가 마르셀의 양조를 도왔으니, 제랄드와도 그 기간 동안 지속적으로 교류가 있었을 텐데 왜 제랄드는 그때 바로 내추럴 와인을 바로 만들지 않았을까. 그가 내추럴 양조를 시작한 것은 그로부터 한참 후인 1997년의 일이었기 때문이다. 왜 그렇게 늦게서야 내추럴 와인을 만들기 시작했느냐고 물었다. 바로 양조협동조합과의 관계 때문이었다. 자신의 밭에서 수확한 포도의 일부만 제랄드 본인이 직접 양조하고 나머지는 모두 협동조합에 납품을 했기 때문에, 협동조합과 완전히 다른 스타일의 와인을 독자적으로 만들 수가 없었다고 한다.
결국 1994년경 자크와 마르셀은 제랄드가 일하는 발비니에르의 양조협동조합을 방문해 내추럴 양조법에 대해 처음으로 설명을 하고, 3년간 지속적으로 양조법 개선에 대해 조언을 했는데, 조합은 꿈쩍할 기미도 보이지 않았다고 한다. 결국 마르셀은 '이런 바보들하고 왜 계속 일을 하느냐, 이제 너만의 와인을 만들어야 하지 않겠느냐'며 일갈했고, 이를 계기로 제랄드는 1997년에 드디어 홀로서기를 결심한다. 대부분 협동조합 소속이었던 마을 사람들은 이후 3~4년간 그에게 인사조차 하지 않았다고 하니 이런 상황이 올거라 미리 예측했던 그는 오랜 시간 내추럴 와인 양조를 망설일 수밖에 없었을 것 같다.

사실 그의 땅은 아버지 때부터 거의 유기농 경작을 했고, 1985~86년경에 그가 밭을 물려받자마자 본격적인 유기농 전환을 했다. 처음에는 주변 사람들이 이 사실을 몰라서 아무 말도 하지 않았지만 공식적으로 유기농 인증서를 받은 2001년에는 다들 제랄드를 고소하겠다고 덤벼들었단다. 살충제를 치지 않는 유기농은 땅과 식물을 병들게 한다는 편견이 있었던 마을 사람들은 그의 유기농 경작이 마을 전체를 위험에 처하게 한다고 생각했다. 유기농법이 비교적 일상화가 된 요즘으로부터 불과 20여 년 전의 일이다.

그렇게 오랫동안 고민을 하고 마을 사람들과도 등을 진 채 내추럴 와인을 만들었는데, 와인 판매가 어렵거나 힘들지는 않았을까. "나는 자크 네오포호가 그렇게 유명한 인물인지 정말 몰랐어. 1998년 5월에 첫 병입을 했는데, 6월부터 바로 전 세계의 수입사들이 몰려들더군. 자크가 평소 알고 지내던 와인 수입사들에게 나를 소개하는 메일을 쓴 거야." 당시 미국 최고의 내추럴 와인 수입사였던 커밋 린치Kermit Linch를 비롯해 다른 많은 나라의 수입사뿐 아니라 파리의 와인숍, 비스트로들까지 찾아왔다고 한다. "컨벤셔널 와인을 만들 때는 내가 고객을 찾아 다니며 와인을 팔아야 했는데, 이제는 상황이 반대로 바뀐 거지. 첫 빈티지부터 알로케이션Allocation(와인 할당)을 해야 할 정도였다니까! 이 모든 것이 자크 덕분이었지. 물론 마르셀도 많이 도와주었고."

다른 내추럴 와인 생산자들과 마찬가지로 그 역시 아직까지 마음에 깊이 남은 어마어마한 실패 사례가 있다. 그의 퀴베 중 하나인 브리앙Briand의 1999년 빈티지였다. 수확을 마치고 발효를 시작한, 그르나슈 100%의 이 와인은 시작부터 너무나 좋았다. 분명 아주 아름다운 와인이 완성될 거라는 확신으로 가득 찼다. 하지만 발효를 마치고 숙성을 시작하면서 와인이 이상해지기 시작했다. 볼라틸Volatile acid(휘발산)이 심하게 올라가기 시작한 것이다. 도저히 와인으로 팔 수 없는 정도의 볼라틸이었다. 50헥토리터(6,600여 병 분량)나 되는 양이었으니 이대로 그냥 버릴 수는 없었다. 식초로라도 만들어 팔아야 했다.

결국 와인이 아닌 식초로 생산하겠다는 행정 신고를 마치고 문제의 와인을 커다란 오크통으로 옮겼는데, 또 다른 문제가 발생했다. 식초가 되려면 적어도 볼라틸이 리터당 6그램은 되어야 하는데 아무리 기다려도 2그램 이상 올라가지 않는 것이다. 결국 액체의 식초화를 촉진하기 위해 식초 진행이 한창인 식초 숙주를 넣어 보기도 했다. 하지만 결국 현재까지도 그 액체는 볼라틸이 2그램이 조금 넘은 채 그대로 있다. 아마 그의 양조 인생 중 가장 큰 실패였을 것이다. 그는 식초도 아니고 와인도 아닌 것이 20년이 넘는 기간 동안 숙성되어 너무 맛있어졌다며 한번 맛보겠느냐고 '유쾌한 제제'답게 허허 웃는다. "그게 끝이 아니야. 오늘도 나는 계속해서 크고 작은 실패와 함께 살아가고 있어."

그의 실패담이 계속해서 이어졌다. 2003년에 만들었던 한 퀴베는 생산량이 5,000병 정도였는데 병입하고 나니 와인이 제맛을 찾지 못하고 영 이상했다고 한다. 결국 그는 그 와인을 12년이 지난 2015년이 되어서야 팔기 시작했다. 병입은 했지만, 와인이 제 캐릭터를 찾게 될 때까지 기다린 것이다. 자신의 와인에 대한 확신이 없다면, 그리고 인내심이 없다면 불가능한 일이다.

그런데 이에 대해 그가 해준 설명이 참 재미있다. 12년을 기다리며 가끔씩 와인의 상태를 체크하는데, 절대로 와인은 '점점 나아지는 것이 아니라는 것'이다. 계속 이상하고 이상하고 또 이상하다가, 어느 시점에 갑자기 확 좋아진다고. 팔 수 없어서 막연히 숙성이 끝나기만 기다리던 와인을 한 수입사가 찾아왔을 때 같이 테이스팅하고-물론 그때는 맛이 좋지 않았다-, 그 다음 해에 다시 테이스팅을 했는데, 갑자기! 와인이 너무 좋아진 것이다. 결국 그 수입사가 전량 매입을 했다고 한다. 이 사건 덕분에 그의 주변에서는 병입 후 제맛을 못 찾고 이상해진 와인들은 언젠가 반드시 좋아진다고 믿는 생산자들이 늘었다고 한다.

겸손하게 실패담을 늘어놓는 제랄드지만, 그는 아르데슈에 정착하려는 젊은 와인 생산자들에게 무척 관대하며 어떤 일이든 들어주고 도와주는 아버지이자 친구 같은 존재다. 그 자신이 아르데슈 내 추럴 와인 부흥의 구심점인 것이다. 60세를 바라보는 적지 않은 나이인데, 그의 10년 후는 어떤 모습일까. "대부분은 포도밭을 얼른 자식들한테 물려주고 싶어 하는데, 내 아들은 이제 고작 13살이라니까. 내 인생은 아직 한참 꼬인 거 아니겠어? 하하하."

밝고 유쾌한 제제답게 그의 와인들은 대부분
발랄하고 상쾌하다. 머리 아프게 고민할 필요없이
편하고 즐겁게 마실 수 있는 스타일로 내추럴
와인 바, 비스트로 등에서 가장 많이 찾는
와인이다.

함께한 와인

Raoul
하울

까탈스러운 적포도 품종인 카리냥Carignan을 마시기 쉽고 프레시한 스타일로 풀어낸
와인.

Larmande
라흐망드

100% 시라로 만들어진 세련된 레드와인으로 몇 잔이고 계속해서 마실 수 있는 스타일
이다.

No.3 Charbonnière
샤르보니에르

블렌딩보다는 단일 품종으로 양조하는 것을 즐기는 제랄드의 비오니에 100% 화이트
와인. 살짝 감도는 스파클링한 느낌이 활력을 불러오는 와인이다.

NATURAL
WINEMAKER
No.2

Gilles Azzoni

질 아쪼니

WINERY

르 헤장 에 랑주
Le Raisin et l'Ange

질 아쪼니
Gilles Azzoni

르 헤장 에 랑주(포도와 천사) 와이너리의 창시자이자 제랄드 우스트릭과 함께 아르데슈 내추럴 와인 역사의 중심에 서 있는 질 아쪼니. 내가 처음 맛본 르 헤장 에 랑주 와인은 사실 그의 아들 앙토낭이 아버지를 대신해 만든 첫 와인이었다. 2014년에 질은 와이너리를 아들에게 물려주기로 결정하고 바로 그해부터 앙토낭이 양조를 시작했는데, 당시 나는 아직 완성되지 않은 와인을 양조통에서 뽑은 샘플을 맛봤다. 2015년 2월, 루아르의 유명 내추럴 와인 행사인 '라 디브 부테이유La Dive Bouteille'에서였다.

2014년 초부터 내추럴 와인을 한국에 소개하기 시작한 나는 아직 질 아쪼니를 만나지 못한 상태였다. 그리고 아들에게 와이너리를 물려준 질이 양조에서 완전히 손을 뗐다는 사실도 알지 못했다. 젊고 잘생긴 앙토낭은 자신감이 넘쳐 보였고 아직 미완의 와인은 유연하면서도 예쁜데다 마시기에도 편했다! 나중에 알게 된 사실이지만, 그의 아버지가 양조에서 손을 뗀 후 기존 거래처들이 주문을 망설이던 차에 내가 한국의 수입사와 함께 용감하게 오더를 넣었기 때문에 빠듯한 물량의 틈새를 비집고 들어갈 수 있었던 것이었다. 앙토낭의 와인은 한국에서 곧바로 대단한 반응을 이끌어 냈으니 그야말로 성공적인 데뷔식이었다.

질이 아들에게 와이너리를 물려준 후에도 소량이지만 여전히 앙토낭과 관계없이 혼자 자신의 와인을 만들고 있다는 사실을 안 것은 그로부터 두 해 정도 지나서였던 것 같다. 이들과 예전부터 거래하던 곳들이 질이 와인을 만든다고 하니 선주문으로 바로바로 와인을 매입해갔기 때문에, 나중에 거래를 시작한 나에게는 돌아올 몫이 없었다. 질에게 어떻게 그럴 수가 있느냐고 따져 물으니 "나를 좀 더 일찍 만났어야 하는 거 아니겠어?" 하며 싱긋 웃으니, 더 할 말이 없었다. 어쨌든 현재 소량이지만 그의 와인이 조금씩 한국에 수입되고 있다.

겨울에서 봄으로 넘어가던 어느 날, 언제 만나도 유쾌한 질과 인터뷰를 위해 마주 앉았다. 와인 메이커가 되기 전 질 아쪼니의 삶을 이야기해 보자고 하니 "그건 정말 옛날 일인데? 22살 전까지는 파리 남쪽에서 또래 친구들과 재밌게 바보짓도 하면서 살았지, 뭐. 하하."라며 웃는다. 큰 목표 없이 이런저런 일을 하며 살던 질은 어느 날 한 친구가 들려준 이야기에 귀가 솔깃해졌다. 와인 양조를 가르쳐주는 학교가 있는데, 심지어 학교를 다니는 동안 돈도 준다는 것이었다. 그 학교는 직업 훈련 & 농업진흥원CFPPA이었고, 부르고뉴 마콩에 위치해 있었다. 1970년대에 프랑스 정부는 높은 실업률을 해소하기 위해 젊은이들의 직업 교육을 적극적으로 권장했는데 그 정책의 일환이었다. 그가 CFPPA를 다니는 동안 학비가 전액무료였을 뿐 아니라 당시 최저 임금의 110% 정도 금액을 생활비로 지원받기까지 했다. 그때가 1976년이었는데, 이와 비슷한 교육 기관이 루아르의 앙부아즈Amboise에도 있었다. 질과 마찬가지로 당시에 양조 교육을 받고 나중에 내추럴 와인 생산자가 된 사람으로는 프레데릭 쇼사흐Frédéric Chossard(부르고뉴의 내추럴 와인 생산자) 그리고 에르베 빌마드Hervé Villemade(루아르의 내추럴 와인 생산자)를 들 수 있다. "너무 좋았지. 그리고 바로 이 일이야말로 내가 평생을 들여할 수 있는 일이라는 걸 깨달았어. 하지만 결정이 쉽지만은 않았어. 와인에 관해서는 아무런 배경이 없는 데다, 가족 중에 와인을 만들어본 사람도 없었으니까…."

양조 교육을 이수한 후 1983년까지, 그는 포도밭에서 일하는 노동자로서는 물론 생산자, 그리고 판매자에 이르기까지 와인에 대한 거의 모든 일을 경험했다. 일하는 지역도 부르고뉴, 남프랑스, 아르데슈 등 다양한 곳을 전전했는데, 그때까지 그는 내추럴 와인에 대한 경험이 진혀 없었다고 한나. 아르네슈에 성착해 와이너리를 시작하기 직전에는 2년간 와인숍 운영도 했다. 그야말로 와이너리 운영을 위한 거의 모든 경험을 해본 셈이다.

그리고 아르데슈에 정착한 바로 그해, 그의 인생에서 중요한 한 사

람을 만나게 된다. 당시 아르데슈 상공회의소는 그 지역에 새롭게 정착하는 젊은 와인 생산자들을 위해 40시간짜리 연수 프로그램을 운영했는데, 질이 참석했던 프로그램에는 대략 10명 남짓의 사람들이 모였다. 그때 옆자리에 앉아 있던 사람이 바로 르 마젤의 제랄드 우스트릭이었다. 당시 질이 29살, 제랄드는 22살이었다. "처음 만났을 때 우리는 각자 다른 꿈을 꾸고 있었지. 나는 카브 파흐티큘리에Cave Particulière(독립 생산자)를 계획하고 있었고, 제랄드는 코페라티프Coopérative(협동조합)만이 살길이라는 의견이었어."

이후 두 사람은 각자의 길을 가다가, 1997년에 질의 인생이 또 다른 전환점을 맞게 된다. 당시 질은 자신의 밭을 유기농으로 전환하던 중이었는데 사실 1991년부터 이미 제초제나 살충제를 거의 사용하지 않았다. 그러던 1997년 어느 날 제랄드의 요청으로 와인 병입을 도와주러 갔다가, 고맙다는 인사로 그날 병입한 와인 6병을 선물로 받았다. 그 와인이 바로 제랄드의 첫 번째 내추럴 와인이었다. 질은 그런 사실을 까맣게 모른 채 얼마 후 아무 생각 없이 그 와인을 마셨다. 지금까지의 와인과는 뭔가 달랐다. 어쩜 이렇게 마시기 편안할까 싶었다고 한다. 와인을 찾으러 지하 셀러로 내려갈 때마다 왠지 늘 그 와인에 손이 먼저 갔다고 했다. 6병을 다 마실 때까지 말이다. "그 와인이 내 안의 무언가를 건드렸던 셈인데, 사실 난 그게 뭔지 잘 몰랐어."
그렇게 시간이 흘러 1999년의 어느 날 제랄드가 식사 초대를 했다. 커다란 나무 아래 하얀 테이블보를 두른 식탁이 차려져 있던 그때의 장면이, 마치 영화처럼 질은 아직도 선명하게 떠오른단다. 거기서 그는 그동안 들어본 적도 없고, 마셔본 적도 없었던 다르 & 히보를 비롯한 여러 내추럴 와인 생산자를 만나게 된다. 그때 마셨던 다르 & 히보의 크로즈 에르미타주 1996년 매그넘은 그의 양조 인생을 완전히 바꿔놓는 계기가 되었다. 그 와인을 한 모금 마시고 나서 질은 '바로 이거다.'라고 확신했다. 다시 한 잔을 마시려고 병을 찾았지만 이미 비어 있었다고 한다. 그는 이듬해인 2000년부터 내추럴 와인 양조를 시작했다. 이미 1990년도에 제럴드를 통해 자크 네오포흐를 만난 적이 있었지만 그때만 해도 그는 자크가 하는 이야기들이 모두 거짓말이라고 여겼다. 그런 그가 마침내 제대로 내추럴 와인을 이해하고, 만들기 시작한 것이다.

그의 와인은 상당히 감성적이다. 양조 선생님이나 멘토가 따로 있는 것도 아니었다. "제럴드가 와인에 아무것도 안 넣고 만들면 된다잖아. 그래서 그 말대로 했지." 정말 명쾌하고, 시詩적인 말이 아닌가. 그저 와인에 아무것도 넣지 않으면 된다니…. 덕분에 질의 와인에서는 어딘가 통제되지 않은 자유가 흘러나온다. 볼라틸(휘발산)이 꽤 높은 와인-기존 양조학적 관점에서는 오류가 될 정도-도 종종 있는데 이제는 그 휘발산이 질의 트레이트 마크가 되어버렸다. 2001년에 첫 와인 병입을 마치자 양조장에는 식초 냄새가 가득했고, 컨벤셔널 와인 양조에 익숙했던 그는 그해 병입한 1만여 병을 팔지도 못하고 계속 보관할 수밖에 없었다고 한다. 그의 고민을 해결해준 것은 일본의 어느 수입사였다. 병입하고 일 년이 흐른 후 질의 양조장에 찾아왔었던 그 수입사는, 와인을 마셔보고 바로 그 자리에서 전량을 매입했다. 이후 그의 와인은 파리를 비롯해 전 세계적으로 사랑받는 내추럴 와인이 되었고, 그는 볼라틸을 두려워하지 않는 자유로운 양조를 계속할 수 있었다.

한없이 자유로운 영혼인 듯해도 그는 꽤 짙은 정치적 성향을 갖고 있는 인물이다. 질은 90년대 초 아르데슈 지역의 독립양조조합장을 지냈고, 내추럴 양조로 전향한 후에는 2005년에 내추럴와인협회를 설립했다. 뜻을 같이한 몇몇 생산자들과 함께 설립한 이 협회는 내추럴 와인에 대해 꽤 자세하게 정의를 했다. 하지만 이런저런 이유로 지속되지 못했는데, 최근 2020년에 그는 다시 VMN_{Vin Méthode Nature}(내추럴방식의 양조)이라는 노동조합을 설립했다. 협회가 문화적 집단이라면, 조합은 정치적 성향의 집단으로 프랑스 농업부 등 정부 기관이나 정치 집단에 좀 더 어필할 수 있다는 점이 다르다. 그는 앞으로 보다 본격적으로 내추럴 와인과 관련된 규정이나 틀을 확립해 나가려고 한다.

아들에게 양조장을 물려준 후 본인은 자유롭게 소량의 와인을 만들며, 정치적으로 필요한 방식을 통해 내추럴 와인의 입지를 다지려고 하는 것이 아닐까. "어릴 때는 축구를 잘해 보려고 축구협회장도 했었다니까. 하하." 70세를 바라보는 나이가 무색한 질의 호탕한 웃음과 함께 우리는 내추럴 와인의 미래를 위해 건배했다.

함께한 와인

여름에는 40도를 웃도는 날씨가 빈번한 뜨거운 지역 아르데슈. 하지만 질의 와인은 늘 어딘가 청량한 느낌을 준다. 바로 휘발산 덕분이다. 뜨거운 태양 아래 자란 포도는 잠재된 알코올 도수가 높을 수밖에 없는데, 자칫 무거워질 수 있는 와인에 가벼운 휘발산이 더해져 마치 귓가에 부는 산들바람 같은 영향을 주는 것이다. 마시면 저절로 즐거워지는 와인이다.

 Monteau
몽토

막산느Marsanne, 뮈스카 품종 등을 써서 만든 청량한 화이트와인. 아주 살짝 스킨 콘택트 방식을 사용했다. 식사와 함께하면 좋은 와인이다

 Frigoula
프리굴라

시라에 약간의 막산느를 섞은, 마치 북부 론 지역의 코트 로티 블렌딩처럼 만들어진 와인. 숙성에 시간이 좀 걸리긴 하지만, 정점에 다다랐을 때의 화려함은 충분히 기다릴 만하다.

앤더스 프레데릭 스틴

WINERY

앤더스 프레데릭 스틴
Anders Frederik Steen

앤더스 프레데릭 스틴
Anders Frederik Steen

앤더스는 고국인 덴마크의 수도 코펜하겐에 위치한 유명 레스토랑 노마Noma의 소믈리에로 일했다. 노마는 전 세계의 미식가들이 열광하는 최고의 레스토랑 중 하나로, 메뉴에 리스팅된 모든 와인이 유기농이나 비오디나미, 내추럴 와인으로만 구성되어 있는 점으로도 유명한데다 와인의 종류가 방대하기로도 널리 회자되는 곳이다. 사실 최고의 내추럴 와인들은 모두 노마에 있다고 해도 과언이 아닐 것이다.

내가 앤더스를 처음 만난 것은 2017년 봄, 르 마젤의 제랄드 우스트릭을 방문했을 때였다. 당시 앤더스는 아직은 서툰 프랑스어로 제랄드와 양조와 관련된 대화를 나누고 있었고, 사람 좋은 제랄드는 덴마크 사람이 내 포도로 와인을 만들었는데 맛이 괜찮으니 시음해보고 가라고 권했다. 그는 덴마크에서 온 낯선 외국인에게 포도

뿐 아니라 양조 시설까지 기꺼이 내어주었던 것이다.

고집 있어 보이던 앤더스의 첫인상과는 달리 발효를 마치고 숙성이 진행 중이던 그의 와인은 상당히 부드럽고 매력이 넘쳤다. 당시 모든 와인의 블렌딩이 끝난 상태는 아니었는데, 이름을 정하지 못한 한 로제 와인은 그대로 병입될 예정이라고 했다. 그 와인이 바로 현재 한국에서 폭풍 같은 인기몰이를 하고 있는 '피치 Peach'의 원조다. 원래 이름은 'The artist formerly known as Peach'. 그가 로제 와인의 이름을 드디어 정했다고 연락을 해왔을 때, 나는 우선 긴 이름 때문에 놀랐고, 레이블의 이미지를 보고 또다시 놀랐다.

앤더스는 와인 레이블에 혁명을 일으킨 장본인이기도 하다. 흰색 종이에 검은색 글자로 단순하게 와인 이름을 타이핑하고, 생산자 정보를 적어 넣는 것이 전부다. 이미지나 그래픽도 전혀 없다. 처음에는 이게 후면 레이블인가 싶었다. 그에게 전면 레이블은 어디 있냐고 물어본 적도 있으니 말이다. 그의 와인 이름은 철학적이며 때로는 유머가 가득한 하나의 문장들이다. 그의 독특한 와인 이름들을 몇 가지 소개해본다.

Let's eat the world we want to live in (우리가 살아가고 싶은 세상을 먹자) 2016 / 카리냥, 그르나슈, 시라 / 레드와인 / 2017년 출시

Pure magique pas de chimiques (순수 마술, 화학 제품 아님) 2017 / 시라, 비오니에 / 로제와인 / 2018년 출시

Quand j'était Petit, je n'étais pas Grand (내가 어렸을 때, 나

는 크지 않았다) 2016 / 게뷔르츠트라미너 / 화이트와인 / 2019년 출시

...and Suddenly she had to go (…그리고 그녀는 갑자기 가야만
했다) 2018 / 그르나슈 / 화이트와인 / 2020년 출시

I hate to say goodbye.... (안녕은 싫어…)
2019 / 그르나슈 / 레드와인 / 2022년 출시

프랑스 아르데슈 지역에 자리 잡은 유명 내추럴 와인 생산자가 되
기까지, 앤더스의 인생은 꽤 폭넓게 흘렀다. 그는 원래 요리사가
꿈이었고, 이를 위해 레스토랑 노마에 요리 견습생으로 들어갔다.
하지만 그가 와인에 관심이 많은 것을 알아차린 노마의 소믈리에
는 마침 공석이 된 견습 소믈리에 자리를 추천했다. 그렇게 그는
와인의 세상으로 들어왔다. 이후 그는 노마의 소믈리에로 안주하
지 않고 팀을 이뤄 독립을 한다. 꽤 유명한 미슐랭 스타 레스토랑과
와인 바를 직접 오픈하고, 소믈리에로서 경영에 참여하기도 했다.
이 과정에서 그는 코펜하겐에 와인 수입사를 차리고 유럽 전역의
내추럴 와인들을 덴마크로 수입하는 일과 유통까지 하게 된다. 그
러나 와인과 관련된 이 모든 일이 성공적이었음에도 불구하고 최
종적으로 그가 선택한 일은 스스로 와인 생산자가 되는 것이었다.

아르데슈 지역의 내추럴 와인 명생산자로는 질 아쪼니와 제랄드
우스트릭이 양대 산맥처럼 버티고 있다. 앤더스가 인생을 바꾸게
된 계기는 질의 조언과 제랄드의 후원 덕분이었다. 와인을 대하는
태도, 질문의 수준, 일에 대한 열정 등을 보았을 때 '너는 꼭 너만의

와인을 만들어야 하는 사람'이라고 말해준 질 덕분에 그는 용기를 낼 수 있었고, 포도밭은 물론 양조 기구 하나 없던 그에게 물심양면으로 지원을 아끼지 않았던 제랄드 덕분에 그는 와인을 만들 수 있었다.

2013년에 첫 빈티지를 만들 때만 해도 프랑스로 이주해 정착할 생각까지 했던 것은 아니었기 때문에, 부인인 앤Anne과 어린 자녀 둘은 코펜하겐에서 생활을 계속하고 있었다. 앤더스 혼자 덴마크와 프랑스를 오가며 몇 년간 와인을 만들었다. 그는 이 과정에서 와인을 만들 때는 스스로에 대한 믿음이 절대적으로 필요하다는 것을 깨달았다. 그는 수확 전에 프랑스로 와서 포도를 수확한 다음, 포도가 잘 발효되는지를 살펴보고, 다시 코펜하겐의 삶으로 돌아가곤 했다. 그 비어 있는 기간이 가끔 3~4달이 될 때도 있었는데, 이 시간들이 오히려 와인이 조용하게 생산자의 간섭을 받지 않고 스스로의 캐릭터를 만들기에 좋았단다.

나의 전작 《내추럴 와인메이커스》에도 소개된 알자스 내추럴 와인의 최고봉, 브뤼노 슐레흐Bruno Schueller는 "양조통 옆에서 잠들 수 있어야 좋은 와인이 나온다."는 말을 했다. '내 와인이 정말 발효가 잘될까', '숙성 과정에서 문제가 생기지 않을까' 하는 마음에 와인을 너무 자세히 자주 들여다보고, 조금이라도 이상이 있으면 불안해하며 해결 방법을 찾으려는 생각을 버리라는 뜻이다. 최고의 포도를 생산하기 위해 충분히 노력했다면, 그 포도의 힘을 전적으로 믿으라는 것.

앤더스의 아내 앤은 감옥에 수감된 사람들이 사회에 재적응을 빨리할 수 있도록 돕는, 사회 재활 프로그램을 담당하는 일을 했다. 그런데 그녀가 근무하던 감옥이 문을 닫게 되고 이를 계기로 인생의 전환점을 맞게 되는데, 바로 그때 앤더스와 함께 프랑스로 이주를 결심한다. 그녀에게는 삶의 터전이 완전히 바뀌는 일이었을 텐데 이미 코펜하겐에서 남편과 함께 오랫동안 레스토랑이나 바를 찾아 다니며 와인을 즐기던 삶을 살아온 터라 그리 어려운 결정은 아니었다고 한다. 2016년에 시작된 앤더스 가족의 프랑스 이민은 2017년에야 매듭이 지어졌고, 이때 소규모 포도밭도 매입하게 된다. 이제는 부부가 함께 포도밭을 경작하고, 와인 양조의 모든 과정을 함께 의논하며 살게 되었다. 2022년 현재 이들 부부는 4헥타르의 포도밭을 소유하고 있다.

가족의 이주를 결정하며 현재 살고 있는 발비니에르Valvignière 마을에 와인 셀러가 딸린 집도 장만을 했다. 집 안 곳곳에는 부부의 예술적 취향을 보여주는 작품들이 걸려 있고, 같은 건물 지하의 와인 숙성고에서는 그가 시도한 실험을 거친 다양한 와인들이 익어가는 중이다. 무더운 기후에서 자란 포도가 가지는 특성 중에 장점인 과일 향은 살리고, 자칫 무거워질 수 있는 보디감은 레드 품종에 화이트 품종을 섞어서 해결한다. 이런 그의 셀러에서 테이스팅을 할 때면 마치 바깥세상과는 차단된, 와인이 만들어내는 시간 속으로 여행을 하고 있는 듯하다.

앞서 이야기한 그의 특별한 와인 네이밍은 부부가 함께 머리를 맞대고 만들어내는 작품들이다. 시적이고 철학적이며, 가끔은 이해하기 쉽지 않은 말도 나오는데, 알고 보면 그 안에 와인에 대한 진실이 포함되어 있기도 하다. "자신의 포도밭에서 나온 포도로만 와인을 만든다면 해마다 일정한 캐릭터의 와인을 만들 수 있지. 하지만 나는 좀 더 자유롭고 싶거든. 그래서 나의 포도뿐 아니라 제랄드의 포도, 알자스 지역 반바르트_Domaine Bannwarth의 포도 등을 사용해서 나만의 상상력을 더해 해마다 다른 와인을 만들려고 해. 와인의 이름도 그때그때 그 와인의 캐릭터에 맞게 달라지는 거고. 만약 이전 해와 똑같은 와인을 만들고자 노력한다고 해도, 해마다 기후가 다르고, 포도 숙성 정도의 차이도 있고, 산미와 당도도 모두 다를 텐데? 어차피 다를 수밖에 없는데 왜 매년 똑같은 와인을 만들어야 하지?"

그와 인터뷰를 진행하며 함께 테이스팅 했던 수많은 와인 중 유독 시간이 지나도 계속 생각나는 와인이 있다. I can see you from the other side of the valley(계곡 다른 쪽에서도 너를 볼 수 있어). 이 와인은 그의 포도와 제랄드 우스트릭의 포도를 섞어서 만든 화이트와인으로, 실제로 두 포도밭이 서로 다른 계곡에 자리 잡고 있다. 그의 삶도 그렇지 않을까. 코펜하겐과 아르데슈를 사이에 두고 와인을 통해 양쪽의 삶을 바라보고 있지 않을까 싶다.

함께한 와인

언제나 끊임없이 연구하고 새로운 것을 시도하는 앤더스. 그의 와인은 그와 매우 닮았다. 알자스의 건강한 비오디나미 포도를 사용해 긴 숙성을 거친 와인도 있고, 아르데슈 지역의 뜨거운 태양 아래에서 익은 진한 포도를 오히려 가볍게 표현한 와인도 있다. 한 편의 시와 같은 그의 와인 이름들처럼, 그의 와인들은 각자의 이야기를 들려준다.

No.1 and Suddenly she had to go

···앤 서든리 쉬 헤드 투 고···

적포도인 그르나슈로 빚은 화이트 와인. 시간을 두고 변해가는 모습이 화려한 멋진 와인이다.

No.2 I hate to say goodbye...

아이 헤이트 투 세이 굿바이

그르나슈 100%로 만든 레드와인. 안녕이라고 말하기 싫어지는… 계속해서 마시고 싶은 와인이다.

fluver

ene

오베르뉴

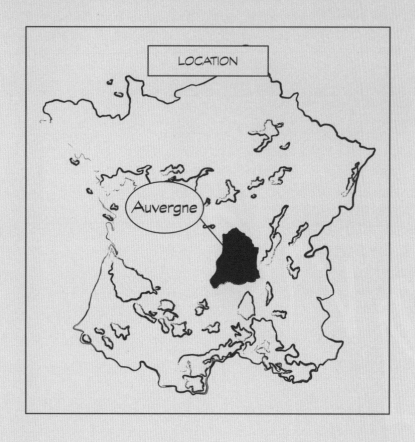

지도에서 보면 육각형 모양을 한 프랑스. 그 한가운데 위치한 오베르뉴는 수많은 오름이 아름답게 펼쳐지는 화산 지역이다. 검은 현무암으로 지어진 이곳의 석조 건물은 석회암이 대부분인 프랑스의 다른 지역 건축물들과는 확연히 다르다. 화산 지역의 특성인 높고 낮은 오름에서는 방대한 목축업이 이루어지는데, 그런 연유로 오베르뉴는 치즈 AOC 수가 프랑스에서 가장 많은 지역이기도 하다.

오베르뉴의 '치즈의 길Route de Fromage'은 여행하기에도 매우 아름다운 곳이지만 그 길 사이사이로 펼쳐지는 치즈 마을에 들러 다양한 치즈를 맛보는 일 또한 특별한 즐거움이다.

오베르뉴의 와인 양조 역사는 기록에 의하면 5세기부터 시작되었고, 최고로 성장했을 때는 4만 헥타르에 이르러 당시 프랑스 전체 와인 생산지 중 3번째로 큰 지역이었다고 한다. 비옥한 토양 덕에 엄청난 와인 생산량을 자랑했던 오베르뉴는 필록세라 사건 이후 가장 빨리 잊혀지고 버려진 지역이 되었다. 2000년 무렵에는 포도밭 면적이 1,000헥타르도 채 되지 않을 정도로 와인 산지로서의 명성이 쇠퇴했다.

하지만 2000년을 전후로 오베르뉴에 1세대 내추럴 와인 생산자들이 정착했고, 그들이 명성을 얻고 유명해지기 시작하면서 이제는 새로운 와인 르네상스를 꿈꾸는 지역이 되었다. 아직 땅값이 다른 지역에 비해 저렴한 오베르뉴는 현재 젊고 재능 있는, 하지만 재정적으로는 여유가 없는 새로운 생산자들이 속속 모여드는 곳이기도 하다. 이 장에서는 오베르뉴의 1세대 내추럴 와인 생산자들, 그리고 1세대는 아니지만 아주 특별한 두 사람을 직접 찾아가보았다.

frédéric gounan

프레데릭 구낭

WINERY

도멘 라흐브르 블랑
Domaine L'Arbre Blanc

프레데릭 구낭
Frédéric Gounan

오베르뉴의 내추럴 와인 생산자 1세대인 프레데릭 구낭. 오베르뉴의 와인 산업이 가장 쇠락했던 시점인 2000년에 그는 라흐브르 블랑('흰 나무'라는 뜻. 그가 살고 있는 집의 지역명이다.)이라는 와이너리를 세웠다. 프레데릭은 화산토가 주는 미묘한 스모키함을 간직한 근사한 피노 누아를 비롯해 샤르도네와 소비뇽 블랑으로 생기 넘치는 화이트와인을 만들고 있는데, 안타깝게도 이 멋진 와인들은 아직 한국에 정식으로 수입되고 있지 않다.

그는 1.6헥타르 남짓의 아주 작은 포도밭을 부인인 카롤린과 함께 일구고 있다. 이 부부는 더 이상 밭을 늘릴 생각이 없는데, 지금 정도의 크기가 둘이 가꾸기에 딱 적당한 규모라고 생각하기 때문이다. 정원을 가꾸듯 정성스레 포도나무를 돌보는 건 전적으로 카롤린의 몫이다. 그녀는 소위 말하는 멩베흐트Main verte(영어로는 그린썸

Green thumb. 식물 재배에 타고난 재능이 있는 사람을 일컫는다.)이기 때문이다. 카롤린은 포도나무 한 그루 한 그루를 각각에 맞는 방법으로 돌본다. 이런 그녀를 옆에서 보고 있으면 정말 포도나무와 대화를 하는 것 같다!

프레데릭과 카롤린은 소규모 생산자로서 그들만의 특별한 방법으로 포도를 수확한다. 프랑스에서는 포도 수확을 방당쥬Vendange라고 부른다. 일반적으로 방당쥬는 한시적으로 계절노동자를 고용해 이루어지는 경우가 많지만, 프레데릭은 친구들, 지인들을 비롯해 온갖 네트워크를 활용해서 방당쥬에 필요한 인원을 모은다. 이들은 고용된 인력이 아니기 때문에 아니기 때문에 멋진 식사와 와인을 대접하는 것으로 수확의 보수를 대신한다. 오랫동안 학교의 급식을 담당했던 카롤린이 40~50인분 이상 척척 만들어내는 맛있는 요리들 덕분에 가능한 일이다. 그녀의 음식을 먹고, 그들의 와인을 맛보기 위해 해마다 이 방당쥬를 찾는 고정 인원이 꽤 많다.
나 역시 2019년에 처음 이 축제 같은 방당쥬에 참여를 해보고는 매년 수확 때마다 먼 길을 마다 않고 달려가곤 한다. 포도 수확은 오전 일찍 시작해 대략 10시 반에서 11시경까지 이어지고, 잠시 새참을 먹으며 쉰다. 이때 카롤린이 직접 만든 각종 파테Pâté(다진 고기와 각종 야채, 향신료를 섞은 반죽을 틀에 넣고 익힌 다음 서늘하게 보관해 두었다가 먹는 음식)가 제공되는데, 빵 조각 위에 먹음직스러운 파테를 얹어서 한입 베어 물고, 미네랄 넘치는 라흐브르 블랑의 와인까지 한 잔 받아 마시면 그야말로 고된 일이 저절로 잊혀지는 순간이다.

적당히 배를 채우고 다시 포도를 따기 시작해 이른 오후에 그날의 작업을 마친다. 그리고 다 같이 양조장으로 이동해 수확된 포도송이들이 양조통으로 옮겨지는 과정을 보며 식전주를 마시기 시작한다. 대부분 아주 오랫동안 포도 수확을 함께한 사람들이라 반갑게 서로의 안부를 묻고, 카롤린이 준비한 요리와 프레데릭이 내오는 와인으로 느즈막한 점심을 든다. 이때의 식사는 대부분 저녁까지 축제처럼 이어진다.

프레데릭은 원래 기계 전문가였다. 실제로 그의 양조장에는 그가 직접 고안하거나 발명한 양조 관련 도구들이 꽤 많다. 평생 기계와 함께할 줄 알았지만, 막상 30대 후반이 되니 이 일을 계속하기는 어렵겠다고 판단했다. 위계질서가 너무나 확실한 업계의 분위기가 그의 자유로운 영혼과 부딪혔기 때문이다. 늦은 나이에 다시 진로를 고민하던 중 와인을 만드는 일이 뭔가 멋있을 것 같아 시작하게 되었다. 그의 성격이 꽤나 엉뚱한 건 알고 있었지만, 39살에 직업을 바꾸면서 그렇게 단순한 이유로 선택을 했다니. 하지만 비록 선택은 쉬웠을지언정 그 길을 가기 위해 그가 정말 부지런히 노력했다는 것은 확실하다.

일을 그만둔 프레데릭은 1999년초부터 2년 동안 본Beaune에 위치한 양조학교에 다녔다. 그리고 학업과 동시에 부르고뉴의 에마뉘엘 지불로Emmanuel Giboulo(부르고뉴의 유명한 비오디나미 와이너리)에서 인턴으로 일하며 포도나무 재배법과 양조를 배웠다. 그리고 주말에는 오베르뉴의 본가를 오가며 와이너리를 만들기 시작했는데, 그는 이 모든 일들을 동시에 진행해 2000년에 첫 와인을 만들었다고 하니 정말 대단한 에너지와 추진력이다.

프레데릭의 가족은 대대로 현재 그의 와이너리가 위치한 생 상두Saint Sandoux에서 살았다. 기록에 따르면 프랑스 혁명(1789년) 이전부터 살았다고 하는데, 프레데릭은 아마 그보다 훨씬 전부터 이곳에 거주하고 있었을 거라 짐작한다. 그야말로 지역 토박이인 셈이다. 그가 어린 시절에 먹던 생 상두 근방에서 생산된 과일이나 야채는 모두 맛있었던 기억이 나서, 그 맛있는 열매가 나오는 땅에서 와인을 만들고 싶다는 생각에 본가에 터를 잡았다. 하지만 당시 생 상두 근방에서 생산되던 얼마 안 되는 와인들은 끔찍할 정도로 형편없었다고 한다. '포도도 과일인데 와인은 왜 이렇게 맛이 없을까?' 그의 깊은 고민은 에마뉘엘 지불레를 만나고, 그가 일하는 방법을 지켜보면서 비로소 해결되었다. 맛있는 와인이 생산되기 위해서는 우선 포도나무를 제대로 재배해야 하는구나, 그래야 제대로 된 와인을 만들 수 있겠구나, 싶었다.

포도밭도 양조 기구도 아무것도 가지고 있지 않던 그는, 일단 근처의 오래된 가메Gamay 포도밭 0.5헥타르를 얻어 가지치기부터 시작했다. 그리고 마침내 2000년에 그의 첫 와인을 만들었다. 1906년에 심어진, 100년이 되어가는 포도나무에 열린 가메로 만든 퀴베 비에이 비뉴Vieilles Vignes였다. 2009년까지 계속해서 생산되던 이 와인은 이후 포도밭 주인이 밭을 다른 용도로 사용하기 위해 포도나무를 전부 뽑아 버리는 바람에 더 이상 만들어지지 못했다.

2014년부터 본격적으로 한국에 내추럴 와인을 소개하기 시작한 나는 단기간에 엄청난 양의 내추럴 와인을 시음할 수밖에 없었다. 하지만 내가 프레데릭의 와인을 처음 맛본 건 그로부터 한참 후인 2017년의 늦여름이었다. 사실 나는 SNS나 입소문에 둔감한 편이다. 그래서 와인 바나 레스토랑, 와인숍에서 추천하는 와인을 마셔보거나 시음회를 찾아가는 것이 유일한 와인 스카우팅 방법이었는데, 프레데릭의 와인은 내추럴 와인의 최고 중심지인 파리에서도 찾아보기 힘든 편이다 보니 비교적 늦게 접할 수밖에 없었던 것이다. 그렇게 2017년 여름, 처음으로 마셨던 프레데릭의 와인이 바로 그가 가메 도베르뉴로 만든 비에이 비뉴 2008년 빈티지였다. 한 모금 입에 넣자마자 정신이 번쩍 들었다. 영혼을 울리는 와인이었다. 그 후 나는 꽤 한참 동안을 프레데릭과 연락을 하기 위해 애를 썼다. 꽁꽁 숨어 있는 그를 찾아내고 연락이 닿은 건 그로부터 1년 후의 일이었다.

생산한 지 10년이 되어가는데도 여전히 입에 착 감기는 과일 향, 희미한 스모키함, 무엇보다 생기 있는 미네랄. 게다가 한 잔이 두 잔을 부르고, 다시 또 한 잔을 부르는 그 부드러움이라니…. 2000년부터 2009년까지, 딱 10번밖에 생산되지 않은 그의 비에이 비뉴 와인을 구할 기회가 있다면 꼭 구해서 마셔보시라. 영혼을 치는 맛일 거라는 걸 단언코 장담한다.

이렇게 좋은 가메를 두고 그는 정작 새로운 땅에는 피노 누아를 심었다. 생 상두 주변에 쓸만한 포도밭이 없었기 때문에 그는 포도나

무를 새로 심을 수밖에 없었는데, 기존의 가메 와인 맛에 실망했던 그는 아마도 에마뉘엘 지블로의 영향으로 피노 누아를 심었던 것 같다. 하지만 그는 피노 누아조차 다른 차원으로 끌어 올렸다. 알코올 발효 후 1~2년간 오크통 숙성을 하던 방식을 바꿔 2018년부터는 암포라에서 2~3년간 숙성을 하는데, 그 결과가 정말 대단하다. 화산토에서 나온 피노 누아와 흙으로 만든 암포라에서의 숙성이 정말 좋은 조합이라는 걸 그는 어찌 알았을까. 처음에는 암포라 하나로 실험을 해보다가 현재는 모든 와인을 암포라 숙성하는 것으로 바꾸었다고 한다. 이제 그의 양조장에서 오크통은 발효 시 잠시 거쳐 가는 용도로 몇 개만 남아 있을 뿐이다.

그에게도 뼈아픈 실수의 순간이 있었다. 로제와인을 만들던 시절이었는데, 그해 유난히 맛있는 로제가 완성되어 기쁘게 병입을 준비하고 있었다. 기계를 다루던 사람이었는데도 그는 희한하게 숫자에 약하다. 당시 병입을 하면서 소량의 이산화황을 넣었는데, 와인의 총량 대비 이산화황의 양을 잘못 계산하는 바람에-정확히 이야기하면 소수점 자리를 착각해서- 원래 넣으려던 용량의 10배를 넣고 말았다. 사실 일반 컨벤셔널 와인의 양조였다면 크게 문제 될 것이 없다. 대부분 그 정도의 이산화황을 넣으니까. 하지만 프레데릭에 의하면 '도저히 마실 수 없는' 와인이었다. 그 와인은 안타깝게도 결국 전량 폐기될 수밖에 없었다.

프레데릭과 카롤린은 일 년에 많아야 4가지의 퀴베를 생산하고 있는데, 책을 위한 인터뷰를 진행하던 날은 약간의 과장을 보태어 수십 종의 와인들을 마셨던 것 같다. 갓 발효를 마친 것부터 숙성 중인 와인들, 그리고 병입된 지 얼마 안 된 와인들과 오래된 와인들까지. 오후부터 시작된 인터뷰는 어느새 저녁 식사를 마칠 무렵이 되어서야 마무리가 되었다. 그때 프레데릭이 마지막으로 한 병만 더 마시자며 들고 온 와인은 내가 파리에서 처음 마시고 번개를 맞은 것 같았던 바로 그 비에이 비뉴 퀴베였다! 빈티지는 2006년. 아마도 그에게 남았던 마지막 병이 아니었을까 싶다. 시시각각 변하는 와인과 함께 조용히 시간 속을 여행하는 나에게 그는 찡긋 웃으며 한 마디를 던졌다. "뭐…아직은 마실만 하구만?"

함께한 와인

프레데릭의 와인은 암포라 사용 전과 사용 후로 나누어 생각해야 한다. 그 전과 후의 차이가 스펙터클할 정도로 크기 때문이다. 일반적인 테라코타 암포라가 아니라 그가 사용하는 사암으로 된 좀 더 촘촘하고 조밀한 재질의 암포라는 화산토에서 생산된 포도 발효주(와인)의 숙성을 멋지게 돕는 것이 확실하다.

(No.1) Les Fesses
레 페스
소비뇽 블랑 주스에 피노 그리를 껍질째 인퓨전하는 방식으로 만들어진, 섬세하면서도 힘이 있는 화이트와인. 오픈해서 다음 날 마실 정도의 여유를 갖는다면, 어마어마한 기쁨을 느낄 수 있다.

(No.2) Les Orgues
레 조르그
화산토에서 자란 피노 누아를 발효해서 사암으로 만든 암포라에 숙성시킨 퀴베. 정말 멋진 와인이다.

(No.3) Ma'Carotte
마 카로트
프레드가 아내인 카로트(카롤린의 애칭)를 위해 만든 특별한 화이트와인. 오랫동안 천천히 식사와 함께 즐길 만한 와인이다.

티에리 호나흐

WINERY

도멘 티에리 호나흐
Domaine Thierry Renard

티에리 호나흐
Thierry Renard

완성도 높은 훌륭한 와인을 극소량 생산하는 와인메이커는 자신의 연락처를 좀처럼 드러내지 않는다. 이런 사람들은 요즘 그 흔한 SNS와도 거리가 멀다. 와인 좀 달라고 연락하는 사람들에게 줄 와인도 없거니와 자신의 와인을 군이 포스팅할 이유도 없기 때문이다. 오베르뉴의 주도인 클레르몽페랑Clermont-Ferrand 시내에 거주하며 와인을 만드는 티에리 호나흐는 그중에서도 손꼽히는 은둔자다.

그의 와인은 비교적 괜찮은 해의 생산량이 겨우 1,000여 병 남짓이라 작황이 좋지 않은 해에는 개인적으로 소비할 양밖에 없을 정도로 생산량이 적다. 그는 또한 타 생산자들과의 교류가 거의 없는 것으로도 유명하다. 그야말로 은둔자 중의 은둔자인 셈인데, 그를 찾아내 연락을 하고 만남을 성사시키기까지의 과정은 역시나 쉽지 않았다. 클레르몽페랑의 언덕에 자리 잡고 있는 그의 주택은 들어서자마자 온갖 다양한 식물들이 정원을 감싸고 있었다. 그런데 집안에 들어서니 또 다른 정원이 펼쳐졌다. 마치 식물원에라도 온 듯한 기분이었다. 역시 범상한 사람일 리 없었다.

클레르몽페랑은 미슐랭 타이어 본사가 자리잡고 있는 도시다. 타이어 회사인 미슐랭은 자사 타이어를 홍보하기 위해 고객들에게 미식 여행 가이드를 제공하기 시작했는데, 처음에는 초록색 커버의 관광 가이드가, 그리고 이어서 너무나 유명한 붉은색 레스토랑 가이드가 제작되었고, 현재 이 붉은색 가이드가 전 세계적으로 가장 손꼽히는 미식 가이드가 되었다. 시내 곳곳에 미슐랭 타이어와 관련된 건물들이 보일 정도니, 가히 클레르몽페랑의 가장 중요한 산업 중 하나인 것이다.

이런 산업 도시의 뒷산에서 포도밭을 일구는 이가 바로 티에리 흐나흐이다. 그의 성인 흐나흐Renard는 프랑스어로 '여우'라는 뜻이다. 이솝 우화에 나오는 여우는 따 먹을 수 없는 포도를 신 포도일 것이라 여기고 포기를 했다는데, 클레르몽페랑의 여우는 달랐던 것이다. 그의 작은 포도밭은 도시 중심부에 위치한 유명한 검은 성당-지역 암반인 현무암을 사용한 석조 건물이라 검은색을 띤다-이 한눈에 내려다보이는 경관이 멋진 땅에 위치한다. 처음 포도 농사를 시작할 때는 0.5헥타르에 불과했지만 최근 시에서 그의 양조 작업을 문화유산의 일환으로 인정하며 새롭게 땅을 내주었다. 현재 그가 가진 총 1.2헥타르의 밭은 해발 500미터 고지에 위치하며 경사가 매우 심한 화산토로 이루어진 땅이다. 그러니 경작을 하는 것도, 수확을 하는 것도 많은 시간과 노력이 들어갈 수밖에 없다. 하지만 그 결과물은, 그 와인을 마신 사람이라면 누구나 매료될 수밖에 없는 걸작이다.

어린 시절 티에리에게 와인은 꿈을 꾸게 하는 선물 같은 것이었다고 한다. 운동 신경이 좋았던 그는 축구 대회의 챔피언에게 주어지는 샴페인을 받은 후부터 이를 받기를 꿈꾸며 열심히 축구를 했다. 물론 어린 나이였으니 샴페인을 그대로 마신 건 아니었고 주스 등 다른 음료에 살짝 넣어서 마셨다고 한다. 그 행복했던 기억이 아마도 성인이 된 그를 와인의 세계로 이끈 원동력이 되었을 것이다. 평소 와인을 즐기신 그의 할아버지의 셀러에는 좋은 와인들이 많았는데, 할아버지가 맛을 보여주셨던 와인들 중 그는 특히나 부르고뉴 와인을 좋아했다. 아주 간혹 부르고뉴 와인을 할아버지 몰래 꺼내 마신 적도 있었는데 그때 나이가 10살도 채 안 되었을 때라고….

그의 삶은 사실 녹록치 않다. 학업을 진작에 포기했던 그는 건축 노동자부터 사진작가까지 다양한 직업을 오갔다. 그런 그가 프랑스에만 조용히 머물렀을 리 없었다. 전 세계를 떠돌며 다양한 일과 직업을 체험했는데, 그중에서도 어린시절 그를 꿈꾸게 했던 와인의 세계로 정착하게 된다. 호텔전문학교 등에서 와인과 관련된 강의를 꾸준히 하던 그는 1980년대 후반, 클레르몽페랑에서 직장인을 상대로 테이스팅 클럽을 운영하기 시작했다. 현재까지도 이어지고 있는 이 테이스팅 클럽의 초창기에는 프랑스국립은행 직원 같은 화이트칼라 계급과 공장에서 일하는 블루칼라 계급의 노동자

라는 2개의 완전히 다른 그룹을 대상으로 했다. 사실 노동자 그룹은 와인을 배우려는 목적보다는 함께 술을 마시기 위해 클럽에 왔다고 한다. 그를 거쳐 간 화이트칼라 인사들은 대부분 클레르몽페랑에 위치한 대기업 소속 임직원들이었다. 미슐랭, 클레르몽페랑 공항관리국, IBM 등의 직원들이었는데, 특히 프랑스은행과는 거의 30년 동안 이 클럽을 계속해서 운영하고 있다. 물론 이외에도 수많은 개인 와인 애호가들이 그가 운영한 클럽을 거쳐 갔다.

티에리의 테이스팅 클럽은 내추럴 와인을 다루지 않는다. 전형적인 컨벤셔널 와인만을 테이스팅한다. 그 자신은 아무것도 넣지 않은 최고의 내추럴 와인을 만들지만, 정작 클럽에서는 특별히 내추럴 와인에 대한 언급을 하지 않는다. 또한 그는 자신의 와인을 내추럴 와인이라고 규정하는 것도 거부한다. 아무것도 첨가하지 않고 만드는 순수한 와인이지만, 그는 그저 열심히 최선을 다해 만든 와인이라고 말한다.

이에 대해 반문을 해보았다. 당신의 테이스팅 클럽에서 다루는 와인들은 모두 정통 컨벤셔널 와인들인데 막상 당신이 만드는 와인은 극단적인 내추럴 와인이다, 아이러니가 너무 심하지 않냐고. "전혀 아니다. 물론 이산화황이 많이 들어가고 화장을 진하게 한 와인을 테이스팅할 때면 당연히 실망을 하게 된다. 그러나 나는 사람들에게 좋은 와인을 선별해서 테이스팅을 주관하는 일을 한다. 모든 그랑 뱅Grand Vin(위대한 와인들), 장 루이 샤브Jean-Louis Chave, 샤토 하야스Château Rayas, 부르고뉴의 기라성 같은 와인들은 모두 이산화황을 극소화하고 비오디나미로 경작을 하는, 즉 내추럴 와인이라는 명칭을 쓰지 않을 뿐 모두 깨끗한 와인이다."라는 답이 돌아왔다. 즉 잘 만든 와인이라면 구태여 내추럴 와인이란 수식이 필요 없다는 것이다.

물론 맞는 말이다. 하지만 나는 "이런 고급 와인들을 일상생활에서 마실 수 있는 사람들이 과연 몇 퍼센트나 되는가."라는 또 다른 반문을 하고 싶었다. 나는 일상에서 편히 즐기는 와인이 더 중요하다고 생각하는 사람이기 때문이다. 하지만 그렇게 되면 그와 밤을 새워 이야기를 해도 논쟁이 끝나지 않을 것 같다는 생각에 꾹 참고 말았다.

그에게 "그럼 당신은 어떤 방식으로 포도밭을 경작하는가", "유기농이냐 비오디나미냐 아니면 당신만의 방법이냐"고 물었다. 당연히 그의 답은 세 번째였다. 유기농은 당연한 것이고, 비오디나미는 어느 정도 적용은 하지만 티에리는 비오디나미 협회나 연구소에서 제시하는 방법이 아닌 자신의 포도나무에 필요한 것을 스스로 만들어서 뿌린다. 이는 땅과 식물을 완벽하게 이해하고 있어야 가능한 방법이다. 또한 그는 밭의 흙을 갈아준 적도 없어서 그의 포도밭은 수없이 다양한 풀과 식물로 덮혀 있다. 그곳에서는 루콜라를 비롯한 야채, 서양란 등의 꽃, 그리고 딸기 등이 함께 뒤엉켜 자생한다. 땅을 갈아엎으면 그 소중한 식물들을 죽이는 것이니 땅을 갈아엎는 건 도저히 할 수 없다고 하는 제롬 소리니(166쪽 참조)의 목소리가 들리는 듯했다.

프레데릭 구낭, 파트릭 부쥐 등 오베르뉴의 내추럴 와인 1세대와 거의 동시에 와인을 만들기 시작한 그가 운좋게 처음 찾아낸 0.2헥타르의 포도밭은 100년이 넘은 가메 도베르뉴가 심어진 땅이었다. 오베르뉴 땅에 대한 그의 자부심과 가메에 대한 사랑은 대단하다. 이후 그는 시에서 받은 땅에 포도를 직접 심었는데, 이곳에는 다양한 포도 품종을 섞어서 심었다. 아주 오래전의 와인 생산 방식으로 돌아간 것이다. 화이트는 샤르도네, 소비뇽 블랑, 소비뇽 그리 Sauvignon Gris, 소비뇽 호즈Sauvinon Rose, 프티 망생Petit Menseng 등이 섞여 있고 레드는 그가 부르고뉴에서 직접 들고 온 피노 누아와 약간의 시라Syrah가 섞여 있다.

앞서 그는 와인을 극소량 생산한다는 표현을 썼는데, 어떤 해에는 목마른 새들이 찾아와 잘 익어서 달고 맛있는 포도를 수확하기도 전에 다 먹어버려서 와인 생산을 못 하는 해도 있단다. 새들은 제초제나 비료를 쓴 땅에서 나온 포도보다 유기농이나 비오디나미로 재배된 포도를 훨씬 더 좋아한다니 참 재미있는 현상이다. 여전히 그의 연간 와인 생산량은 대략 800~1,000여 병. 그러니 희귀하게 여겨질 수밖에 없다.

"오베르뉴 지역의 와인 산업이 최저점을 찍었을 당시 버려진 포도밭은 대부분 최고의 포도인 가메 도베르뉴였어. 100년이 넘거나 거의 되어갈 정도의 오래되고 귀한 포도밭이었는데…. 모두 뽑히고 그 자리에 피노 누아 등의 복제된 나무들이 심어졌지." 클레르몽페랑 포도밭의 위대함에 대해 진심으로 한탄하던 그의 말이 메아리처럼 귀에 남는다.

함께한 와인

100년이 넘은 수령의 가메 그리고 화산토. 이 더할 나위 없는 조합에 티에리의 무결점 완벽주의 정신이 더해진 양조. 그의 와인은 가히 한 땀 한 땀 장인 정신으로 만들어진 오트 쿠튀르에 비견될 만하다.

(No.1) Cheire de Poule Renards des Côtes
쉐흐 드 풀 흐나흐 데 코트

가메 도베르뉴 100%로 만들어진 레드와인. 화산토에서 나오는 스모키함과 섬세함이 멋지다.

(No.2) Renards des Côtes blanc
흐나흐 데 코트 블랑

샤르도네 100%로 만들어진 화이트와인. 미네랄과 산미가 뛰어나고 다양한 과일 향이 풍부하게 입안을 꽉 채운다.

NATURAL
WINEMAKER
No.6

파트릭 부쥐

도멘 라 보엠
Domaine La Bohème

파트릭 부쥐
Patrick Bouju

여행을 진심으로 즐기는 파트릭은 양조와 여행을 교묘히 조합해
매력적인 와인을 만들고, 이는 전 세계의 내추럴 와인 애호가들
을 그의 와인으로 끌어들인다. 본격적으로 와인을 만들기 시작한
2000년대 초 이래 그는 오베르뉴에서 생산된 포도를 가지고 오랜
숙성을 거친 완성도 높은 여러 퀴베들을 만들었으며, 동시에 보졸
레, 알자스 랑그독을 여행하며 그 지역의 포도로 새로운 시도를 한
와인을 만들었다. 때로는 프랑스를 벗어나 타국의 내추럴 와인 생
산자와 협업하여 멋진 와인을 선보이기도 한다. 이렇게 그가 다른
지역의 포도를 매입하거나 협업으로 생산한 와인들은 그의 도멘
라 보엠이 아니라 네고시앙 와인으로 분류되어 출시되는데, 파트
릭의 네고시앙 와인들은 그가 좋아하는 여행의 산물인 셈이다.
2019년 가을의 문턱에 파트릭으로부터 안부 전화가 왔다. 그리스
에서 친구와 협업으로 와인을 만들었는데 한번 맛보라는 것이다.

처음에는 그의 이런 작업을 '아름다운 경치도 즐기고 와인도 만들고 일거양득이라 그러겠지.' 정도로 단순하게 생각했는데, 그해 겨울 그가 보낸 와인을 마시고 놀라울 정도의 정교함과 완성도에 놀라고 말았다. 파트릭이라면 네고시앙 와인으로도 거장의 반열에 오르겠다는 느낌이 들었다.

1997년에 처음으로 와인을 만들기 전, 그는 루아르의 도시 렌느 Rennes에서 화학을 전공했다. 렌느에서 수학하던 파트릭은 다른 젊은이들과 마찬가지로 친구들과 함께하는 술자리를 무척 즐겼다. 하지만 친구들과 기분 좋게 술을 마시는 것까지는 좋은데, 마신 후에는 늘 두통에 시달리며 아팠다고 한다. 희한한 점은 그의 아버지가 집에서 만든 와인은 아무리 마셔도 괜찮았는데, 친구들과 바에서 마시는 와인은 늘 숙취로 그를 괴롭혔다는 것이다. 나중에 알게 된 사실은 그에게 황 알레르기가 있었다는 것이었다.
그의 아버지는 그저 집에서 편하게 마실 용도로 와인을 만들었으니 당연히 아무것도 첨가하지 않은 발효주를 만들었다. 반면 그가 친구들과 바에서 마신 와인들은 주로 대량 생산되는 컨벤셔널 와인이었다. "어느 날 친구가 렌느의 어떤 와인 바를 가면 마신 후에도 머리가 아프지 않은 와인들만 있다고 하더라고. 내가 그 얘길 믿었겠어? 그냥 한번 가보자 한 거지. 정말 와인을 마시고 나서도 머리가 전혀 아프지 않은 거야. 와… 좋다, 나도 이런 걸 만들어야겠다. 맛있는데 머리도 안 아프다니 신난다!" 그것이 파트릭이 와인을 만들게 된 출발점이었다.

그가 학업을 마칠 무렵인 1990년대 후반부터 2000년대 초반까지는 오베르뉴의 와인 산업이 최저점을 찍고 있을 때였다. 그래서 사람들이 포도밭을 버리거나 헐값에 소작을 맡기는 경우가 많았다. 1997년, 파트릭은 어렵게 구한 0.2헥타르의 오래된 가메 밭에서 와인을 만들기 시작했다. 그때는 그저 자신이 마실 수 있는 와인을 만드려는 것이 목적이었다. 오베르뉴 사람들은 절대로 땅을 팔지 않는다. 땅은 집안 대대로 대물림을 해야 하는 중요한 자산이라는 뿌리 깊은 의식이 존재하는 곳이기 때문이다. 따라서 대대로 와인을 만들던 집안 출신이 아닌 와인 생산자들은 여전히 소작을 하고 있는 경우가 많다. 그래서 이들은 늘 포도나무를 심을 땅을 찾고 있다. 오래된 포도밭이 아닌, 새로운 포도밭을 일구는 것이다.

파트릭은 학교를 졸업한 후 곧바로 취직을 했지만 주말에는 오베르뉴로 내려와 포도밭을 일구고 와인을 만들었다. 화학을 전공했던 그는 큰 회사 여러 곳을 다니며 컨설턴트로 일을 했는데, 주말에 시골로 내려와서 와인을 만드는 일이 주중에 사무실에서 일을 하는 것보다 훨씬 재미있고 본인의 적성에 맞는다는 것을 오래지 않아 깨달았다. 재미있는 점은, 그는 와인 양조에 대한 지식이 없었기 때문에 오히려 실패에 대한 두려움도 없었다는 것이다. 그리고 꼭 자신이 재배한 포도로만 와인을 만들어야 한다는 강박도 없었다. 포도만 좋으면 자신이 경작을 하지 않았더라도 구입을 망설이지 않았고, 그 포도로 그가 만들고 싶은 와인을 만들었다. 다만 본인이 황에 알레르기가 있기 때문에 철저하게 상 수프르 와인을 만들 수밖에 없었다. "솔직히 처음 몇 년간 내가 만들었던 와인들은 별로였어. 어디다 알리기에는 한참 모자랐거든. 아마 내가 제대로 된 와인을 만들기 시작한 건 2003년부터인 거 같아." 그가 1997년에 양조를 시작했으니 7번의 시도만에 그럴듯한 결과물이 나온 셈이다.

내추럴 와인에 대한 비평을 하면 빠지지 않는 이야기가 있는데, 바로 '와인이 혼탁하다', '쿰쿰한 냄새를 풍기는 리덕션이 있다' 등이다. 이에 대해 파트릭은 말한다. "이게 왜 오류일까? 나한테는 장점인데 말이야. 와인이 혼탁하다는 건 필터링을 안 했다는 거고 그만큼 자연스럽다는 거 아냐? 그리고 리덕션은, 와인잔을 흔들어주며 천천히 마시다 보면 어느새 리덕션은 날아가고 아주 예쁜 과일향이 올라오잖아. 그게 너무 반갑지 않아?" 같은 상황을 두고 서로 다른 답이 나오는 이유는, 무언가를 비평하는가 혹은 이해하고 기다려주는가의 차이가 아닐까 싶다. 황 알레르기가 있지만 와인을 좋아하는 파트릭에게 내추럴 와인은 너무나 고마운 선물이었을 테니까.

그에게는 양조에 대해 조언을 해주거나 문제가 생기면 의논을 할 수 있는 멘토가 따로 없었다. "그저 내가 좋아하는 와인을 만드는 사람들을 찾아가 의견을 교환했지. 그런데 나는 그들의 와인이 좋은데, 그들은 내 와인이 볼라틸이 너무 많아서 안 되겠다고 고개를 젓더라고. 하하하." 볼라틸은 현대 양조학의 관점에서는 분명한

오류 사유다. 하지만 적당한 양의 볼라틸은 오히려 자칫 무거울 수 있는 와인을 한결 가볍게 만들어주는 역할을 한다. 볼라틸은 김치에서도 많이 찾아볼 수 있기 때문에, 사실 우리나라 사람들에게는 전혀 문제가 되지 않는다. 일상적으로 접하던 볼라틸을 양조학이나 소믈리에 공부를 하면서 오류 사유로 배웠다고 해서 정말 오류로만 취급해야 하는 걸까, 반문해볼 여지가 있지 않을까.

그의 와인을 처음으로 칭찬하고 주변 사람들에게 소개했던 사람은 클로드 쿠흐투아Claude Courtois였다. 오베르뉴에서 열리던 내추럴 와인 살롱에서 파트릭의 와인을 마셔본 클로드는 당시 거기 모인 생산자들에게 "이게 바로 와인이다!"라고 외쳤다고 한다. 그 와인이 바로 파트릭이 스스로 본인의 와인이 괜찮다고 인정하기 시작한, 2003년 빈티지였다. 여전히 양조 과정에서 실수를 저지르고 실패를 한다는 파트릭. 실수를 쿨하게 인정하는 그의 모습이 멋지다. 사실 그런 실수가 없었다면 지금처럼 좋은 와인을 만들 수 있었을까? "언젠가 한 번은 4,000리터(병입하면 5,300병이 넘는 양)의 와인을 다 버려야 했어. 그때 나는 정말 '아무것도!' 넣으면 안된다는 강박과 경험 부족이 뒤섞인 상태였거든."
은퇴 후의 삶을 생각해 본 적이 있냐는 나의 질문에 "은퇴라는 표현보다는 언젠가 양조하는 양을 점차 줄이고, 다른 지역의 젊은 와인 생산자들을 도우며 살고 싶어."라고 말한다. 여행과 사람, 와인을 좋아하는 파트릭다운 답이 아닐 수 없다.

함께한 와인

파트릭은 자유롭고 통통 튀는 듯한 매력 넘치는 와인을 만들기도 하지만, 오랜 숙성을 거친 탄탄한 구조감을 지닌 안정된 느낌의 와인도 만든다. 특별한 한계가 없는 양조가 그만의 특징이 아닐까 싶다.

 Violette

비올레트

도멘 페라의 포도밭을 이어받아서 만든 와인. 가메 도베르뉴로 만든 우아하면서 힘있는 파트릭의 시그니처 와인이다. 소량 생산되어 애호가들의 애를 태우는 와인이기도 하다.

 Festjar

페스트쟈

'축제를 벌이자'라는 뜻의 펫낫. 로제와 화이트가 있다. 축제와 딱 어울리는 맛의 와인이다.

뱅상 마리

WINERY

도멘 노 콩트롤
Domaine No Control

뱅상 마리
Vincent Marie

프랑스에서 생산되는 생수 브랜드 중 대표적인 것으로 에비앙Evian
과 볼빅Volvic을 들 수 있는데, 그중 에비앙은 알프스산 계곡에서, 볼
빅은 오베르뉴의 화산 지역에서 나오는 천연수다. 오베르뉴의 젊
은 스타 생산자 중 한 사람인 뱅상 마리는 볼빅 외곽에 직접 친환
경 양조장을 짓고 와인을 만들고 있다.

키도 크고 체구도 큰 뱅상은 팔에 잔뜩 새겨진 문신과 덥수룩한 수
염 때문에 살짝 위협적인 첫인상으로 다가온다. 하지만 일단 친해
지고 나면 그가 첫인상과는 매우 다른 사람이라는 걸 금방 알게 된
다. 인터뷰를 위해 그를 찾아갔던 때가 2021년의 새해를 맞이하고
얼마 안 되었을 무렵이었는데, 만나자마자 대뜸 시드르Cidre(사과로
만든 알코올이 낮은 탄산 발효주. 프랑스 노르망디 지방 특산물이다.) 2019
년산을 마시자고 한다. 와인 인터뷰를 하겠다고 찾아온 이에게 불
쑥 시드르를 내밀며 "이거 맛이 좋아."를 외치는 뱅상. 그의 설명

대로 참 독특한 시드르긴 했다. 2019년에 수확한 사과를 발효한 후 2020년 와인의 리Lies(알코올 발효 시 양조통 아래 가라앉은 포도 껍질 부스러기, 죽은 효모 등으로 이루어진 찌꺼기)를 넣어 조금 더 발효를 시키고, 여기에 카시스Cassis(검고 작은 열매 과일), 프랑부아즈Framboise(멍석딸기의 일종)를 섞어 5일간 침용했다고 한다. 5도 정도의 약한 알코올 도수, 그리고 카시스와 프랑부아즈 향이 주는 미묘한 아로마가 참 잘 어울리는 시드르였다. 뱅상은 "나는 노르망디 출신이라 언젠가는 시드르를 제대로 만들고 싶어."라고 말했지만, 그날 마신 그의 시드르는 이미 아주 독특하고 완성도 높은, 흠잡을 데 없이 잘 만든 시드르였다.

원래 그의 전공은 스포츠 마케팅 매니지먼트였다. 학업을 마친 후 프랑스의 한 스포츠 브랜드에서 마케터로 10여 년간 일을 했는데 9년차에 알자스 본사로 발령이 났고, 이때의 알자스 체류 기간 동안 그의 인생은 중요한 전환점을 맞게 된다.

2000년대에 그가 학생 신분으로 처음 접했던 와인은 운 좋게도 샹파뉴 자크 셀로스Jacques Selosse, 장 피에르 프릭Jean-Pierre Frick의 샹수프르 와인, 마르셀 라피에르의 와인들이었다. 그가 참석했던 테이스팅 클럽을 주관한 사람은 지역의 카비스트Caviste(와인숍을 운영하는 사람)였는데, 그는 마르셀 라피에르의 와인을 이산화황을 넣은 것과 넣지 않은 것, 필터링을 한 것과 하지 않은 것을 준비해 테이스팅을 했다. 같은 와인을 여러 가지 방법으로 다르게 실험하며 병입을 한 거였다. 이때의 경험을 통해 뱅상은 자신이 원하는 와인을 바로 알아차릴 수 있었다. 이산화황을 넣지 않고, 필터링도 하지 않은 와인이 그에게는 최고였던 것이다. 이를 계기로 그는 내추럴 와인에 대한 열정을 가지게 되었고, 2004~2009년까지는 캉_{Caen}(노르망디의 도시)에서 내추럴 와인 살롱을 진행하기도 했다. 그가 직장 생활을 시작한 시기가 2004년부터였으니, 그는 사회생활을 시작하는 것과 동시에 이미 내추럴 와인의 세계에도 깊이 들어와 있었던 것이다. "당시에는 지금처럼 내추럴 와인 살롱이 주마다 달마다 꽉꽉 채워 열리지 않았어. 내가 좋아하는 생산자들을 초대해 살롱을 여는 것이 지금처럼 어렵지는 않았다는 얘기지. 그들도 일단 나와서 와인을 팔아야 하는 시절이었으니까…." 20여 년이 흐른 현재의 내추럴 와인 시장과는 완전히 다른 상황이었으니, 그는 확실히 운이 좋았다.

알자스 본사로 발령이 났을 때, 그는 그곳에서 인생을 바꾸기로 작정을 했다. 당시 본사의 사장이 뱅상에게 5년 후 어떤 자리에서 어떤 일을 하고 싶은지 물었다. 사장의 의도는 회사 내에서 향후 그가 어떤 위치를 원하는지 물었을 것이다. 하지만 그는 뜬금없이 '자신은 아마 포도밭에서 일하고 있을 것'이라는 대답을 했다.
뱅상은 알자스에 위치한 2년 과정의 양조학교에 다니며 동시에 알자스의 두 거장, 브뤼노 슐레흐와 파트릭 메이에르_{Patrick Meyer} 밑에서 일을 배웠다. 그렇게 학업을 마친 후 2013년에 곧바로 오베르뉴에 정착을 한다. 알자스는 젊은 그에게 이미 너무 많은 것이 비싼 지역이었지만, 오베르뉴는 산과 들판이 아름답게 펼쳐져 있으며

아직은 비싸지 않았고, 게다가 그가 너무나 사랑하는 파트릭 부쥐, 피에르 보제의 가메 도베르뉴가 있는 곳이었기 때문이다.

여기까지 듣고 나니 그의 삶이 정말 거침없는 인생이란 생각이 들었다. 그럼 첫 와인을 만들고 나서 판매하는 데 어려움이 있지는 않았는지, 혹시 실패는 없었는지 물었다. "브뤼노랑 파트릭이 '나한테서 배운 사람이 오베르뉴에서 와인을 만든다'고 그들의 거래처에 입소문을 내주니, 사실 와인을 파는 것은 처음부터 쉬웠어."라고 웃는다. 좋은 선생님을 만난 행운 덕분인데, 사실 그들을 선생님으로 둘 수 있었던 건 뱅상이 일찌감치 내추럴 살롱을 운영했기 때문이고, 향후 그의 선생님이 된 알자스의 거장이 그의 내추럴 와인 살롱에 고정으로 참석하는 고객이었던 덕이다.

행운의 사나이인 뱅상은 늘 '록스타'라고 불린다. 왜 그런지 이유를 물어보니, "나는 스타도 아니고 스타라는 단어랑 어울리지도 않아. 하하. 아마 내가 음악을 매우 즐기고, 음악과 와인을 연결하길 좋아하기 때문일 거야. 오늘 아침에도 포도밭에서 배드 릴리전Bad Religion의 'Suicidal Tendencies'를 들으며 일했어."

그의 와이너리 이름인 노 콩트롤No Control도 한 음반의 타이틀명이다. 그가 처음 오베르뉴에 땅을 얻어서 와인을 만들기 시작했을 때, 작은 밭들이 25킬로미터에 걸쳐 여기저기 조금씩 떨어져 있었던 탓에 그가 밭 사이를 오가며 컨트롤하는 것이 꽤 어려운 상황이었다. 그런데 그가 가장 사랑하는 뮤지션인 배드 릴리전의 앨범 중 가장 좋아하는 앨범의 이름이 〈No Control〉이었고 이것이 그대로 그의 와이너리 이름이 되었다. "당시 내 상황에 딱 맞아떨어지는 이름 아냐? 하하."

"나는 늘 내 와인과 음악을 연결시키곤 해. 예를 들어 우리가 지금 마시고 있는 Délire du désordre(무질서의 환상)는 배드 릴리전의 'Delirium of disorder'라는 노래 제목에서 착안해서 만들었지. 나는 마음에 드는 음악이 있으면 그 노래의 제목과 내가 만든 와인의 특성, 양조 등을 접목시켜 와인 이름을 정하거든. 이 2019 빈티지는 2020년 수확을 할 때까지도 알코올 발효가 끝나지 않았었어. 잔당이 5그램이나 남아 있더라고. 그대로 병입을 할까 하다가 2020년에 수확한 포도 주스를 넣어봤어. 그랬더니 비로소 발효가 마무리되더군. 뭐, 뒤죽박죽 질서가 없는 것 같아 보이지만 그래도 환상적인 맛이잖아? 하하하."

내가 보기에 그는 지금의 와인 시장에서 내추럴 와인 소비자들이 원하는 와인 스타일을 매우 정확하게 파악하고 있다. 마케팅 전공자이니 어쩌면 당연한 걸까. 너무 높지 않은 알코올과 목 넘김이 쉬운 와인. 과일 향과 미네랄이 아주 생생하고 좋은 와인, 그리고 한 잔이 두 번째 잔을 부르는, 마치 물처럼 술술 넘어가는 와인. 바로 그런 와인이 뱅상 본인이 마시고 싶은 와인이기에 그는 그러한 와인을 만든다.

와인 이야기는 자연스럽게 그의 친환경 양조장 건물에 대한 대화로 이어졌다. 그의 양조장은 화산 지역인 오베르뉴의 이미지를 살려 분화구가 하늘을 향하는 모양으로 설계되었으며, 건축에 들어간 모든 재료는 재활용 가능한 자국 내 제품을 사용했다. 보온 보냉을 위한 재료도 모두 친환경 재활용 나무를 기조로 한 것이라고. 원가는 훨씬 비싸지만, 내추럴 와인을 만들면서 환경친화적이지 않은 재료를 쓸 수는 없었단다. 오베르뉴는 한여름에 기온이 40도가 넘게 올라가고 겨울에는 영하 10도까지 떨어지기도 하는데, 그의 양조장은 아무런 냉온방 장치가 되어 있지 않아도 4계절 내내 10~23도를 유지하고 있다. 그는 이 건물을 짓기 위해 공개적으로 후원금을 모금했었는데, 예상을 넘는 많은 금액이 모아졌다고 한다.

원하는 것을 대부분 다 이룬 듯 보이는 그에게 은퇴 후의 삶을 생각해본 적 있느냐고 물었다. 오베르뉴의 다른 와인 생산자들과 마찬가지로 그에게는 소유한 땅이 거의 없다. 거의 대부분 '소작'을 하고 있는데, 그 계약 기간이 법으로 정해져 있고 특별한 사유가 없는 한 자동으로 연장이 된다. 그는 2015년에 18년짜리 최장기 계약을 맺었다. 계약이 끝나는 시점은 2033년. 그때는 그가 55살이 되는 해이니, 아직 젊고 은퇴할 나이는 아니다. 하지만 노르망디 출신으로 오베르뉴에서 포도밭을 일구고 와인을 만드는 일이 그리 쉽지는 않았나 보다. 언젠가 노르망디에서 피자집을 운영하고 싶다며 활짝 웃는다. "55살의 나는 아마 여전히 다른 꿈을 꾸고 있을 것 같아. 오드비Eau de vie(프랑스의 증류주 중 하나로 각종 과일을 이용한 증류주)가 아마 나의 또 다른 꿈이 될 거야. 프랑부아즈, 체리, 모과 등을 지금 계속 심고 있거든." 이미 한 번의 인생 전환을 성공적으로 이끌어 낸 사람이니, 두 번째 전환점에서도 아마 그는 거침이 없을 것이다.

함께한 와인

큰 덩치와 문신을 지닌 뱅상은 그의 겉모습과는 조금 다른 와인을 만든다. 본문에서 설명했듯이 너무 높지 않은 알코올과 목 넘김이 쉬운 와인. 과일 향과 미네랄이 좋은 와인. 그리고 한 잔이 또 두 번째 잔을 부르는 술술 넘어가는 와인들이다.

No.1 Les Crosses
레 크로스

그의 대표 와인 중 하나로, 과일 향 넘치는 신선함과 어우러지는 탄탄한 구조감이 멋진 와인이다. 술술 쉽게 넘어가지만 긴 여운도 있다.

No.2 Magma Rock
마그마 호크

여러 가지 품종을 블렌딩해 양조한 레드와인. 과일 향이 특히 풍부한 매력 넘치는 와인이다.

오헬리앙 레포흐

WINERY

도멘 오헬리앙 레포흐
Domaine Aurélien Léfort

NATURAL
WINEMAKER
No.8

오헬리앙 레포흐
Aurélien Léfort

아직 한국에 수입이 되지 않는 유명한 내추럴 와인 중 하나인 오
헬리앙 레포흐. 독특한 레이블과 완성도 높은 맛으로 애호가들 사
이에서는 이미 입소문을 탄 지 오래다. 다만 구하기가 쉽지 않다는
게 문제인데, 포도 수확 시 포도알 하나하나의 품질을 체크할 정도
로 엄격한 관리를 하다 보니 생산량 자체가 적은 것이 가장 큰 원
인일 것이다. 그의 와인들은 심지어 본국인 프랑스에서조차 희귀
한 아이템이다. 어디서든 보이면 바로 사서 마시는 것이 상책이라
는 얘기까지 나올 정도다. 지금은 공식적인 시음회 등에 전혀 모습
을 드러내지 않는 오헬리앙이지만, 예전에는 이따금 시음회에 나
와 자신의 와인을 소개하곤 했다.

나는 2014년 아를Arles(남프랑스의 도시)에서 열린 내추럴 와인 행사
인 라 흐미즈La Remise에서 그를 처음 만났다. 본인의 부스도 아닌
다른 사람의 시음 스탠드 한켠에서 오헬리앙은 단 1종의 와인을 사

람들에게 말없이 따라주고 있었다. 당시 나는 이미 일가를 이룬 유명한 와이너리들의 시음 부스를 다니며 나와 함께 한국에 당신의 와인을 알려보지 않겠느냐고 외치고 다닐 때였다. 그래서 작고 소박한 부스에 놓인 오헬리앙의 와인을 발견했을 때, 그저 잠시 쉬어가는 의미로 와인을 받아 마셔보자는 생각이었다. 하지만 그가 따라준 와인을 한 모금 입에 넣은 순간, 이것이 엄청난 에너지를 품고 있는 대단한 와인이란 것을 직감했다.

다만 2014년 당시, 이름도 없는 그의 와인을 어떻게 한국에 소개해야 할지 막막했던 기억이 난다. 한국의 내추럴 와인 시장은 아직 태동조차 하지 않았을 때였기 때문에 내추럴 와인을 처음 접할 한국의 소비자를 위해서는 이미 이름이 알려진 생산자들이 안전하다고 생각했다. 하지만 그 후 그는 매우 빠르게 슈퍼스타로 성장을 했다. 2017년 봄, 드디어 처음으로 그를 만나러 프랑스의 화산 지대인 오베르뉴로 향했고 그렇게 우리의 인연이 시작되었다.

프랑스 북쪽 지방인 브르타뉴의 에콜 보자르Ecole Beaux Arts(예술학교) 출신인 그는 원래 미술학도였다. 무사히 예술학교를 마친 그는 루아르의 어느 와인숍에서 일을 했다. 학교를 다니는 동안 여러 예술가들의 삶을 지켜보면서, 과연 이것이 내가 계속할 수 있는 길인지에 대한 대한 의구심이 들 무렵 선택한 일이었다. 그런데 뜻밖에도 그는 와인에 푹 빠져들게 된다. 결국 루아르 앙부아즈Amboise의 기술고등학교 중 양조를 가르치는 비티-외노viti-oeno에 지원했다. "경치를 그리다가 진짜 경치 안으로 내 삶을 옮겨온 거지." 포도밭을 그리다가 포도밭 속으로 자신이 들어와 버렸다며 나지막히 중얼거리는 오헬리앙. 툭툭 말을 던지는 듯하지만, 그가 내뱉는 말 중에 아무 생각 없이 나온 말은 없다.

비록 전공인 미술은 그만뒀지만, 그는 현재 자신의 와인이 전 세계적으로 소비되는 일이 마치 전 세계에서 자신의 작품이 전시되는 것 같은 느낌을 받는다고 한다. 모든 와인의 레이블은 오헬리앙이 직접 그리거나 그래픽 작업을 한다. 사실 미술을 계속했다면 이 정도로 자신의 작품이 다양하게 전시될 일은 없었을 것 같다며 쑥스럽게 미소 짓는다. "와인 덕분에 실제로 작품 전시회도 했어. 그리고 내 와인을 마시고 좋아한 사람들로부터 작품 의뢰가 들어오기도 하고." 이 정도면 화가로서도 어느 정도 꿈을 이룬 셈이 아닐까.

2009년, 오헬리앙은 루아르 생활을 접고 다른 지역에 정착하기로 결심을 한다. 당시 그의 마음속에는 3곳의 후보가 있었다. 쥐라, 사부아 그리고 오베르뉴. 사실 그때까지만 해도 세 지역 모두 비교적 덜 알려진 지역이었고 특히 오베르뉴는 거의 잊혀지다시피한 와인 산지였다. 하지만 오베르뉴의 아름다운 경치에 매료된 그는 2011년에 오베르뉴에 정착하기로 한다. 2012년에 파트릭 부쥐가 내준 0.2 헥타르의 포도밭에서 나온 포도로 그의 첫 와인을 만들었다. 생애 첫 빈티지였다. 그 와인이 바로 내가 2014년 아를에서 맛보았던, 에너지와 미네랄이 넘치며 각종 과일 향이 강렬했던 멋진 와인이었다. 그런데 포도밭이 불과 0.2헥타르 크기라니…. 당연히 여러 곳에 나눠 줄 만한 와인의 수량이 되지 않았던 것이다.

현재 그는 총 3헥타르의 포도밭을 일군다. 물론 그 땅 전체에 충분한 포도나무가 심어진 것도 아니다. 그는 첫 빈티지부터 기가 막힐 정도로 완성도가 높은 와인을 만들었고 거의 모든 내추럴 와인 생산자가 한 번씩은 겪는다는 '식초화' 현상도 없었다. 그는 '잘 배운 덕분'이라고 표현하지만 그가 누군가에게 와인 생산을 배운 기간은 채 2년이 안 된다. 양조학교를 나왔다고도 하지만 그의 표현을 빌리자면 '학교에 발 하나만 걸쳐둔' 학생이었다. 아마도 타고난 재능과 엄청난 세심함, 그리고 본능적으로 완성도 높은 와인을 추구하는 그의 열정 때문이 아닐까. 타고난 재능 덕분 아니냐고 물었더니, "일을 잘하면 기분이 좋아. 그 기분 좋은 게 좋아서 또 더 잘하게 되고. 그렇게 반복되는 거지 뭐. 내가 좋아하는 걸 계속해 가는 거야." 말이야 쉽지만 사실 전혀 쉽지 않은 내용이다. 인생에서 본인이 잘하고 좋아하는 것을 찾아낸 사람들이 과연 몇이나 될까.

작황에 따라 다르지만 그는 대략 연간 총 3,000~5,000병의 와인을 생산한다. 웬만한 규모의 와이너리에서 한 거래처에 보내는 1년치 수출량 정도밖에 안 되는 수량이다. 게다가 기존에 거래하던 고객들을 제외하고는 더 이상 수출은 안 하기로 했단다(그를 마지막으로 만났던 2022년 초에 내린 결정이다). 와인이 자동차나 배, 비행기에 실리는 모든 과정이 환경 파괴의 직접적인 원인이기 때문이라고. 그는 현재 프랑스 내 레스토랑이나 와인 비스트로, 여러 와인 바와 직접적인 유대 관계를 맺으며 거래하고 있고, 특히 유기농 재료를 사용한 환경친화적 음식이 서빙되는 곳에 한해 선택적으로 자신의

와인을 공급하고 있다.

그의 와인은 레이블에 표기된 와인명도 특이하다. 늘 대문자와 소문자가 뒤섞여 있는데, 직접 오래된 타이프라이터로 작업을 한다고 한다. 본인이 평소 손으로 쓰는 문장도 늘 대문자와 소문자가 섞여 뒤죽박죽이니, 그걸 와인 레이블에도 옮겨본 것이다. 예를 들어 COp poRn, SéRuM rouge, bUiSsOn arDent 등이 그의 퀴베 이름들이다. 손으로 글을 쓸 때 늘 이런 식으로 문장을 써왔다니, 학창 시절에 적어도 작문 선생님이 좋아하는 학생은 아니었을 것이다.

그와 함께 다양한 와인을 마시며 비슷한 철학으로 와인을 만드는 다른 생산자들의 이야기를 나누다 보니 시간이 훌쩍 지나 있었다. 문득 그의 10년 뒤, 20년 뒤의 모습이 궁금해졌다. "10년 후라면 내가 50살인데… 50대에는 그림을 좀 더 많이 그리고 싶고, 와인도 연간 7,000병 정도는 생산했으면 해. 특히 화이트와인을 만들고 싶어." 현재 그는 레드와인과 스파클링와인, 로제와인만 만들고 있다. "20년 후에는 내 나이가 60살이겠네. 그때는 어쩌면 맛있는 케밥집을 하고 있지 않을까? 하하하. 물론 케밥에 들어가는 모든 야채는 내가 뒷뜰에서 직접 재배할 거야. 그게 여의치 않으면 이탈리아 아브루쪼 지역에 살고 있지 않을까 싶어…."

오베르뉴에 있는 그의 포도밭에 처음 찾아갔던 2017년의 어느 날, 차가 고장 나서 한 달째 집과 포도밭을 걸어 다니고 있다는 이야기를 들었다. 포도밭에서 함께 시원한 맥주를 나눠 마신 후 그의 집에서 와인 테이스팅을 했고, 그러고 나서 그는 다시 아무렇지 않게 터덜터덜 포도밭으로 걸어갔었다. 그 뒷모습이 여전히 기억에 남는다. 도보로 왕복 2시간이 넘는 거리였다.

"예술과 포도밭은 한 발자국 거리다. 와인은 내게 우연이 이끈 운명이다." - 오헬리앙 레포호

작은 실수도 용납 못 하는 지독한 완벽주의자의 와인이다. 탄탄한 구조감도 있지만, 동시에 마시기 쉬운 가벼운 매력도 지니고 있고, 폭탄같이 터지는 과일 향 뒤로 미네랄이 받쳐주는 아름다운 모습을 보여준다.

함께한 와인

퀴베명 미정 로제 2020

양조통에 줄기까지 통째로 피노 누아를 먼저 수확해서 넣고, 그 위에 줄기를 제거한 샤르도네 포도알을 넣는 방식으로 양조를 했다. 발효가 시작되면서 샤르도네의 주스가 흘러나와 피노 누아를 침용시켰는데, 그 색상이 정말 아름다웠다. 신선한 과일과 미네랄이 인상적인 와인이다. 총 생산량 330병.

  Nulle Part Cedex 19

뉠 파흐 세덱스Nulle Part Cedex 19

(레이블 표기: 91 xeDEc-TRap elLuN)

가메 도베르뉴 100%. 온갖 종류의 붉은 열매 향과 그 안에서 두드러지는 프랑부아즈 향이 인상적이다. 강하면서 부드러운 레드와인.

NATURAL
WINE REGION
No.3

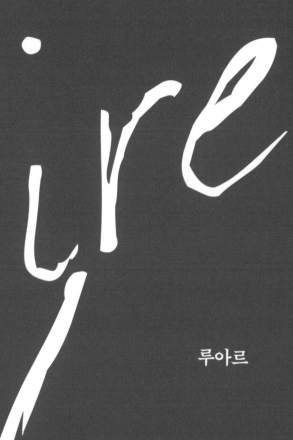

루아르

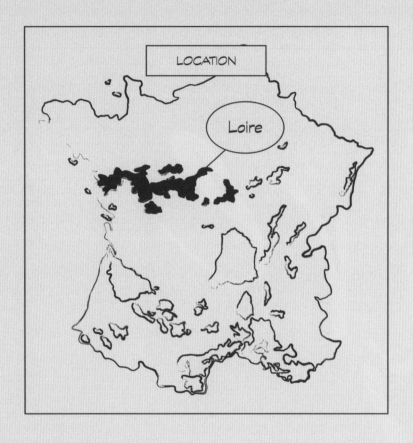

프랑스에서 가장 긴 강인 루아르강의 발원지는 실은 아르데슈 산 속이다. 루아르강은 아르데슈 남쪽 산맥에서 시작해 북쪽의 파리 방향으로 내려가다가 오를레앙Orléan 쯤에서 서쪽으로 방향을 튼 다. 그리고 투르Tours, 앙제Angers, 낭트Nantes등 루아르 와인 산지의 주요 도시들을 차례로 거친 후 대서양에서 그 긴 여행을 끝낸다.

루아르 지역은 계곡을 따라 자리잡고 있는 여러 샤토Château(성)로도 유명한데, 크고 웅대한 유명 샤토부터 작고 예쁜 샤토까지 다양한 샤토들이 곳곳에 위치해 끊임없이 관광객을 유혹한다. 루아르는 지역적으로 파리와 가깝다는 이점이 있어 루아르 와인은 이전부터 주로 파리에서 소비되곤 했다. 그리고 여전히 파리의 수많은 비스트로의 와인 리스트에는 루아르의 레드와 화이트가 빠짐없이 들어간다.

역사적으로는 낭트를 거점으로 이미 로마 시대부터 와인을 만들기 시작한 곳이지만, 본격적으로 루아르강 전역으로 포도밭이 확장된 것은 9~12세기 중세 수도원들에 의해서이다. 수도원의 운영을 위해 수도사들이 포도를 재배하고 와인을 만들어 판매했던 것이다. 필록세라 사건 이후 포도밭이 줄어들긴 했지만, 현재까지 루아르의 와인 산업은 큰 이변없이 유지되고 있다. 특히 1990년대 이후부터 시작된 유기농, 비오디나미, 내추럴 와인에 대한 움직임도 매우 활발하다. 내추럴 와인의 시작은 보졸레였지만, 이 흐름이 좀 더 빨리 활성화된 곳은 루아르라고 보는 시각이 일반적이다.
이 장에서는 루아르 내추럴 와인의 시작점과 같은 클로드 쿠흐투아Claude Courtois와 그 뒤를 잇는 뛰어난 생산자들을 함께 만나보도록 하자.

Claude Courtois

클로드 쿠흐투아

WINERY

레 카이유 뒤 파라디
Les Cailloux du Paradis

클로드 쿠흐투아
Claude Courtois

사실 클로드는 나의 첫 번째 책 《내추럴 와인메이커스》에 포함되었어야 하는 인물이다. 그 역시 아무도 가지 않았던 길을 용감하게 개척했던 1세대 내추럴 와인메이커이기 때문이다. 이런 아쉬운 마음을 그에게 전하니 "1세대니 2세대니 그게 뭐가 중요하겠어. 내가 늘 여기 있고, 내 와인도 여기 있는데."라며 응수한다. 큰 키에 체격도 큰 클로드는 처음 만나는 사람을 압도하는 이미지를 갖고 있다. 하지만 막상 이렇게 나긋나긋하고 조용한 그의 목소리를 들으며 이야기를 하다 보면 어느새 그의 커다란 체구를 잊고 만다.

파리에서 남쪽으로 가서 오를레앙을 지나면 샤토 드 샹보흐Château de Chambord라는, 17세기에 완공된 거대한 샤토가 있다. 루이 14세가 공사를 직접 마무리하고 또 자주 머무르며 아꼈다고 할 정도로 이곳은 프랑스의 관광 명소 중에서도 손꼽히는 곳이다. 그리고 이 샤토에서 남쪽으로 조금만 더 가면 루아르의 내추럴 혁명을 시작한 장본인인 클로드 쿠흐투아가 일궈 놓은 포도밭과 양조장이 있다. 공식적인 가족사에 의하면 1864년에 그의 고증조부가 처음으로 포도밭 경작을 시작했던 것이 쿠흐투아 집안의 와인 생산의 시작이지만, 사실은 프랑스 혁명 이전부터 와인을 만들었을 가능성이 높다며 찡긋 웃는다. 그가 언급한 표현이 프랑스 혁명이었을 뿐, 사실은 시간을 계산할 수 없을 만큼 오래되었다는 뜻이다. 이렇게 오래된 와인 집안에서 자란 클로드는 아주 어린 나이부터 포도밭과 양조장에서 많은 시간을 보냈다. 그의 할아버지는 필록세라가 프랑스 전역에서 포도밭을 초토화하는 것을 실제로 겪은 세대라고 한다. 그가 직접 포도밭을 일구고 가꿔온 곳은 루아르의 솔로뉴 지역이지만, 그는 사실 부르기뇽Bourguignon(부르고뉴 사람)이다. 하지만 키가 작고 진한 피부색이 특징인 부르고뉴 토착민, 뷔르공드Burgondes가 아닌 켈트족(아일랜드를 중심으로 한 대서양 쪽에서 시작된 부족으로 키가 크고 호전적인 특징이 있다.) 출신 부르기뇽이라고 그는 확실하게 선을 긋는다. 그의 큰 체구는 확실히 토착 부르기뇽의 특징은 아니다.

클로드는 정말 일찍부터 내추럴 와인을 만들었는데, 어떻게 그렇게 빨리 기존 와인과 다른 와인을 만들 생각을 했느냐고 물었다. "나는 원래 이상하게 태어났거든. 하하. 어릴 때부터 주변에서 종종 나를 미친 사람 취급을 하더라고. 결국 13살에 학교를 그만뒀지. 그런데 학업증명서가 그다음 해에 나올 예정이었기 때문에, 난 지금도 학업증명서라는 것 자체가 없어. 뭐, 사는 데 문제 될 거 없잖아? 하하하." 본인이 이상한 사람이라 남들과는 다른 와인을 만들었다고 농담 삼아 웃으며 이야기를 했지만, 사실은 그는 가족이 이끌던 부르고뉴의 거대 네고시앙과 자신의 미래를 연결해 생각할 수가 없었다고 한다. 어마어마한 규모로 공장처럼 돌아가는 삶. 매일 5만 리터의 와인이 병입되고, 다량의 와인을 사고 파는 일. 그건 절대로 자신의 삶이 될 수 없었다.

그러던 어느 날 형과 심하게 싸운 그는 곧바로 차에 짐을 싣고 남쪽으로 떠났다. 그의 첫 기착지는 남프랑스의 100헥타르가 넘은 와이너리였다. 거기서 그는 양조가로서 자신의 와인을 만들기 시작했는데, 당시 만들었던 화이트와인이 파리에서 최고의 와인에 선정되기도 했다. 그때가 1977년이었다.

사실 클로드는 이산화황 알레르기가 있다. 따라서 자연스럽게 그는 와인 양조 과정 중 하나인 이산화황 투입에 대해 재고를 해야 했다. 본인이 마실 수 없는 와인을 만들 수는 없으니 말이다. 와인에 이산화황을 넣는 가장 중요한 목적은 산화를 방지하기 위한 것인데, 과연 이산화황을 넣지 않으면 산화가 진행이 되는지 안 되는지 그는 직접 실험을 해봤다. 그 결과 산화되지 않았다! "내가 만든 와인(내가 경작한 포도로 만든)은 이산화황을 넣지 않더라도 맛이 변하지 않겠구나, 하는 확신이 생겼지. 그래도 혹시 모르니 아주 조금만 넣긴 했어. 이산화황을 정량대로 안 넣었다고 와이너리 주인이 얼마나 난리를 치던지…. 그래도 그 와인이 파리에서 최고의 와인으로 선정이 되었으니 할 말은 없었겠지." 당시 그는 쥘 쇼베라든가 마르셀 라피에르, 피에르 오베르누아 등 자신과 같은 길을 가고 있던 사람들에 대해서는 전혀 몰랐다고 한다.

결국 1979년 그는 일하던 와이너리를 떠나 자신만의 와인을 만들기 시작한다. 어린 시절 봐왔던 할아버지의 방법처럼 가축도 기르고, 곡물도 심고, 와인을 만들기 위한 포도나무 재배 외에도 다양한 식물들의 재배를 함께했다. 목초를 거둬들이고 가축의 분뇨를 사용해 퇴비를 만들어 땅에 뿌려서 유기체를 키워 땅을 살렸다. "포도밭에 풀이 무성하게 자라니 주변 사람들은 나를 미친 사람 취급하더군. 제초제를 마구 뿌린 깨끗한 밭을 자랑했던 시절이었으니, 그들 눈에 내 포도밭이 얼마나 이상해 보였겠어."

그러던 1991년, 그의 와이너리 근처에서 10킬로미터 면적에 걸친 대형 화재가 있었고, 이를 계기로 그는 남쪽 지역을 떠나기로 결정한다. 그렇게 결정하고 나서 첫 번째로 눈에 들어온 매물이 바로 현재의 와이너리였다. 전화 한 통으로 계약을 결정하고 바로 이주를 했다. 15년 동안 잘 일궈 놓은 땅을 두고 오는 기분은 어땠을까. "처음에는 황무지나 다름없는 땅이었지만 뭐 한 20년 정도 시간을 들이면 또 괜찮은 포도밭이 될 것 같았어. 아내에게 그렇게 호언장담을 했지. 그런데 30년이 지난 지금, 내 목표의 한 절반이나 왔나 모르겠어."

1991년 가을에 포도밭 계약을 하고 만든 첫 와인이 1992년 빈티지였다. 그가 사들인 밭은 이미 화학제 등으로 심하게 망가져 있던

상태라서 심은 지 60년이 넘은 포도나무들만 제외하고 모두 뽑은 다음 다시 심었다. 그때부터 몇 년간 계속해서 그가 새로 심은 포도 품종은 대부분 잊혀지거나 없어진 품종이었다. 현재 그의 포도밭에는 약 36개의 품종이 섞여 있다. 남부 론의 샤토뇌프 뒤 파프 와인이 13개의 포도 품종을 섞어 만드는 와인으로 유명한데, 그의 포도밭은 그 3배에 달하는 품종 다양성을 지니고 있는 것이다.

그는 어떻게 이렇게 36가지나 되는 다양한 포도 품종을 심은 걸까. 클로드는 이것이 과거에 와인을 만들었던 사람들에 대한 오마주라고 한다. 과거의 생산자들이 각자의 땅에 맞는 포도 품종을 찾아 키우고, 그것으로 와인을 만들었기 때문에 바로 오늘이 있는 것이라고. 옛사람들은 단일 품종으로 와인을 만들지 않았다. 현대에 이르러 생산량이 떨어지거나 재배가 어려운 품종들을 사람들이 뽑아 버렸을 뿐. 클로드는 아라몽Aramon, 므늬 피노Menu Pineau 등 원래 존재했던 다양한 포도 품종들을 살리고자 하는 것이다.

클로드의 다양한 포도 품종 되살리기 활동을 얘기하자면 호모랑탕Romorantin을 빼놓을 수 없다. 그가 정착한 솔로뉴Sologne 마을에서 멀지 않은 곳에 호모랑탕이란 마을이 있다. 호모랑탕은 마을 이름이자 포도 품종 이름이기도 하다. 그런데 정착을 하고 보니 정작 그의 밭을 비롯해 주변 어디에서도 호모랑탕 품종을 찾아볼 수 없었다. 소비뇽 블랑이 전 세계적으로 알려지고 잘 팔리기 시작하면서 모두들 호모랑탕을 뽑아 버리고 소비뇽 블랑을 심었기 때문이다. 클로드는 호모랑탕 품종을 다시 심고 온전히 그 포도만으로 와인을 만들었는데, 이는 곧 모든 와인 애호가들이 열광하는 화이트 와인이 되었다. 다만 생산량이 극소량이라 쉽게 찾아 마실 수 없는 와인이라는 아쉬움이 있을 뿐.

그가 다양한 포도 품종을 섞어 만든 최초의 와인은 '하신**Racines**'이다. 클로드 쿠호투아의 대표 와인으로 가장 널리 알려진 퀴베이기도 하다. 하신은 '뿌리'를 뜻하는데, 처음 이 퀴베를 만들었던 몇 년간은 기존의 방식과 다르게 가꿔온 포도나무들의 뿌리가 살짝 길을 벗어난 느낌을 받았기 때문에 와인에 '뿌리들'이라는 이름을 붙였다고 한다. 이 와인이 클로드가 기대하는 맛으로 표현되기까지는 그로부터 몇 년이 더 걸렸다. 이 와인은 14~16가지 다양한 포도 품종을 섞어 양조하는데 그중에는 클로드 본인도 이름을 모르는 포도가 있다고 한다.

사실 나는 클로드의 존재를 그의 와인 하신으로 처음 접했다. 2015년 봄, 자주 가던 파리의 내추럴 와인 비스트로에서 새로 들어왔다는 레드를 한 잔 얻어 마셨는데, 미네랄과 과일의 농축미가 어마어마한 데다 복합적이고 다양한 향, 편하게 마실 수 있는 상쾌함까지 갖추고 있었다. 다음 날 바로 클로드를 만나려고 나는 그의 와이너리가 있는 솔로뉴로 찾아갔다. 참 대단한 에너지를 가진, 그의 와인과의 강렬한 첫 만남이었다. 여담이지만, 하신 1999년 빈티지는 사람들이 블라인드 테이스팅에서 종종 부르고뉴의 히쉬부르 **Richebourg** 60년대 빈티지 와인으로 착각할 정도로 대단한 와인이다. 그런데 클로드의 말에 의하면 2020년 빈티지가 아마 와인이 가진 에너지로는 최고의 해가 될 것 같다니, 그 와인이 출시되는 2023년에 나는 그를 꼭 다시 찾아가야 할 것 같다.

클로드와 이야기를 나누면 나눌수록 그는 다른 사람이 가지 않은 길을 어렵게 헤쳐갔던 내추럴 와인 1세대만의 엄격함을 지닌 듯했다. "와인에 나쁜 품종, 나쁜 생산자가 어딨겠어. 다 자기만의 캐릭터가 있는 것뿐이지."라고 포용하듯 말하지만, 곧이어 못마땅한 점도 가감없이 표현한다. "요즘 사람들은 수티라주Soutirage(와인 숙성 시 아래에 침전하는 찌꺼기를 없애는 작업)도 안 하는데 와인이 무슨 수프야? 요즘 와인 만든다는 사람들(트렌디한 양조가를 지적하는 듯)은 그런 기본을 안 지켜. 나는 기본적으로 5~6번의 수티라주를 하는데 이는 와인이 더 오랫동안 살아 있게 하기 위해서야. 이렇게 하면 필터링 자체를 언급할 필요도 없어지는 거지."

이 책의 취재를 위해 그를 마지막으로 만났던 것이 2022년 초였다. 와인을 만든 지 어느덧 56년이 된 71세의 클로드는 어느 날 아침 자신이 일어났을 때 더 이상 포도밭에 일하러 나갈 수 없는 날이 온다면 바로 그날이 자신의 일을 그만두는 날이 될 것이고, 현재 그는 그날을 기다리지 않기 때문에 미래 역시 궁금하지 않다고 했다. 그는 궁금하지 않겠지만, 언젠가 그가 와인을 더 이상 만들지 않는 날이 온다면 나를 포함한 수많은 애호가들은 무척이나 섭섭할 듯하다. 식사와 함께 끝없이 나오던 그의 와인들은 모두 무척 맛있었고, 나는 새로운 와인이 나올 때마다 왜 이렇게 와인이 좋냐는 말을 수도 없이 반복했다. 그나마 다행인 점은 둘째 아들 에티엔이 2008년부터 클로드의 기존 와인들을 넘겨받아 와인을 생산하기 시작한 것이다. 퀴베 하신만 여전히 클로드가 만들고 있는데, 오랜 세월 아버지와 함께 같은 공간에서 와인을 만든 에티엔이라면 하신의 명성을 충분히 이어가고도 남을 듯하다는 안도감이 든다.

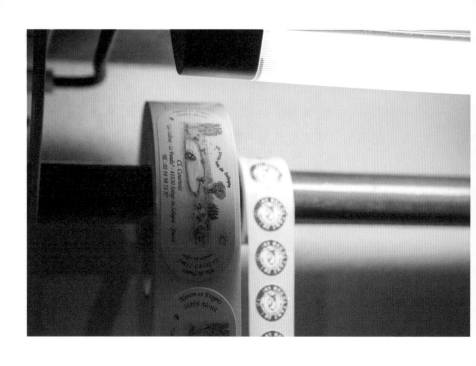

함께한 와인

식사와 함께 진행된 인터뷰 중, 클로드는 아들에게 어떤 와인을 가지고 오라고 시켰다. 내가 모르도록 말이다. 즉 내가 맞춰야 하는 와인이었다. 입에서 오랫동안 간직하며 마시라는 클로드. 천천히 피어오르는 맛이 너무나 훌륭했다. 우아하고 힘이 넘치는 멋진 와인. 아직 1년 정도는 병 속에서 숙성을 할 예정이라는, 48개월의 숙성을 거친 카베르네 프랑이었는데 피노 누아의 느낌이 물씬 풍기는 정말 멋진 와인이었다. 오래 기다릴수록 좋은 와인, 바로 클로드의 와인이다.

 Racine 2018

하신

수많은 품종을 섞어 만든, 단연코 최고의 레드와인. 풍부함과 순수함이 공존하는 멋진 와인이다.

No.2 **Romorintin 2018**

호모랑탕

깊은 미네랄에서 이어지는 약간의 염분 뉘앙스가 있다. 테루아를 제대로 반영하는 와인으로, 극소량 생산이 아쉬울 따름이다.

파트릭 데플라

WINERY

도멘 파트릭 데플라
Domaine Patrick Desplat

파트릭 데플라
Patrick Desplat

내가 파트릭의 와인을 처음 접한 건, 그가 세바스티앙(보통 바바스 Babass라 불린다)과 함께 10여 년간 도멘 데 그리오트Domaine des Griottes 라는 와이너리를 운영하고 있을 때였다. 당시 그가 만든 와인은 미 네랄이 풍부하면서 과일 향과 산미가 참 예쁘게 어우러지는 와인 이었다. 그 와인을 한국에 소개하고 싶어 수소문을 했는데, 이미 와이너리를 접었다는 소식을 접했다. 이후 파트릭과 세바스티앙이 각각 자신의 와인을 만들고 있다는 소식을 전해 들었지만 더 이상 파고들지는 않았었다.

그렇게 몇 년이 흐른 2018년 초봄의 어느 날, 이미 한국에서 스타 로 떠오른 제롬 소리니의 양조장을 방문했다. 발효가 끝났거나 아 직 발효 중인 그의 2017년 와인을 맛보며 총생산량을 가늠하고, 한 국으로 받을 수 있는 최대 물량이 얼마나 되는지 열심히 저울질을 하던 중이었다. 그런데 그 자리에 가감 없는 솔직한 표현으로, '거리의 부랑아' 같은 초로의 남성이 있었다. 알록달록한 색상의 판초, 다 떨어진 바지, 게다가 감은 지 오래된 듯한 머리칼까지…. 나는 되도록이면 그에게서 멀리 떨어져 있으려고 슬금슬금 뒤로 물러났다. 하지만 제롬 소리니의 한국 수입사인 뱅베의 대표와 이사까지 함께 한 자리라 어쩔 수 없이 가운데에서 통역을 해야 했는데, 집 없이 떠돌며 사는 것 같은 이 양반이 자꾸만 가까이 다가서며 자신의 의견을 피력하는 것이다. 만약 제롬이 그의 의견을 경청하고 질문을 하지 않았다면 나는 아마도 그 '부랑아' 같은 사람이 하는 얘기를 주의 깊게 듣지도 않고 제대로 대답하지도 않았을 것 같다. 그런데… 이야기가 계속될수록 나는 그가 대단한 지식과 경험을 지닌 사람이라는 것을 깨달았다. 와인에 대한 심오한 철학이 담긴 이야기들이 그의 입을 통해 술술 흘러나왔다. 그가 바로 제롬에게 많은 영향을 끼친 인물이자 도멘 데 그리오트의 창시자 중 한 사람인 파트릭 데플라였다. 이번엔 거꾸로 내가 그에게 한 걸음씩 다가서며 이런저런 질문을 던졌다. 사람을 겉모습만으로 판단한 나의 어리석음을 스스로 꾸짖으며.

그날 일정을 마치고 제롬의 집으로 장소를 옮겨 그가 준비한 식사와 와인을 함께 했는데, 거기서 그리 멀지 않은 곳에 사는 파트릭이 본인의 와인을 들고 왔다. 그렇게 그의 와인을 다시 접했다. 그야말로 놀라운 와인들이었다. 많은 이야기와 감정이 실린 와인이었다.

파트릭은 지도에도 나오지 않는 작은 숲속에 그야말로 '둥지'를 틀고 살고 있다. 2016년, 자녀들이 장성해 독립을 한 후 그는 마차에 모든 짐을 싣고 자신의 포도밭 근처 작은 숲으로 왔다. 현재 그곳이 그의 삶의 터전이자 양조장이다. 나무를 잘라내 터를 만들고, 우물을 만들고, 전기를 끌어오는 작업까지 모두 직접 했다. 파트릭은 여전히 그때 타고 온 마차에서 살고 있다. 숲의 한구석에는 카라반이 놓여 있는데, 이는 친구들을 위한 숙소이자 파트릭 본인의 사무실로 사용하는 공간이다. 그런 그의 둥지 안에는 다양한 채소가 자라는 텃밭이 있다. 어느 날은 그가 갓 뽑아온 싱싱한 아스파라거스를 숭숭 잘라 미리 해놓은 밥에 대충 섞어 간단히 샐러드를 만들어주었다. 나는 아스파라거스가 그렇게 달고 맛있는 줄 그때 처음 알았다. 파리로 돌아와 그가 만들어준 샐러드를 비슷하게 여러 번 시도해보았지만, 단 한 번도 그 맛을 살려낼 수가 없었다.

파트릭은 16살에 학교를 스스로 그만두었다. 가만히 앉아 있는 일은 그와 전혀 맞지 않았다. 그는 계속해서 움직여야 하는 사람이었다. 그때부터 숲에 혼자 살며 다양한 버섯을 채집해서 팔고, 아버지의 일을 돕고, 호수에서 낚시한 생선을 팔면서 살았다. 그러면서 자연과 어울리고 이해하고 소통하는 법을 배우기 시작했다. "내가 지금까지 한 일을 세보면, 아마 적어도 36개 정도의 직업은 될 거야. 하하. 이런저런 잡일들이었지. 일을 좀 해서 돈이 생기면 바로 숲으로 들어가곤 했거든." 그의 다양한 직업 중 마지막은 사진을 찍는 일이었다. 주로 상업 사진이었는데, 한때는 오를레앙 시의 모든 행사 사진을 담당하기도 했다고 한다. 그러다 21살이 되었을 무렵, 그는 와인이 자신의 운명임을 자각하게 된다. 이후 포도밭의 노동자로 일을 하기도 하고 양조 작업을 돕는 등 와인 양조와 관련된 다양한 일들을 배웠는데, 주로 레시피대로 만들어내는 컨벤셔널 와인이었다.

그런 그가 어떻게 내추럴 와인으로 전향을 하게 되었느냐고 물었다. "여러 해 동안 여기저기서 컨벤셔널 와인을 만들며 그동안 배운 대로 아무 생각 없이 이산화황를 넣었지. 그런데 어느 날 갑자기 이런 생각이 들더라고. 이산화황은 항산화제인데 이걸 왜 와인에 넣지? 와인 자체가 항산화 역할을 하는 거 아닌가?" 그때부터 그는 이산화황의 역할에 대해 파고들었다. 그리고 파고들면 파고들수록, '와인 자체가 강력한 항산화제-타닌, 폴리페놀, 라스베라트롤 등으로 구성된-인데 왜?'라는 의문이 들었다. 이는 양조 과정에서 배양 효모를 투여하는 것과는 다른 문제였다. 그는 곧바로 이산화황 사용을 중단했다. 그는 확신에 차 있었다. 파트릭은 자신이 확신하는 것에 대해서는 한 치의 양보도 없는 사람이었다.

그렇게 무작정 시작한 내추럴 와인 양조의 결과는 어땠을까. "당연히 바보 같은 짓을 많이 했지. 하하. 일단 땅이 전혀 준비가 안 되어 있었으니, 내추럴 와인을 생산할 만한 건강한 포도가 나올 리 없잖아. 요즘 젊은이들이 내추럴 와인을 만들겠다고 찾아오면 나는 일단 땅부터 살려 놓으라고 해. 나도 얼마나 많은 와인을 식초를 만들었는지(양조 과정에서 식초가 되어 버린 경우가 많았다는 이야기다.)…." 하며 손사래를 친다. 2020년은 그가 20번째로 내추럴 와인 양조를 시도한 해였다. 그동안 그만의 방식으로 땅을 바꾸고 경작해온 결실로 너무나 아름답고 건강한 포도가 생산되었는데, 바로 그해 그는 모든 와인의 양조와 숙성에 조지아산 암포라를 사용하는 대전환을 한다. 또 한 번의 과감한 시도였다.

그의 2016, 2017년의 작황은 유난히 초라했는데 특히 2016년 4월 16일, 첫 손녀딸이 태어난 날 그의 포도밭은 심한 냉해를 입었다. 그에게는 이 우연의 일치가 우주의 메시지이자 또 다른 문을 열 수 있는 계기처럼 느껴졌다고 한다. 그때 친구이자 서로에게 많은 도움을 주는 루아르의 와인 생산자 티에리 퓌즐라_{Thierry Puzelat}의 한마디가 그를 새로운 방향으로 이끌었다. "내가 수입하는 조지아 와인 같이 마셔보자고. 그리고 조지아를 한번 가봐. 답이 있을 거야." 무언가에 홀린 듯 그는 2017년 2월, 차를 끌고 조지아로 향했다. 그가 있는 루아르 지역에서 조지아까지는 대략 5,000킬로미터가 넘는 대장정이다. 숙식을 해결할 수 있는 차를 가진 친구와 함께 떠난 긴 여정이었다.

그렇게 떠난 조지아에서 그는 암포라 양조에 눈을 뜨게 된다. 프랑스에서도 이전에 암포라를 본 적이 있었지만, 조지아에서 본 암포라는 차원이 달랐다. 거대한 크기도 대단했지만, 재료 자체도 완전히 달랐다. 그리고 땅에 파묻어 숙성하는 방식이라니. 그는 조지아의 수많은 와인 생산자들을 만나고 그들의 와인을 함께 마신 후 확신에 차서 프랑스로 돌아왔다. 2019년에 1개의 암포라로 실험을 해본 후, 2020년에 모든 양조를 암포라로 전환했다. 그의 첫 암포라

와인은 시장에서 엄청난 반응을 불러왔다.

그는 더 이상 트랙터나 쟁기를 사용한 땅 갈아엎기를 하지 않는다. "어느 날 트랙터로 땅을 갈고 있었는데 갑자기 휘발유 냄새, 트랙터에서 나오는 매연, 손에 묻는 휘발유 등이 역하게 느껴졌어. 이런 것들이 과연 내가 사랑하는 포도나무를 위한 것일까? 그 답은 아니었지." 하지만 그다음 단계를 위한 답은 바로 떠오르지 않았다. "답이 없는 길을 가자고 작정한 순간에 새로운 문이 열리는 거 아니겠어? 그동안 내가 해온 경험들이 새로운 도전과 학습으로 대체되는 거지." 그의 철학은 단순하지만 명료하다.

땅에 묻힌 암포라에서 파트릭이 직접 떠주는 와인들을 함께 마시며, 흥미로운 그의 이야기를 듣고 있으니 마치 다른 차원의 세계에 존재하는 듯했다. 그의 작은 동산에 둥지를 틀고 살아가는 새들이 오가며 들려주는 청아한 노랫소리, 전날 루아르강에서 그가 직접 잡아 왔다는 신선한 장어가 숯불에 구워지는 모습…. 그가 만든 세계는 남들의 통념이나 바깥세상과는 완전히 다른, 새로운 차원의 우주인 듯하다. 그리고 그 안에서 그는 자연과 하나가 되어 자연 속으로 온전히 녹아들고 있는 느낌이었다.

파트릭은 그의 '감각'에 전적으로 의존해서 와인을
만든다. 특히 암포라로 전향을 시작하면서는
더욱 그렇다. 마치 와인을 만드는 마술사를 보는
듯하다.

(No.1) Epona
에포나

그가 2000년에 직접 나무를 심고 말을 이용해 경작한 포도로 만들어진 와인. 아로마,
맛, 타닌 등 와인에 들어 있는 모든 요소가 조화롭다. 25가지가 넘는 포도 품종이
들어간 화이트와인.

(No.2) Fleurs
플뢰흐

과숙된 소비뇽 블랑과 슈냉 블랑을 섞어 만든 와인으로, 미묘한 맛이 일품인 걸작이다.

(No.3) Vent Y Tourne
방 이 투흔느

가메가 주는 과일 풍미, 피노 도니스가 주는 후추 향과 스파이시함을 카베르네 프랑이
받쳐주는 레드와인.

Jérôme Saurigny

제롬 소리니

WINERY

도멘 소리니
Domaine Saurigny

NATURAL
WINEMAKER
No.11

제롬 소리니
Jérôme Saurigny

한국의 내추럴 와인 시장을 강타한 스타 생산자 중 하나인 제롬 소리니. 한국에서 그의 와인은 출시하자마자 단 몇 분 만에 전량 솔드아웃이 될 정도이니, 가히 초특급 락스타의 인기에 견줄 만하다. 여기서 특이한 것은 제롬이 만든 와인의 특별함을 알아보고 열광하기 시작한 곳이 그의 나라 프랑스가 아니라 한국과 일본 등 아시아 마켓이 먼저였다는 점이다.

내가 그를 처음 만났던 건 2014년 여름, 파리 센강에 띄워 놓은 보트 안에서 열린 선상 시음회에서였다. 파리 센강에는 정박해 있는 다양한 배들이 많다. 그중 대부분은 노마드의 삶을 즐기려는 파리지앵들의 거주 공간으로 활용되는 배들이고, 나머지는 레스토랑이나 바 혹은 대여 공간으로 활용된다. 내추럴 와인 시음회 역시 이곳 센 강변에서 몇 개 열리는데, 제롬 소리니가 속한 뱅 생_{Vins}

S.A.I.N.S 그룹의 선상 시음회는 여름이 시작될 무렵에 열린다. 이때 파리 지역의 내추럴 와인 애호가들은 자신의 셀러를 채우기 위해 시음회를 찾아온다.

지하와 지상, 총 2개 층으로 구성된 배에서 제롬은 지하의 가장 끝 자락에 자리하고 있었다. 이미 여러 곳의 와인들을 집중 시음한 탓에 지쳐가던 무렵이었지만, 보아하니 와인 종류도 2~3종이라 몇 개 없으니 가볍게 시음이나 하자는 생각이었다. 그런데 그의 와인을 마시자마자 둥! 마음에서 북소리가 울렸다. '와… 이 사람은 대체 누구지? 연락처를 꼭 달라고 해야겠다.' 마음이 급해졌다. 그런데 돌아온 대답은, "작황이 안 좋아서 와인이 별로 없다. 수출할 양은 없지만, 여기서 개인적으로 마시는 건 가능하다."는 이야기였다. 사실 내가 2014년에 제롬을 만난 후로 그에게서 작황이 좋았다는 얘기를 들은 적이 거의 없다. 그는 기존의 농법과 완전히 다른 방식으로 포도밭을 가꾸기 시작했는데, 그 여파로 풍성한 수확이 몇 년간 불가능했고, 제대로 된 수확량을 기대할 무렵에는 각종 냉해, 우박 등으로 인해 정상적인 포도 수확이 불가능했기 때문이다.

그는 보르도 양조학교에서 정통 양조 기법-사실 이 '정통'이라는 단어에 어폐가 있긴 하다. 현대 양조학이 정립된 것이 불과 몇십 년 전인데, 수천 년 동안 인류의 역사에 존재해 온 와인 양조의 역사에서 수십 년 전에 정립된 현대 양조학을 두고 과연 정통 양조 기법이라고 부를 수 있을 것인가?-을 배웠다. 그리고 자신의 본가가 있는 루아르 지역의 와이너리들을 방문하여 시음도 하고 생산자들과 양조 기법에 대해 토론하기도 했다. 그런데 정작 그는 일반적인 와인에서는 절대로 나타나서는 안 되는 결함 항목들(휘발산, 잔당Residual sugar 등)이 복합적으로 들어 있는 와인에서 오히려 영혼의 울림을 느꼈다고 한다. "분명 이런 와인은 결함이 있는 맛과 향이라고 배웠는데, 나는 반대로 그러한 맛과 향이 있는 와인에서 학교에서 배운 양조법 대로 만든 와인에서는 결코 느껴볼 수 없는, 온몸이 오싹할 정도의 감동을 느꼈단 말이지."

제롬을 오싹할 정도의 감동으로 몰아넣었던 와인은 클로드 쿠흐투아의 그 유명한 퀴베 하신Racine이었다. 당시 22살이었던 제롬은 보르도에서 양조학을 공부하고 있었는데, 이러한 경험을 계기로 그는 정규 과정을 통해 양조를 배우지만, 앞으로 내가 마실 와인은 바로 이런 와인이다, 라는 결정을 하게 된다. 물론 그 이후로 스스로 찾아서 마시는 와인은 대부분 내추럴 와인이었지만, 생계를 이어가기 위해 이후 7년 동안 보르도의 샤토 슈발 블랑Château Cheval Blanc에서 일하기도 하고, 슈발 블랑의 총책임자가 이끄는 와이너리에서 양조 일을 하기도 했다. 하지만 이 과정에서 그는 실험실의 양조가Oenologist가 지정해 주는 레시피 그대로 마치 인형처럼 포도밭 경작이나 양조를 하는 것이 앞으로 내가 계속할 수 있는 일인가에 대해 심각한 고민을 하게 된다. "난 A부터 Z까지 모든 과정을 내 마음대로, 내가 생각하는 대로 해보고 싶었어. 그게 진짜 내가 만든 와인이고 내가 마실 수 있는 와인일 테니까."

결국 보르도 생활을 접고 고향인 루아르에 돌아온 것이 2005년. 그

는 과감하게 상 수프르 와인을 시도했으며, 2007년부터 본격적으로 모든 와인을 내추럴 양조로 전향하기 시작했다. 이 과정에서 포도가 와인이 아닌 식초(!)가 되어버린 적도 부지기수였다. 한 번은 잔당이 꽤 남은 상태에서 와인의 발효가 멈춘 적이 있었는데, 여러 달을 기다려도 도무지 재발효가 일어나질 않았다. 이 정도 시간이 지나도 발효가 더 이상 일어나지 않는다면 병입을 해도 효모들이 활동을 안 하겠구나, 생각하고 병입을 했다. "그런데 웬걸, 몇 주 지나서부터 병이 팡팡 터져 나가기 시작하더라고? 병입 후에야 재발효가 일어난 거지 하하하. 천연 효모의 성질은 아직도 잘 모르겠어. 그냥 기다려야 하는 거지 뭐⋯."

와인 양조에서 발효의 속도는 포도밭에서 만들어진, 수확 당시의 천연 효모의 성질과 밀접하다. 어떤 해의 효모는 상당히 부지런해서 순식간에 발효를 끝내기도 하고, 어떤 해는 여러 달이 걸리기도 하고, 또 어떤 해는 여러 해에 걸쳐 천천히 발효가 진행될 만큼 효모들이 비활동적이기도 하다. 하지만 현대 양조 기법의 레시피를 따른다면 상황은 다르다. 발효가 잘 안되면 발효가 잘되는 배양 양조 효모를 잔뜩 넣어 신속하게 발효를 마치고, 자신이 원하는 시기에 병입을 하면 된다. 반면, 어떠한 첨가물도 넣지 않는 것이 원칙인 내추럴 와인의 경우에는 천연 효모가 발효를 끝낼 때까지 인간이 무작정 기다릴 수밖에 없는 것이다. 이러한 특성이 내추럴 와인 생산자들의 경제적 상황을 힘들게 할 수밖에 없는데, 제롬의 경우에는 2005년 와이너리를 시작한 이래 2012년이 되어서야 겨우 본인의 월급을 챙길 수 있었다고 한다.

제롬을 스타로 만들어준 퀴베를 꼽자면 명실공히 '사쿠라지마 Skurajima'다. 2016년은 그야말로 최악의 작황을 겪은 해였는데, 이때 제롬은 그해 수확한 모든 포도를 레드, 화이트 구분 없이 한데 섞어서 단일 퀴베를 만들었다. 모두가 예술의 경지에 이르렀다고 말하는 제롬만의 '블렌딩 아트'의 시작이었다. "그냥 그렇게 해야 한다고 직감적으로 느꼈어. 그것 말고는 다른 방법이 없었거든. 다 섞고 나니 와인의 에너지가 달라지더라고."

사쿠라지마라는 이름은 제롬이 와인 판매에 어려움을 겪던 초창기부터 와인을 수입하고 응원을 해줬던 일본 거래처에 대한 고마움, 그리고 그가 경험한 일본 여행에 대한 기억을 담아 만들어졌다. 그가 모든 포도를 다 넣어서 만든 이 와인은 2017년 봄까지도 썩 신통치 않았는데, 예정되어 있던 일본 여행을 다녀온 후에 맛을 보니 불과 몇 달 만에 눈부신 변화를 보여줬다고 한다. 여행에서 후지산의 화산재를 한 웅큼 챙겨 왔었는데, 무언가에 홀린 듯 들고 온 화산재 한 웅큼을 숙성되고 있던 와인에 넣어준 덕분일까? 활짝 웃으며 제롬이 농담처럼 한마디를 건넨다.

다만 사쿠라지마라는 이름과 후지산을 형상화한 레이블이 당시 한국의 시장 정서상 부담스러울 수 있다는 우려 때문에 한국에는 플렉쉬스Plexus라는 레이블을 달고 소개되었다. 레이블은 달랐지만, 한국에서의 반응도 일본만큼 열광적이었다.

제롬의 와인은 왜 아시아에서 먼저 그 가치를 알아본 걸까. 정작 제롬의 나라인 프랑스는 아시아에서 제롬이 슈퍼스타가 된 후 뒤늦게 그의 와인을 찾고 있다. 제롬은 그 이유가 아시아에서는 와인에 대한 편견이 없는 젊은 층이 주요 고객이기 때문이라고 해석한다. 그 때문인지 제롬이 슈퍼스타가 되기 전부터 꾸준히 그의 와인을 구입하고 후원해온 일본과 한국에서 그의 와인을 찾아 마시는 것이, 본국인 프랑스에서보다 훨씬 쉽다. 여담이지만 그는 국가별 와인 할당을 할 때, 프랑스는 거의 배당을 하지 않는다!

와인 여행을 떠나 본 경험이 있는 사람들 또는 사진으로 간접 체험을 해본 사람들에게 와이너리란 아름다운 포도밭과 근사한 와인 양조장의 이미지로 기억될 것이다. 여러 와이너리에서 마케팅용으로 제작하는 브로셔나 자료들도 마찬가지다. 사진 속 아름다운 포도밭은 대부분 풀 한 포기 없이 깔끔하게 정리된 땅, 줄 맞춰 가지런히 심어진 포도나무들, 깔끔하게 가지치기되어 싱그러움을 자아내는 포도의 모습으로 가득하다.
그러나 내추럴 와인 생산자들이 가장 싫어하는 것 중의 하나가 바로 이러한 포도밭들이다. 이미지 속 땅이 깨끗한 것은 제초제를 쉴 새 없이 뿌려서 풀 한 포기 자랄 수 없는 환경을 만들었기 때문이다. 실제로 내추럴 와인 생산자들의 포도밭에 가보면 그와 정반대다. 이름 모를 풀들과 포도나무들이 한데 엉켜 있는 모습이다.

제초제 대신 트랙터나 말을 이용해 땅을 뒤엎어 주고 쟁기질을 하는 것이 대부분의 내추럴 와인 생산자들의 경작 방법이다. 쟁기질을 통해 무분별하게 자란 풀들을 갈아엎고 땅에 공기를 넣어 숨을 쉬게 해주려는 목적이다. 그런데 제롬은 이 쟁기질마저 거부한다. 그는 밭을 갈러 나갈 때 행복하지 않고, 쟁기질을 하고는 한층 우울한데 그 이유가 쟁기질을 하면서 수없이 많은 땅속의 생물들을 죽이기 때문이란다. 그는 쟁기질을 하지 않아도 오랜 시간을 기다리면 결국 땅 스스로 그 안에서 살아가는 생물과 미생물들이 함께 숨을 쉬게 될 것이고, 각종 풀과 식물 역시 포도나무와 함께 자연스러운 조화를 찾게 될 거라는 확신이 있었다. 그래서 2016년부터 그는 쟁기질조차 하지 않는다.

그렇게 6년이 흐른 후 쟁기질을 하지 않은 그의 포도밭은 단단히 땅이 돌처럼 굳었을 것이라는 일반적인 통념과는 달리, 현재 폭신폭신 공기가 잘 통하는 땅 위에서 수십 가지의 풀과 허브들이 모여 자라며 땅의 수분을 지켜주고 있다. 다만 이 방법을 씀으로써 그는 꽤 여러 해 동안 기존 생산자들보다 1/4 또는 1/5 수준의 포도를 수확할 수밖에 없었는데, 제롬은 이를 자유의 대가라고 칭한다.
명실공히 천재 양조가이자 품종 블렌딩을 예술적 수준으로 끌어올린 대가, 제롬은 말한다. 늘 배움이 중요하다고. 규제하고 조정하는 방식의 양조가 아닌 자유로움을 선택한 그는 여전히 자연을 배우고 알아가는 중이다.

함께한 와인

레시피 없이 늘 감각적으로 양조 및 블렌딩을 하는 제롬. 그의 와인은 해마다 바뀌는 자연의 에너지에 맞추어 양조되므로 늘 새로운 스타일이다. 마치 풋프린팅처럼 제롬의 와인에서만 찾을 수 있는 풍미와 에너지가 있다.

No.1 Beclair 2020

베클레흐

소비뇽 블랑을 기조로 슈냉 블랑과 카베르네 프랑, 가메가 한 줌 정도 들어간 화이트와인. 가벼운 침용을 통해 꽃 향기와 열대 과일 향이 멋지게 피어난다.

No.2 Reclair 2020

헤클레흐

루아르의 거의 모든 레드 품종이 블렌딩된 레드와인. 깨어나는 데 시간이 좀 걸리지만, 한번 피어 오르면 강하면서 섬세한 향이 일품이다.

No.3 Xindoki 2018

친도키

레드 품종을 수확 후 곧바로 주스를 짜내고, 화이트 품종인 슈냉 블랑과 소비뇽 블랑을 그 주스에 넣고 함께 발효해 만든 오렌지와인. 열대 과일의 찬란한 향과 스킨 콘택트에서 오는 가벼운 타닌감이 정말 멋지게 어우러지는 위대한 와인이다.

히샤르 르후아

WINERY

도멘 히샤르 르후아
Domaine Richard Leroy

히샤르 르후아
Richard Leroy

히샤르 르후아의 성인 르후아는 발음만 놓고 보면 'Le Roi_{The King}'가
된다. 즉 그의 이름은 'Richard The King'이 되는 셈. 히샤르의 성품
은 '왕'과는 거리가 멀지만, 그의 와인만 놓고 따지자면 그리 틀린
말도 아니리라. 그의 와인은 슈냉 블랑으로 만들어진 루아르의 와
인 중 가히 제왕이라 부를 수 있기 때문이다.

만나기 어렵다는 내추럴 와인 생산자들 중에서도 히샤르는 특히
만나기가 손꼽히게 어려운 생산자 중 한 사람이었다. 지금이야 친
구처럼 편하게 연락할 수 있는 사이가 되었지만, 첫 만남은 무던히
도 어려웠다. 그는 총 3헥타르의 포도밭을 일구고 와인을 만드는
데, 그마저도 전부 세상에 내놓는 것이 아니기에 일찌감치 거래처
명단을 마감해버렸기 때문이다. 2016년경에 만들어진 거래처 명단
이 지금껏 바뀌지 않고 있는 건 새로운 고객을 받지 않겠다는 그의
철학 때문이다. 어쩌면 이런 이유 때문에 그의 와인을 애타게 찾고

기다리는 사람들이 더욱 늘어나고 있는 건지도 모르겠다.

알자스 출신으로 19살부터 와인을 좋아했던 히샤르는 당시의 여자 친구이자 지금의 아내 소피가 부르고뉴의 와인교육기관에서 공부를 한 것을 계기로 와인에 본격적인 관심을 갖게 된다. 젊은 시절 축구에 대한 열정이 대단했지만, 생각보다 축구에 재능이 없음을 깨닫고 운동을 그만둔 후 경제학을 전공했다는 독특한 이력도 가지고 있다. 학업을 마치고 파리의 은행에 취직을 한 그는 본격적으로 여러 와인 생산자들을 찾아 다니며 와인을 마시고 사 모으기 시작한다. 그렇게 와인에 대한 탐구를 시작한 것이 대략 1983~1984년 무렵부터였는데 당시만 해도 주로 부르고뉴의 기라성 같은 와인 생산자들을 찾아 다녔다고 한다.

와인에 대한 그의 열정은 결국 테이스팅 클럽에서 강의를 할 정도까지 발전되었다. 파리의 그랑 노블Grains Nobles이라는 테이스팅 클럽에서, 와인 평론가로 유명한 미쉘 베탄Michel Bettane(와인 평론서 〈브탄 데소브Bettane Desseauve〉의 창시자)과 함께 클럽을 이끌었을 정도의 실력이었다. 1986~1999년까지 그는 한동안 낮에는 은행원으로 일하고, 저녁에는 와인 전문가로서 테이스팅 클럽을 이끄는 2개의 삶을 살았다.

그렇게 오랜 시간 동안 많은 와인 생산자를 만나고 테이스팅 클럽을 운영하다 보니 자연스럽게 와인 양조에도 관심이 생겼다. 본격적으로 양조학 공부를 시작하려던 무렵 도미니크 라퐁Dominique

Lafond(부르고뉴의 유명 와이너리 오너 생산자)으로부터 훌륭한 와인을 만드는 데 정규 교육, 즉 양조 레시피를 가르치는 학교를 다닐 필요는 없다는 조언을 받았다. 그 조언을 믿고 히샤르는 곧바로 와인 만들기에 뛰어들기로 작정한다. 그때가 1996년이었는데, 그는 그 길로 루아르에 가서 2헥타르 남짓의 오래된 슈냉 블랑 밭을 매입했다. 그는 왜 하필 루아르로 갔고, 그중에서도 슈냉 블랑을 선택했을까. "루아르는 엄청난 테루아를 갖고 있지만 개발이 덜 된 지역이었고, 특히 나는 슈냉 블랑의 대단한 잠재력을 확신했어."

슈냉 블랑은 참 매력적인 청포도 품종이다. 루아르강의 습기를 품은 안개로 인해 형성되는 슈냉 블랑의 귀부 포도(보트리티즈)는 달콤하지만 높은 산미를 갖고 있어, 굉장히 복합적이고 멋진 스위트 와인이 된다. 이 와인이 바로 '코토 뒤 레이용Côteaux du Layon'. 슈냉 블랑으로 드라이한 화이트와인을 만들면 미네랄과 복합미가 살아 있는 훌륭한 와인이 되고, 스위트 와인은 물론 스파클링 와인까지 다양한 스펙트럼의 와인을 만드는 것도 가능하다.

히샤르가 1996년에 매입한 포도밭은 당시 60~70년 정도 된 오래된 슈냉 블랑 밭이었는데, 당시 평당 가격이 보르도의 샤토 디켐Chateau d'Yquem의 밭과 같았다고 한다! 지금은 와인 애호가들 사이에서 듣기만 해도 설레는 이름인 그의 와인 '노엘 드 몽브노Noël de Mont Benault'가 생산되는 2헥타르의 땅이다. 당시 땅을 팔았던 주인의 아버지가 85살이셨는데, 계약 당일 자신의 아들에게 왜 이렇게 좋은 땅을 파느냐고 화를 냈다고 한다. 그 분이 현재 노엘 드 몽브노 밭에서 나오는 히샤르의 와인을 맛보았다면, 아마 더더욱 땅을 치셨을 것이다. 땅을 빌려 와인을 만드는 것도 가능하지만 그가 구태여 땅을 매입한 이유는 포도를 유기농으로 경작하려면 일단 본인 땅이어야 했기 때문이다. 안 그래도 유기농 경작을 바라보는 시선이 매우 부정적인 시절이었는데, 본인 소유의 땅이 아니라면 어떻게 소신껏 자기 의지를 밀어붙일 수 있겠는가. 이후 3년 동안 그는 주중에는 파리에서 은행원으로 일하며 평일 저녁에는 테이스팅 클럽을 이끌고, 주말에는 루아르로 와서 포도밭 일을 했다. 무려 동시에 3개의 삶을 산 것이다. 그는 아직 젊었고, 열정은 충분했다.

히샤르의 첫 와인은 그가 이끌던 파리의 테이스팅 클럽의 이름처럼 '그랑 노블Grain Noble', 즉 귀부화된 슈냉 블랑으로 만든 스위트와인이었다. 우선은 주변 사람들의 의견을 존중해 이산화황을 넣고 만든 와인과 본인의 의지대로 이산화황을 넣지 않은 와인, 총 두 가지를 만들어 실험을 했는데, 이산화황을 넣은 와인은 샤토 디켐 같은 느낌이었고, 넣지 않은 와인은 너무나 아름답고 훌륭했으며 마시기에도 좋았다고 한다. 실험이 끝났으니 이제 그의 와인에 이산화황을 넣을 이유가 없었다. 귀부가 잘 진행된 좋은 포도를 정성 들여 선별해서 와인을 만들면, 굳이 이산화황을 넣을 필요가 있을까 싶었다. 또한 정말 좋은 귀부 포도는 발효 후 잔당이 남아 있더라도 다시 발효가 일어나지 않기 때문에, 일부러 필터링을 할 필요가 없다는 사실도 나중에 깨달았다.

기록에 의하면 와인에 이산화황을 사용한 것은 사실 로마 시대부터였다. 하지만 당시에 쓰이던 이산화황은 지금처럼 화학적으로 합성된 이산화황이 아니었다. 화산석을 태워서 나오는 가스를 이용한 천연재였다. 그러니 당연히 목이 마르는 현상도 없고, 머리가 아프지도 않았을 것이다.

그렇게 만든 히샤르의 첫 와인은 당시 프랑스의 스위트와인 랭킹 3위에 올랐다. 양조학을 따로 배운 적이 없었는데도 말이다! 히샤르는 2000년에 파리 생활을 완전히 접고 루아르에 정착한다. 그리고 드라이한 화이트와인을 만들기 시작했는데 2002년이 그의 첫 공식적인 드라이 화이트와인 빈티지다. 스위트와인은 지금도 여전히 소량 만들고 있지만, 판매용이 아닌 개인 소비용으로만 생산한다. 현재 그는 총 3헥타르의 밭에서 와인을 만든다. 노엘 드 몽브노 2헥타르, 홀리에Rouliers 0,6헥타르, 사브니에르Savenière 0,4헥타르. 마지막 사브니에르에서 나온 와인은 지금까지 대중에 공개된 적이 한번도 없다. 그의 스위트와인과 더불어 총 2개의 와인이 세상에 숨겨져 있는 셈이다.

언제부터 본인의 와인이 소위 말하는 세상의 '핫'한 와인이 되었는지 아느냐고 물었다. "글쎄⋯ 대략 2006년에서 2007년 무렵 아니었을까 싶은데⋯." 그가 첫 와인을 만든 지 10년이 지난 시점이었다. 그럼 지금은 본인이 얼마나 스타 중의 스타인지 아느냐고 다시 물었다. "최근에 보니 그런 것 같긴 하던데, 그게 내가 살아가는 방법을 바꾸지는 않아. 나는 여전히 기존에 거래했던 사람들하고만 거래를 하고, 내 세계를 잘 벗어나지 않으니까." 좋은 포도를 생산하면 좋은 와인은 저절로 만들어진다는 신념을 갖고, 세상의 소용돌이와는 거리를 유지한 채 묵묵히 자기의 길을 가고 있는 히샤르. 그렇기 때문에 그의 손에서 나온 와인들은 탄탄한 미네랄과 깊이를 갖춘 진귀한 보석 같은 맛을 낸다.

그와 함께 같은 밭에서 나온 같은 포도를 다른 방법으로 수확하고, 다른 오크통에서 숙성한 여러 와인들을 비교 시음했다. 그는 여전히 새로운 실험을 하는 중이다. 해마다 바뀌는 자연환경, 기후와 테루아를 최대한 이해하려고 노력한다. "와인을 만드는 최고의 방법은, 아마 와인을 사랑하는 누군가가 본인이 가장 마시고 싶은 와인을 만드는 게 아닐까 싶어."

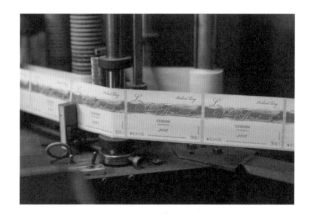

함께한 와인

자신의 와인에 대해 상당히 엄격한 잣대를 적용하는 히샤르의 와인은 따라서 당연하게도 매우 완벽한 스타일이다. 한 치의 오점도 없는 완벽하고 훌륭한 와인. 마시면서 늘 감탄하게 만드는 와인이다.

No.1 Noël de Montbenault 2018
노엘 드 몽브노

히샤르의 슈냉 블랑으로 만든 퀴베들 중 하나. 날카로운 칼끝 같은 예리함과 풍부함, 그리고 끝에 남는 염분의 뉘앙스가 참 멋지다.

No.2 Les Rouliers 2018
레 훌리에

남향의 편암토에서 자란 슈냉 블랑으로 만든 와인. 완벽한 균형과 부드러운 미네랄리티를 지니고 있다.

NATURAL
WINEMAKER
No.13

Sébastien Riffault

세바스티앙 히포

WINERY

도멘 세바스티앙 히포
Domaine Sébastien Riffault

세바스티앙 히포
Sébastien Riffault

루아르의 가장 잘 알려진 AOC 중 하나인 상세르_Sancerre_. 이곳의 소비뇽 블랑으로 만들어진 상쾌한 화이트 와인은 대중들의 사랑을 담뿍 받고 있는 와인이다. 유명한 와인 생산지인 만큼 내추럴 와인의 입지는 매우 좁다. 하지만 그 한가운데에서 용감하게 내추럴 와인을 만드는 사람이 있으니, 바로 세바스티앙 히포다.

그의 집안에서 몇 대째 와인을 만들고 있냐고 물으니 아마 아스테릭스 오벨릭스 시절부터 만들었을 거라며 싱긋 웃는다. 〈아스테릭스 오벨릭스〉는 로마군에 대항하는 프랑스 골족의 이야기를 유머 넘치게 풀어낸 프랑스의 만화책 시리즈인데, 영화로도 만들어졌다. 그런데 가만 보니 세바스티앙의 외모가 골족과 크게 다르지 않다. 크지 않은 키에 진한 피부, 검은 머리와 구레나룻. 그는 상세르에서 남들과는 다른 와인을 만드는 골족 전투사다.

그의 할아버지는 1899년에 태어나 생전에 1, 2차 세계대전을 다 겪었다고 한다. 그리고 바로 길 건너에 살던 그의 할머니와 결혼을 하셨는데, 여행을 하거나 마을을 벗어나는 일이 거의 없었던 전형적인 시골 농부였다. 당시만 해도 '와인을 만든다'는 것은 그저 농장에서 하는 다양한 일 중 하나였을 뿐이었다고 한다. 본격적으로 그의 집안에서 와인이 가장 중요한 생업이 된 것은 아버지 대에 이르러서였다. 그리고 이제는 그가 다시 옛날에 행하던 농경인 폴리컬쳐polyculture를 향해 나아가고 있는 중이다. 포도밭 중간에 다양한 과실수를 심고, 트러플 밭도 만들었다. 이는 모노컬쳐monoculture, 즉 단일 재배의 문제점을 해결하기 위한 그의 노력의 일환이다.

그의 아버지는 와인을 대단히 사랑하는 분은 아니었다. 아버지에게 와인은 가족을 돌보고 자식들을 잘 키워내기 위한 직업적 수단이었을 뿐이다. 대부분의 이웃들과 마찬가지로 그는 레시피대로 와인을 만들었다. 기계로 포도를 수확하고, 제초제를 뿌리고, 이산화황을 정량대로 넣은 와인이다. 그런데 세바스티앙은 아버지와는 정반대의 길을 택했다. "이를 테면 브라질 음식을 하던 레스토랑이 갑자기 파키스탄 음식 전문점으로 탈바꿈한 것 같달까. 하하하."

2007년 본격적으로 아버지로부터 12헥타르의 와이너리를 물려받기 전, 그가 2004년에 처음으로 소량 생산했던 와인이 아크메니네Akméniné였고, 이어서 2005년에는 옥시니스Auksinis를 만들었다. 포도밭은 바로 유기농으로 전환했고, 천연 효모에만 의존해 발효를 하며, 이산화황은 전혀 쓰지 않았다. 그 결과 아버지의 기존 고객들이 모두 떠났다. 그때의 나이 26살, 그는 젊었고 미래에 대한 두려움도 없었다.

하지만 팔리지 못한 와인들이 이내 창고에 쌓이기 시작했다. 은행은 대출금 회수 독촉 전화를 하기 시작했으며, 이때 그는 꽤 어려운 시절을 겪었다고 한다. 하지만 최근 3~4년 전부터는 그때 못 팔았던 와인들이 오히려 그의 강점이 되었다. 고객들에게 올드 빈티지를 제시할 수 있다는 아주 특별한 자산이 된 것이다. 오랜 시간 뚝심 있게 와인을 보관해 온 덕을 이제야 보는 것이다.

대대로 와인을 만들어 온 가문의 후손답게 그는 전통적인 양조학을 학습한 후 부르고뉴, 루아르 등 다양한 지역에서 현장 경험을 했다. 2003년에 다시 루아르로 돌아왔는데, 그때 이미 비오디나미에 상당히 관심을 갖고 있는 상태였다. 루아르로 돌아오기 바로 전 런던에서 와인숍을 운영하면서 새로운 와인 트렌드에 눈을 뜬 덕분이었다. 프랑스는 자국 내 와인 소비가 전체 소비량의 95%에 달하지만, 와인 생산국이 아닌 영국은 전 세계에서 온 다양한 와인의 소비가 이루어지는 시장이기 때문이다.

세바스티앙은 파리의 유명한 와인숍인 라비니아Lavinia에서도 일을 했는데, 그곳에서 더욱 다양한 와인을 경험할 수 있었다. 2004년 당시 라비니아는 거의 모든 종류의 와인을 취급하고 있었는데 심지어 내추럴 와인도 갖추고 있었다. 그곳에서 일하며 필립 장봉 Phlippe Jambon, 알랑 카스텍스Alain Castex, 필립 파칼레Philippe Pacalet, 프리외르 호크Prieur Roch 등을 마셔보고, 또한 생산자들을 직접 만나며 "좋은 포도주스만으로도 이렇게 강렬하고 멋진 와인을 만들 수 있는 거였어."라는 사실을 깨닫게 된다. 그리고 자신도 이런 와인을 만들어야겠다는 결심을 하게 되었다.

그의 첫 와인은 2004년에 아버지의 포도밭 한 구석에서 자라던, 아주 늦게 귀부가 진행된 포도가 섞여 있던 포도들을 수확해 만든 것이다. 그 와인이 바로 아크메네다. 기존 와인과 다른 와인을 만들어 보겠다는 거창한 목표가 있던 건 아니었고, 그저 자신의 마음에 드는 와인을 만들고자 했다.

컨벤셔널 방식으로 만들어진 상세르 와인은 포도가 제대로 다 익기 전, 일찍 서둘러서 수확을 한다. 높은 산도를 유지하며 소비뇽 블랑 특유의 풋풋하고 상큼한 과일맛을 살리기 위해서다. 그러니 포도가 상할 위험도 없고, 부족한 당은 샵탈리자시옹 Chaptalisation(일정 정도의 알코올 도수를 내기 위해 알코올 발효 시 설탕을 추가하는 것)으로 보완한다. 또한 모든 포도를 기계로 수확한다. 물론 잘 숙성된 포도로 최고의 상세르 와인을 만드는 와이너리들도 있다. 전반적인 컨벤셔널 상세르 와인의 기조가 그렇다는 것이다. 하지만 세바스티앙은 덜 익은 소비뇽 블랑의 맛을 좋아하지 않기 때문에 소비뇽 블랑을 과숙을 넘어 귀부까지 진행시킨 후에야 수확한다. 귀부 포도가 주는 다양한 향신료와 약간의 꿀 뉘앙스가 와인을 훨씬 더 다채롭게 만들기 때문이다.

잘 익은 포도 얘기를 하다가 세바스티앙이 뜬금없이 요즘 아이들이 야채를 안 먹는 이유를 설명했다. "맛이 없으니까 안 먹는 거야. 살아 있는 땅에서 유기물들을 마음껏 흡수하고 자란 야채를 끝까지 잘 숙성시킨 후 수확해 봐. 아이들이 당근을 안 먹는다고? 절대 그럴 일 없을걸?" 아이들의 입맛이 오히려 어른보다 더 정확한 법이라며 그는 목소리를 높인다.

그가 소작하고 있는 4헥타르의 땅 주인들은 모두 80세가 훨씬 넘은 상세르 지역의 와인 생산자들이다. 가끔 그들을 초대해서 와인 맛을 보여드리면, "아, 이거 내가 어렸을 때 마셨던 상세르 와인 바로 그 맛이네!"라고 말한다고 한다. 그렇다면 과거에는 왜 과숙시킨 포도로 와인을 만들었을까. 그 이유는 간단하다. 지금으로부터 60~70년 전, 지구 온난화가 진행되기 전의 루아르 지역은 포도가 익어도 알코올이 11도가 채 되기 힘든 지역이었다. 알코올이 적어도 12도 이상은 되어야 장기 보관을 할 수 있기 때문에, 샵탈리자시옹 과정이 필수였다. 하지만 당시 설탕은 매우 비싼 제품에 속했으므로 평범한 시골 농부들은 설탕을 살 만한 금전적 여유가 없었다. 그러니 포도를 과숙시켜 포도 자체의 설탕을 높이는 방법밖에 없었을 것이다. 현재 상세르의 잘 팔리는 컨벤셔널 와인들은 여전히 샵탈리자시옹을 한다. 포도를 빨리 수확해 높은 산미를 유지한 다음, 알코올을 12.5도 정도 나오게 하기 위해 설탕을 넣고 발효를 한다. 여기에 안정되고 빠른 발효를 하기 위해 배양 효모도 넣는다. 이런 지역에서 옛날 방식대로 와인을 만들고 있는 세바스티앙은 그야말로 이단아 중의 이단아다.

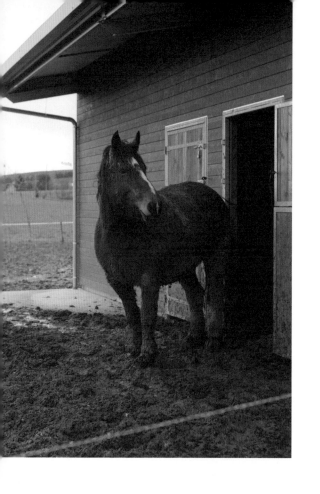

그에게도 한때 뼈아픈 교훈이 있었다. 2011년의 일이었다. 그해는 좋은 빈티지였고, 발효의 결과도 훌륭했다. 다만 병입을 해야 하는데 아무리 기다려도 발효가 완전히 끝나지 않았다. 잔당이 2그램 정도 남은 상태에서 병입을 강행했는데, 결국 병 속에서 재발효가 일어나면서 살짝 가스가 생겼다. 조금 더 기다렸어야 하는 것이다. 남은 잔당에 좀 더 충분한 시간을 주었어야 했다. "질 좋은 고기를 굽는다고 생각해 보자고. 시간에 쫓겨서 고기가 덜 구워진 채로 서빙이 되었다면 이보다 아쉬운 일이 또 어디 있겠어. 그 좋은 고기를 제대로 즐길 수 없지 않겠어?" 훌륭했던 2011년의 포도가 자신을 제대로 표현할 기회와 시간을 줬어야 했다며 그는 내내 아쉬운 표정이다.

지금까지 그의 인생에서 언제 제일 힘들었는지 물었다. "어제도 오늘도 아마 내일도? 하하." 그럼 가장 행복한 때는? "오늘? 하지만 매일 매일이 복잡하고 다르지. 인생이란 뭐… 그런 거 아니겠어…?"라고 답한다. 살짝 덜 익은 포도로 만든 와인 스타일이 전 세계적으로 불티나듯 팔리는 상세르 한복판에서, 옛 방식을 적용해 과숙을 넘어 귀부화된 포도로 와인을 만드는 세바스티앙. 쉽고 편한 길 대신 전통과 땅에 대한 고민을 담아 만드는 그의 와인처럼 깊이 있고 복합적인 사람이 아닐까 싶다.

함께한 와인

세바스티앙의 와인은 자유로운 듯하지만 뜻밖의 절제미를 보여주는 상당히 풍부한 스타일의 와인이다. 귀부 포도를 많게는 50%까지 사용해 만드는 묵직하고 풍부한 와인부터 스킨 콘택트를 거친 단단하고 미네랄 넘치는 와인까지 다양한 스타일의 와인을 생산한다. 참고로 그의 부인이 리투아니아 사람이라서 퀴베 이름은 모두 리투아니아 언어다.

No.1　Akméniné 2018
아크메니네

아주 약간 남은 잔당의 느낌이 와인에 복합미를 더해준다. 식사를 장엄하고 풍부하게 해주는 맛이라고 할까….

No.2　Auksinis 2018
옥시니스

감귤류, 꿀, 살구 등이 느껴지는 놀랍고, 독특하고, 프레시한 와인. 여기에 힘 있는 미네랄이 더해진 멋진 와인이다.

No.3　Auksinis Macération
옥시니스 마세라시옹

귀부 포도를 50% 사용하여 스킨 콘텍트 과정을 1주일간 거친 오렌지와인. 은은한 감귤류와 꽃 향이 있지만 입에서는 매우 강건한 스타일이다. 어디에서도 찾아볼 수 없는 맛.

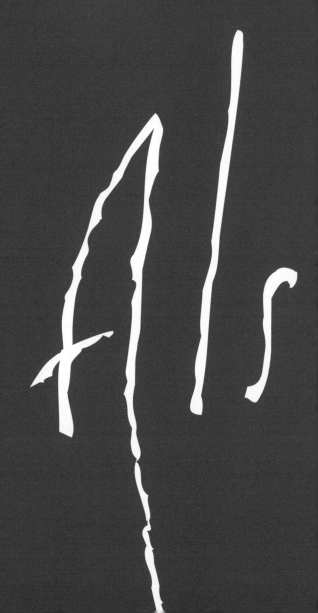

NATURAL
WINE REGION
No.4

알자스

우리에게는 알퐁스 도데의 소설 《마지막 수업》으로 가장 잘 알려진 알자스 지역. 라인강을 따라 북쪽의 스트라스부르Strasbourg부터 남쪽의 뮐루즈Mulhouse에 이르기까지 구비구비 길게 펼쳐지는 포도밭은 그대로도 아름답지만, 그 사이사이로 알자스 특유의 나트막한 목조 주택들이 마치 모자이크처럼 펼쳐지는 모습은 어찌 보면 프랑스에서도 가장 아름다운 풍경이 아닐까 싶다.

소설 《마지막 수업》의 내용처럼, 알자스는 독일과 프랑스 사이에서 많은 분쟁을 겪은 지역이다. 그래서 지금도 프랑스어와 독일어가 문화적으로 자연스럽게 섞여 있고, 바르Barr, 히크비르Riquewhir, 담바크Dambach 등 이곳 마을들의 이름은 대부분 프랑스어가 아닌 독일어에서 유래했다. 알자스의 포도 품종 역시 독일의 품종으로 알려진 것들이 주종을 이룬다. 예를 들어 리슬링Riesling, 실바너Sylvaner, 게뷔르츠트라미너Gewurztraminer 등이다.

제2차 세계대전 이후 오랫동안 알자스는 저렴하고 달콤한 와인이 대량 생산되는, 와인 애호가들의 관심을 그다지 받지 못했던 지역이었다. 하지만 최근 유기농, 비오디나미 그리고 내추럴 와인 운동이 시작되면서 미네랄과 산미가 좋은 드라이 화이트와인을 비롯해 다양한 와인들이 급격하게 재주목을 받고 있다. 이번 장에서는 유기농, 비오디나미 농법의 최전선에 있었던 와인 생산자 파트릭 메이에르부터 최근 스타로 떠오른 알자스의 여러 내추럴 와인 생산자들을 만나보려고 한다.

파트릭 메이에르

WINERY

도멘 줄리앙 메이에르
Domaine Julien Meyer

파트릭 메이에르
Patrick Meyer

'알자스 비오디나미의 아버지'라 불리는 파트릭 메이에르. 현재 프랑스에서 비오디나미로 경작을 하는 와인 생산자 중에 그의 얘기를 하지 않는 사람들이 없을 정도로 파트릭은 수없이 많은 와인 생산자들에게 영향을 끼쳤다. 그는 여전히 와인 살롱에 가끔씩 얼굴을 내밀곤 하는데, 그럴 때마다 그의 부스는 그로부터 지식을 전수받고 싶거나 그의 훌륭한 와인을 시음해 보려는 사람들로 붐빈다.

현재 그가 거주하며 와인을 만드는 집과 카브는 무려 1705년부터 그 역사가 시작되었다. 그동안 여러 번의 증·개축이 있었겠지만, 처음 지어진 것이 18세기 초로 200년이 훨씬 넘은 건물이다. 본래 와인은 다른 농경, 목축업과 함께 메이에르Meyer 집안의 생산품 중 하나였는데, 본격적으로 와인에 집중하기 시작한 것은 파트릭의 할아버지가 농장을 관리하던 1930년경부터였다. 이때는 폴리컬쳐가 사라지기 훨씬 전의 시기로, 60~70년대에 이르러서야 비로소 단일 품목에 집중하는 농경이 확산되었다는 사실을 생각하면, 파리에서 농업경제학을 공부한 파트릭의 할아버지는 다른 농부들보다 좀 더 일찍 경제에 눈을 뜨셨던 것이 아닐까 싶다.

파트릭은 일찍 아버지를 여의었다. 그의 나이 불과 5살 때의 일이었다. 그가 와인 사업을 물려받게 된 것은 20세가 되던 1981년이었는데, 그때 그는 와이너리의 이름을 아버지의 이름인 줄리앙 메이에르Julien Meyer로 지었다. 너무 어린 시절이라 기억에도 없는 아버지였지만, 그렇게 하는 것이 맞다고 생각을 했단다.

파트릭이 포도밭을 물려받기 전까지 15년간 그의 어머니는 일하는 사람 한 명과 밭을 일구고 와인을 만들었다. 이때 일체의 화학제를 사용하지 않았다고 한다. 자연을 지키고 보존하려는 대단한 뜻이 있어서가 아니라, 화학제나 이산화황을 살 돈을 아끼기 위해서였다. 사실 화학제가 널리 퍼지게 된 후에도 경제적인 이유로 아무런 화학제를 사용하지 않고 와인을 만드는 사람들이 프랑스 전역에 꽤 존재했다. 그 와인들은 주로 자가 소비를 위한 목적으로 생산되었거나, 판매를 하더라도 지역 안에서 소비되는 것이 대부분이었을 뿐. 그들은 그들이 만들고 있는 것이 내추럴 와인이라는 것조차 몰랐을 것이다. 그저, 대대로 그렇게 만들었을 테니까.

깨끗하게 경작되던 밭은 오히려 젊고 야심 만만한 파트릭이 땅을 물려받으면서 화학제를 다량 경험하게 된다. 당시에는 화학제가 인체에 미치는 영향에 대한 고찰이 전혀 없었던 때라, 판매자로부터 사용 제한에 대한 가이드조차 없던 시절이었다. 예를 들어 1년에 3회를 넘게 쓰면 안 되는 제품을 파트릭은 무려 5~6회를 사용했을 정도로 남용했다. 그렇게 5~6년이 흐르고 난 후의 결과는 참담했다. 화학제에 내성이 생긴 땅에는 새로운 병충해가 생겨나기 시작했고, 포도나무들이 서서히 생명력을 잃어가는 것이 눈에 보였다. 다시 옛날로 돌아가야 한다는 걸 그가 깨닫기까지는 그리 오래 걸리지 않았다. 특별히 유기농법을 해야 한다는 생각보다는 그저 옛날처럼 제초제를 뿌리는 대신 땅을 직접 갈아엎고, 비료 대신 퇴비를 써야겠다는 생각이었다.

그렇다면 양조에는 어떤 변화가 있었을지 궁금했다. 그는 별로 한 것이 없다고 한다. 그저 본인이 가야 한다고 생각하는 길을 걸었을 뿐이라고. 파트릭은 1992년부터 이산화황을 쓰지 않은 상 수프르 와인을 만들고 있었지만, 그게 상 수프르 혹은 내추럴 와인으로 불리는지도 몰랐다. 크레망부터 상 수프르를 적용하기 시작했는데, 그 이유는 '이산화탄소라는 강력한 산화 방지제가 있는데 왜 구태여 이산화황을 넣어야 하지?'라는 단순한 의문에서 시작되었다고 한다. "나는 천성이 게으른 사람이거든. 양조학자가 써준 레시피대로 배양 효모를 넣으려니 귀찮더라고. '이걸 꼭 넣어야 할까?' '안 넣으면 어떻게 될까?' 궁금했는데 오히려 발효가 잘되는 거야. 그때가 80년대 말이었지. 이산화황도 마찬가지였어. '양조학자가 분명 넣으라고 했는데… 가만 내가 이걸 넣었던가? 안 넣었나?' 어떤 와인에는 이산화황을 넣고 어떤 와인에는 넣지 않고 그랬었지. 그런데 막상 와인을 마셔보면, 이산화황을 넣지 않은 게 나에게는 훨씬 맛있더라고. 그게 나의 상 수프르 와인 양조의 시작이었어." 이러한 사정을 알게 된 양조학자는 그를 어린아이 혼내듯 몰아부쳤다. 그런 식으로 하면 와인이 이상해진다며 말이다. 그는 곧바로 컨설팅받는 것을 중지했다.

그가 '내추럴 와인'이라는 단어를 처음 접한 것은 꽤 늦은 2002년이었다. 그의 와인을 구매하는 고객들의 입을 통해 그와 같은 길을 가는 사람들이 있다는 것을 알게 된 것이다. 알자스의 브뤼노 슐레흐, 쥐라의 피에르 오베르누아 등. 하지만 그는 내추럴 와인 생산자들의 클럽에는 끼지 않았다. 당시에는 SNS도 없었고, 그들과 인연을 맺을 수 있는 방법도 몰랐기 때문이다(사실 파트릭은 나의 첫 번째 책《내추럴 와인메이커스》에 들어갔어야 하는 인물인데 말이다.).
'알자스 비오디나미의 아버지'로 불리는 그는 비오디나미 농법을 언제 어떻게 시작했을까. 유기농법은 딱히 의식을 하고 시작했던 것은 아니었지만, 비오디나미는 1996년 가을 알자스의 한 마을에서 이틀 동안 진행된 컨퍼런스를 통해 만났다. "그때 바로 이거다, 라는 느낌이 왔어. 그래서 곧바로 비오디나미로 방향을 바꿨지."

어떤 와인 생산자가 비오디나미로 포도밭을 경작한다고 했을 때, 크게 2가지 방법을 쓸 수 있다. 비오디나미 서비스를 제공하는 연구소와 서비스 계약을 맺은 후, 이런저런 비오디나미 제품을 이런 저런 때에 사용하도록 지침서를 전달받는 것. 또 하나의 방법은 비오디나미를 완전히 이해하고 이를 자신의 포도밭의 특성에 맞게 적절히 변형을 해서 자신만의 비오디나미 약제를 만들어 사용하는 것이다. 물론 후자의 경우가 진정한 비오디나미라 볼 수 있을 것이고, 그 결과 역시 눈부시다. 하지만 파트릭은 설사 첫 번째 방법을 쓴다 하더라도 기존의 포도와는 확연히 다른 결과를 가져오기 때문에 어떤 방법이든 우선적으로 비오디나미를 적용해야 한다고 주장한다. "비오디나미로 전향하기 이전과 이후의 와인들을 버티컬로 테이스팅을 하면 어느 해에 전향했는지를 금방 알 수 있어. 미네랄과 토양의 염분이 제대로 녹아든 짜릿한 맛, 그리고 깊이가 다르거든. 그만큼 땅이 완전히 바뀌었기 때문이지."

1924년에 오스트리아의 인지학자 루돌프 슈타이너가 확립한 비오디나미 이론을 완벽하게 이해하기란 쉽지 않다. 현재 다양한 비오디나미 컨설팅 회사가 존재하는 이유다. 큰 맥락에서 본다면, 비오디나미는 자연에서 모든 해답을 찾는 치유이자 면역 강화 시스템이다. 예를 들어 암소 뿔 안에 비오디나미 재료를 넣고 땅에 묻었다가 그 안에서 생성된 어마어마한 유기체를 밭에 뿌리거나, 각종 풀, 꽃들을 말려서 빻고 이를 천연수에 넣고 활성화 과정을 거친 후 포도밭에 뿌려서 병충해를 치유하거나 예방하는 방법을 쓴다. 밭에 퇴비를 뿌리는 시기 또한 천체를 읽고 달의 변화에 맞춰서 뿌려야만 한다. 비오디나미가 도입되던 초창기에 수많은 갑론을박이 있었던 이유다. 흥미로운 것은 과학이 발달할수록 도리어 이러한 '미신' 같은 이론들이 속속 증명이 되고 있다는 것이다.

파트릭은 식물도 인지 능력이 있다는 걸 알고 있냐며 오실로스코프(전극이나 전파 등의 진동을 감지하는 기구)를 이용해 식물의 진동을 파악하는 실험에 대한 이야기를 들려주었다. "식물의 진동 폭은 평소에 키우던 주인이 다가올 때와 낯선 사람이 가까이 있을 때 확연히 달라. 찌르거나 건들기만 해도 각각 다른 진동이 감지되는 아주 예민한 생물인 거지. 포도나무도 식물이니 마찬가지란 얘기야."

"내일의 농업은 말이야, 단순히 병충해와 싸우고 땅을 살리는 것만으로는 부족해. 우리가 식물을 경작하는 것이 아니라 치유해야 하는 것이지. 땅, 가축, 사람을 조화롭게 치유해야 하는데, 그러려면 물질을 이루는 4원소인 물, 불, 흙, 공기의 균형이 중요해." 이쯤에서 나는 '타임아웃'을 외치고 말았다. 그가 끊임없이 얘기하는 물과 불, 창세기부터 존재하는 에너지 그리고 비오디나미 이야기로 날을 샐 수는 없지 않은가. 와인 생산 스타일을 바꾸면서 기존 고객들한테 외면당하거나 경제적으로 힘들지는 않았는지 슬쩍 화제를 돌렸다. "와이너리 문을 닫을 뻔했지 뭐. 은행 대출금 상환 압박과 안 팔리는 와인들로 인해 파산 직전까지 갔었어."
그는 이제 그의 선조들이 했던 방식처럼 농업을 다각화하기 시작했고, 미래에 만들어 보고 싶은 증류주를 위해 다양한 과실수를 심고 있다. "나는 농부야. 죽을 때까지 일하고 먹고 마시겠지. 그것 말고는 할 줄 아는 게 없는 진짜 농부니까."

함께한 와인

오랫동안 비오디나미로 잘 단련되어 에너지가 넘치는 포도로 빚어진 파트릭의 와인은 생명력이 넘친다. 짭짜름할 정도의 염분까지 느껴지는 퀴베가 많은데, 이는 토양으로부터 흡수된 무기질이 포도까지 잘 이어지고, 발효를 거쳐 와인에까지 담기기 때문이다. 탄탄한 미네랄이 주는 짜릿함이 멋진 와인들이다.

(No.1)   Riesling Grand Cru Muncheberg 2018
리슬링 그랑 크뤼 뮌슈베르그
날카로운 산미와 미네랄의 강력함이 황홀할 정도로 매력적인 와인이다.

(No.2)   Gewurtztraminer botritisé sec 2007
게뷔르츠트라미너 보트리티제 세크
이 지역의 마지막 귀부 귀부 포도로 만들었으며, 이를 다시 6년 정도 수 부알Sous voile 방식으로 숙성했다.

(No.3)   Pinot Noir Heissenstein Vieilles Vignes 2006
피노 누아 아이센스타인 비에이 비뉴
2006년이라는 빈티지가 무색할 정도로 너무나 젊고 생생한 맛. 시간이 멈춘 듯한 느낌을 주는 와인이다.

Jean-Pierre Rietsch

장 피에르 힛취

WINERY

도멘 힛취
Domaine Rietsch

장 피에르 힛취
Jean-Pierre Rietsch

장 피에르 힛취의 와인 중에 '드무아젤Demoiselle('아가씨'라는 뜻)'이라는 이름의 퀴베가 있다. 2014년 여름, 파리의 한 내추럴 와인숍에서 홀린 듯이 집어 들었던 와인이다. 개인적으로 게뷔르츠트라미너 품종은 조금씩 느껴지는 잔당과 진한 꽃 향기 때문에 평소에는 그리 선호하지 않지만, 그 와인은 레이블이 너무 예뻐서 시선을 끌었다. 그러다가 며칠 후 식전주로 드무아젤을 오픈했는데, 아! 지금까지 내가 마신 것과는 완전히 다른 게뷔르츠트라미너였다. 스킨 콘택트 과정을 통해 잔당의 뉘앙스가 전혀 없이 적절한 타닌까지 느껴지는 드라이 화이트와인이었다. 식전주로만 마시기에는 아까운, 고기 요리와 함께했으면 더 좋았겠구나 싶었던 맛과 깊이였다.

지금이야 아로마가 강한 화이트 품종들이 스킨 콘택트 과정을 통해 완전히 다른 맛으로 양조되는 게 널리 알려지고 보편화되었지만, 당시만 해도 그런 방식이 흔치 않았던 때라 나는 곧바로 와이너리에 전화를 걸었다. 역시나 다른 내추럴 생산자들과 마찬가지로 바로 연결이 되지 않아, 몇 번의 시도 끝에 간신히 연락이 닿았다. 현재 그의 와인은 한국의 애호가들이 열광하는 와인이 되었고, 해마다 수량이 부족해서 알로케이션 수량을 놓고 실갱이를 해야 하는 상황이다.

대대로 와인을 만들어 온 다른 집안과 마찬가지로 힛춰 집안 역시 17~18세기부터 와인을 생산해왔다. 처음에는 가족이 운영하는 여러 농업 중 일부였다가, 1973년경 장 피에르의 아버지 대에 이르러 다른 작물 생산을 모두 접고 와인으로 전향했다. 그리고 셀러를 짓기 위한 큰 투자를 한다. 장 피에르는 87년부터 가족의 와인 사업을 돕기 시작했는데, 각종 기구나 건축 수리 등에 능했기에 포도밭 경작에 필요한 여러 도구들도 쉽게 다룰 수 있었다. 그는 양조를 처음 경험한 순간부터 매우 흥미로웠다고 한다.

장 피에르의 아버지는 전형적인 알자스식 달콤한 와인을 만들어 개인 고객들에게 판매를 했다. 그의 아버지 시대에는 그런 와인들이 알자스의 대표 와인들이었고, 국경 넘어 가까운 독일 사람들이 찾아와 차 안에 와인을 가득 싣고 돌아가곤 했다. 하지만 장 피에르는 테루아별 포도밭의 특징 및 포도 품종들의 차이에 관심을 기울였고, 아버지와 달리 드라이한 화이트와인을 만들기 시작했다. 포도밭의 테루아를 제대로 파악하기 위해 지질학자를 초대해서 땅에 대한 조사를 하기도 했다. 알자스는 지질학적으로 단층이 많은 지역이라 지질학자에게도 무척 흥미로운 땅이었다.

모든 것은 천천히, 차근차근 느리게 진행되었다. 장 피에르에게는 학습할 시간이 절대적으로 필요했고, 그는 서두르지 않았다. 한국식으로 표현하면 '돌다리도 두들겨 보고 건너는 사람'이 바로 장피에르다. 동그란 안경테 너머로 호기심이 가득한 눈초리를 하고 있지만, 그는 언제나 신중하고 엄격한 편이다. 일 년에 하나의 퀴베씩 그는 새로운 시도를 계속했다. 테루아를 이해하고, 포도를 이해하고, 그렇게 와인 하나를 만들고, 다시 또 하나를 만들어 그 결과를 보며 점차 자신의 와인을 이해해나갔다.

그가 자리 잡은 지역인 미텔베르가임Mittelbergheim에는 그와 뜻을 같이 하는 또래 생산자들이 몇 명 있는데, 이들은 90년대 후반부터 정기적으로 테이스팅도 하고 토론도 하는 그룹을 만들었다. 한국에서 많은 사랑을 받고 있는 도멘 히펠Rieffel의 뤼카 히펠Luca Rieffel 역시 이 그룹의 동료다. 이들은 컨벤셔널, 유기농, 비오디나미 와인을 비교 테이스팅 하면서 땅이 와인에 미치는 영향을 이해하려 했는데, 이때 파트릭 메이에르와의 교류도 시작되었다. 테이스팅 횟수가 늘어날수록 자연스럽게 컨벤셔널 와인들이 시음 리스트에서 사라졌다. 유기농, 비오디나미 와인과 비교해보니 절대적인 흥미가 없어졌기 때문이었다. 대신 그 자리에 내추럴 와인이 들어오기 시작했다. "사실 이 테이스팅 그룹 덕분에 오늘날의 내가 있다고 해도 과언이 아니야. 파트릭 메이에르가 이 모임을 주도했는데, 10년이 넘도록 계속되었지." 지금도 그는 뤼카와 함께 그 지역 젊은 생산자들을 초대해 와인 시음을 하곤 한다. 다양한 와인을 비교해서 마셔봐야 자신이 어떤 길을 가야 하는지 정할 수 있는 안목이 생긴다고

확신하기 때문이다. "모든 것을 컨트롤하고 조절하는 양조가 컨벤셔널 양조라면, 내추럴은 먼저 좋은 포도를 생산하는 것이 가장 기본이고, 양조 시에는 그 포도가 이끄는 대로 가이드를 해주는 것뿐이지." 얼핏 쉽게 들리는 말이지만, 사실은 결코 쉬운 일이 아니다. 포도가 이끄는 대로 가이드를 하기 위해서는 매해 포도가 가진 특성-효모, 설탕, 산-을 완벽하게 파악해야 하는 것이 아닌가.

그의 첫 내추럴 와인은 피노 누아로 만든 2006년 빈티지였다. 그후 언제 가장 큰 어려움이 있었냐고 물으니, 그는 답변의 방향을 살짝 바꿔 매우 흥미로운 이야기를 해주었다. "오랫동안 이산화황을 쓰고 배양 효모를 사용한 컨벤셔널 양조장은 내추럴 양조장과는 그 안에 존재하는 미생물의 환경이 전혀 달라. 컨벤셔널 양조장에는 과거에 이미 컨트롤된 미생물이 지배적으로 들어 있기 때문에, 처음 몇 년간은 그 설비 그대로 100% 내추럴 와인을 만들어도 크게 문제가 생기지 않지. 문제가 될 만한 미생물이 없는 상태거든. 그러다가 4~5년쯤 지나면, 그해의 자연환경에 직접적인 영향을 받은 미생물들이 새롭게 양조장에 자리를 잡게 되고, 그때부터는 양조가 그야말로 락앤롤이 되는 거지. 볼라틸이 터지고, 여러 가지 박테리아가 마구 생기고…"

사실 인터뷰 바로 전날 장 피에르와 나는 이제 막 내추럴로 전향해 처음으로 내추럴 와인을 생산한 와이너리를 방문했다. 와인은 무척 좋았다. 하지만 아무런 첨가물도 넣지 않은 내추럴 와인이었음에도 불구하고 마치 컨벤셔널 와인 같은 느낌을 주었다. 어딘가 자

유로우면서도 감정에 호소하는 듯한, 소위 말하는 '내추럴스러움'
이 느껴지지 않았다. 장 피에르가 언급한 양조장의 미생물 환경이
아직은 잘 컨트롤된 컨벤셔널 와인의 환경이었기 때문이다. 그곳
은 아버지에게 와이너리를 물려받아 곧바로 내추럴로 전향을 한
야심 찬 형제가 운영하는 곳이었는데, 첫해에 아무런 문제없이 내
추럴 와인 양조에 성공했다. 하지만 그들에게도 몇 년 후 분명 낯
선 시련이 닥쳐올 수 있겠구나 싶었다.

2006년의 피노 누아에 이어, 장 피에르는 2008년에 화이트와인도
내추럴로 전향을 했다. 큰 문제없이 한 해, 두 해가 흐르다 2012년
피노 누아부터 문제가 시작되었다. 이후 매년 새로운 문제들이 생
겨났고, 그는 그때마다 새로운 방법으로 해결을 해야 했다. 예를
들어 2018년의 포도는 매우 건강했지만, 기온이 높아서 산이 부족
했고, 그해의 효모들은 힘이 부족했다. 그래서 처음에는 발효가 잘
진행되다가 어느 순간 멈추고는 더 이상 진행이 되지 않았다. 그
상태에서 산이 부족했으니 볼라틸이 올라왔다. 컨벤셔널 와인이었
다면 원활한 발효를 위해 배양 효모를 잔뜩 넣으면 되고, 볼라틸이
올라올 때는 이산화황을 넣어서 손쉽게 진정을 시킬 수 있었을 텐
데, 첨가제를 전혀 넣지 않는 내추럴 와인 양조는 다른 방법을 찾
아야만 한다. 발효를 위해 1년을 내내 기다렸다가 다음 해의 포도
주스를 넣어 새로운 효모를 공급해주고, 과하게 올라온 볼라틸은
양조장에서 천천히 소화되기를 기다려야 하는 것이다. 그렇게 정
성을 쏟으며 하염없이 기다리는 방법밖에 없었다. "정신없이 내추

럴 와인에 파묻혀 이런저런 어려움을 헤쳐 나가다 보니, 문득 내 '중년의 위기'가 벌써 지나갔더라고? 하하." 나이가 들면 누구에게나 온다는 중년의 위기가 장 피에르에게도 찾아왔었지만, 그는 컨벤셔널 양조에서 내추럴 양조로 바꾸는 작업에 몰두하며 그 시기를 무사히 보낼 수 있었다.

창의적인 영혼의 소유자인 장 피에르는 언제나 새로운 것을 추구한다. 새로운 와인 레이블을 고안하고, 와인 스타일을 다양하게 시도해보는 것으로 그의 창의성에 대한 갈증을 해소한다. 최근에는 마을의 버려진 땅에 다양한 채소와 커다란 나무들이 함께 자라는 정원을 만들었다. 근처의 농업고등학교와 이를 공동으로 관리하며, 신체적 장애가 있는 사람들이나 난민들을 고용해 일을 하도록 하는 프로젝트도 세웠다. 대기업이 아닌 작은 커뮤니티 형태로 다양한 채소들을 키우고, 사회적 약자의 자립을 위해 운영하며, 다양한 나무를 심어 누구나 와서 편히 쉬기도 하고 계절마다 바뀌는 꽃도 감상할 수 있도록 했다. '사회적 연대 경제'의 실천에도 그는 관심이 크다.

"사실 나는 정말 힘들게 찾아와야 하는 시골 한구석에 있잖아. 그런데도 전 세계에서 나를 일부러 찾아오는 사람들이 있지. 그런 사람들과 내 포도밭이 한눈에 보이는 정원에서 같이 와인 한잔하는 거, 정말 멋진 일 아니야?" 완벽을 추구하는 성격이지만 늘 새로운 것에 관심이 많고, 여전히 조심스럽기도 한 장 피에르. 그는 오늘도 이렇게 자신만의 행복의 답을 찾아가는 중이다.

함께한 와인

신중하고 조심스럽지만 동시에 독창적이고 미적 감각이 뛰어난 장 피에르는 그의 이러한 복합적인 캐릭터를 잘 살린 와인들을 생산한다. 절제된 듯하면서도 자유로움이 느껴지는 그의 와인들은 전 세계에 그의 팬층을 더욱 두텁게 만들고 있다.

(No.1) Crémant d'Alsace Extra Brut

크레망 달자스 엑스트라 브뤼

섬세한 기포와 함께 입 안에서 부드럽게 퍼지는 매력적인 크레망. 식전주로 한잔하기에 더할 나위 없다.

(No.2) Demoiselle 2020

드무아젤

3주 정도 스킨 콘택트 과정을 거친 게뷔르츠트라미너 와인. 상당히 드라이하지만 장미 향이 아름답게 어우러진다.

(No.3) Grand Cru Zotzenberg Riesling 2017

그랑 크뤼 조텐베르그 리슬링

2년간의 긴 숙성을 거친 와인으로, 잘 익은 과실 향이 넘치며 그 뒤로 미네랄과 염도가 탄탄하게 어우러진다.

Catherine Riss

카트린 히스

WINERY

도멘 카트린 히스
Domaine Catherine Riss

NATURAL
WINEMAKER
No.16

카트린 히스
Catherine Riss

딸아이가 7살이던 2016년 여름, 아이와 함께 카트린을 찾아갔다. 한국에 그녀의 와인을 소개하고 싶은데 도대체 확답을 주질 않으니 결국 알자스까지 찾아간 것이다. 워낙 아름다운 지역이니 아이와 함께 여름 여행을 가는 셈 치고 길을 떠났다. 딸아이와 나는 연식이 좀 되어 보이는 그녀의 도요타 4륜구동차에 올랐고, 알자스의 가파른 언덕길을 능숙하게 운전하는 그녀에게 환호를 보냈다. 사실 그녀는 팔 하나가 없다. 남아 있는 오른팔로 운전도 하고, 포도밭도 일구고, 와인도 만든다. 어린아이의 순수한 영혼이 가감 없이 물었다. "한쪽 팔로 일하는 거 힘들지 않아요?" "아니 전혀. 난 완전 익숙해!" 그때의 방문 이후로 우리는 친구가 되었다. 하지만 와인을 받은 건 2020년이 되어서야 가능했다.

카트린은 알자스의 동쪽 끝에 있는 독일 국경 근처 작은 마을에서 태어났다. 부모님이 운영하시던 레스토랑이 다양한 종류의 와인을 갖추고 있던 덕분에 어려서부터 와인을 접했다. 하지만 모두가 좋은 기억은 아니었다. 부모님을 따라 어릴 적부터 와이너리 방문을 많이 했는데, 와이너리만 가면 몇 시간이고 머물며 얘기하고 테이스팅하는 일이 어린 카트린에게는 지겨운 일이었던 것이다. 하지만 11살 무렵부터 보졸레에서 와인을 만드는 부모님의 친구 집에서 여름방학을 보내게 되면서, 포도밭이나 양조장은 이내 호기심의 장소로 바뀌었다. 그리고 그 후 18살이 되자 호기심은 큰 관심으로 바뀌었다.

사실 그녀에게는 유럽의회에서 통역사로 일하겠다는 꿈이 있었다. 영어와 스페인어를 동시 전공하는 길을 선택한 이유였다. 하지만 어린 시절부터 자연과 가까이 지내며 즐겁게 지낸 경험이 그를 붙잡았다. 인생 전체를 사무실이라는 갇힌 공간에서 일을 하면서 지낼 수 있을까. 스스로 의문을 갖기 시작했을 때 문득 보졸레가 떠올랐고, 와인 쪽으로 삶의 방향을 전환하기 위해 관련 책들을 찾아 읽기 시작했다. 그녀의 오빠는 16살부터 일찌감치 요리사의 길을 선택했는데, 비슷한 진로인 와인학교에 대해 의견을 구했다. 소믈리에가 되고 싶지는 않다는 그녀에게 오빠는 양조 관련 직업학교를 추천했다.

동시 통역학교를 가려고 문과를 나온 그녀는 화학이 필수 과목인 이과 과정의 양조학을 곧바로 시작할 수 없었다. 일단 와인 상거래와 관련된 과정에 입학 허가를 받았다. 와인을 상업적으로 거래할 수 있도록 교육을 받는 2년짜리 프로그램이었는데, 첫해에는 포도 수확에도 참여를 해야 했다. 수확뿐 아니라 양조 과정에도 참여하며 가을을 꼬박 보냈는데, 그때의 경험이 카트린에게 새로운 세계의 문을 열어주었다. 정해진 레시피대로 또박또박 여러 가지 물질을 집어넣기만 하면 기대한 대로 와인이 나오는 것이다!

2년간 와인상거래 과정을 마친 후 그녀는 부르고뉴 본에 위치한 직업 훈련 & 농업진흥원CFPPA에 지원을 했고 입학 허가를 받았다. 알자스를 떠나고 싶어 선택한 곳이 부르고뉴였다. 그곳에서 그녀는 피노 누아의 매력에 빠지게 된다. 직업 훈련원인 CFPPA는 학업과 직업을 병행할 수 있었는데, 카트린은 2003부터 2005년까지 부르고뉴의 유명한 비오디나미 와이너리인 트라페Trapet에서 일을 하면서 공부를 했다. "운이 좋았지. 장 루이 트라페에게 직접 비오디나미를 배울 수 있는 기회를 얻었으니까." 게다가 어린 나이에 알자스에서 경험했던 피노 누아와 부르고뉴 유수 와이너리의 피노 누아는 비교가 불가할 정도로 달랐다. 피노 누아의 재발견이었다. 이런 연유에서일까, 그녀는 현재 미네랄이 씹힐 듯 크리스피하게 살아 있고, 과일이 농축되어 있는 듯한 정말 멋진 피노 누아 와인을 만든다.

CFPPA를 우수한 성적으로 졸업한 그녀에게 장 루이 트라페는 기왕 여기까지 온 거, 계속해서 양조학 학위까지 받으라고 독려했다. 고등학교까지 문과였던 그녀는 과연 양조학과에 입학할 수 있을지 자신할 수 없었단다. 실제로 그런 경우가 거의 없었기 때문이다. 하지만 그녀는 당당하게 입학 허가를 받았고, 양조학 학위도 2년

만에 따냈다. 이때부터 한번 목표를 정하면 매진하는 그녀의 힘이 발휘되기 시작한 게 아닐까.

2007년에 최종적으로 양조학 학위를 받은 후, 그녀는 양조 여행을 시작했다. 지공다스Gigondas(남부 론의 와인 산지)에서 3개월간 산속의 작은 숙소에서 혼자 지내며 양조를 했다. 뭐든 마음대로 실험해볼 수 있는 좋은 기회였다. 지공다스에서의 양조를 끝내고 그다음으로는 계절이 완전히 다른 남아프리카공화국으로 떠났다. 그곳에서는 어마어마한 협동조합에서 양조를 담당했는데 시간당 1만 4,000 톤의 포도가 들어오는 공장이었다. 그때의 경험이 현재 그녀가 만들고 있는 아름다운 내추럴 와인에 어떤 영향을 미쳤을까. "생각지도 못했던 새로운 세상을 봤어. 흑인과 백인들이 너무나 다르게 사는 세상. 내가 얼마나 행운아였는지를 깨닫는 시간이었지."
남아공에서 양조를 마치고는 곧장 뉴질랜드로 날아가 다시 양조를 시작했다. 1달 반 사이에 지구 반대편까지 가서 양조를 한 것이다. 대단한 열정이 아닐 수 없다. 남아공의 공장과 달리 뉴질랜드는 비오디나미 경작을 하는 곳이었고, 경치 또한 너무나 멋졌다. 전 세계에서 온 젊은이들과 함께 일하는 경험도 좋았다. 결국 뉴질랜드에서는 6개월 정도 머물렀다. 그 후 프랑스에서의 포도 수확을 위해 지공다스로 다시 돌아왔으니, 1년 동안 총 3번의 양조를 경험한 것이다. 부르고뉴와 뉴질랜드에서의 비오디나미의 경험은 그녀를 샤푸티에Chapoutier(론 밸리의 명성 있는 와이너리. 대규모로 비오디나미 경작을 하는 것으로 유명하다.)가 시작한 알자스 프로젝트로 이끌었다.

지공다스에서의 마지막 양조를 끝으로 그는 샤푸티에팀으로 합류하기 위해 알자스로 돌아왔다.

그렇다면 내추럴 와인은 언제 처음 접했을까. 장 루이 트라페는 양조에 있어서 기존 컨벤셔널 양조보다는 훨씬 느슨하고 융통성이 있었지만 상 수프르 와인을 만들지는 않았다. 반면 그녀가 부르고뉴에서 공부하던 시절 가깝게 지내던 줄리앙 알타베흐Julien Altaber(섹스탕Sextant의 오너이자 도미니크 드랭의 후계자)와 도멘 그라므농Domaine Gramenon의 막심 로랑Maxime Laurent이 내추럴 와인 생산자이다 보니 자연스럽게 내추럴 와인의 세계에 발을 딛게 됐다. 하지만 그녀가 본격적으로 내추럴 와인에 눈을 뜬 것은, 알자스로 돌아와 당시 앞선 생각을 갖고 있는 지역 생산자들로 구성된 모임에서 정기적으로 내추럴 와인을 시음하면서부터다. 그 모임에는 장 피에르 힛취, 뤼카 히펠, 앙투안 크라이덴바이스Antoine Kreydenweiss 등이 속해 있었다. 이를 계기로 그녀는 비오디나미에서 한 발 더 나아간 내추럴 양조를 고민하게 된다.

당시 샤푸티에에서 처분하고 싶어하는 피노 누아 밭이 있었는데, 피노 누아에 특별한 애착이 있는 카트린은 해당 밭을 관리하고 생산, 판매까지 해보겠다고 제안을 했다. 그리고 상 수프르 와인을 만들었는데, 그때가 2009년이었다. "이 와인 덕에 어쩌면 내가 사람들한테 알려지기 시작했던 것 같아. 샤푸티에의 이름으로 팔았지만, 내가 만들었다는 것을 사람들이 다 알고 있었거든." 역시 피노 누아의 여신다운 발언이다.

그로부터 몇 년이 흐른 후, 드디어 2012년에 총 1.5헥타르의 작지만 알맞은 사이즈의 밭을 구해 카트린은 자신만의 양조를 시작하게 된다. 하지만 그녀가 본격적으로 와인을 만들기 시작했던 시기는 샤푸티에를 사직한 후인 2015년이었다. 여기까지는 인생이 큰 문제없이 술술 잘 풀리는 듯했다. 그런데 예기치 않았던 시련이 찾아왔다. 와인을 본격적으로 만든 지 두 번째 해인 2016년, 병충해와 냉해로 밭에서의 일이 너무 힘들었다. 수확량도 볼품없었다. 동시에 부모님 레스토랑에서 매일 일했으니, 결국 번아웃이 되었다.

이를 계기로 약간의 휴식기를 가지기로 하면서 현재의 동반자도 만났고, 꼭 매일매일 일하지 않아도 와이너리가 돌아간다는 사실을 깨달았다. 인생을 조금 뒤로 물러서서 바라봐야 할 필요가 있었던 것이다. 현재 그녀는 4.5헥타르의 포도밭을 일구고 있고, 더 이상 땅을 넓힐 계획은 없다고 한다. 하지만 이미 많은 사람들이 당신의 와인을 원하는데, 이를 어떻게 생각하느냐고 물으니 "하하. 워낙 소량 생산해서 그런 거 아닐까?"라며 소탈하게 웃는다.

조금 어려운 질문을 해 봤다. 포도밭과 양조장 일 모두 체력적으로 힘든 일인데, 한쪽 팔이 없다는 사실이 혹시 핸디캡이 아니었는지. 그녀는 전혀 아니었다고 자신 있게 답했다. 어린 시절 집에서 사고로 인해 팔을 잃었는데, 전혀 기억이 나지 않을 정도로 어린 나이였다고 한다. 부모님은 그런 그녀를 아무런 핸디캡이 없는 아이처럼 대하고 키웠다. 14살부터 부모님 레스토랑에서 일을 했고, 일을 시작한 후에도 채용에 큰 어려움이 없었다. "지공다스에서는 사실

Les Alsaces.
Pensez-y plus souvent.

내 팔의 상태를 보고 처음에 겁을 조금 냈던 듯한데, 이틀 정도 지나니 나를 완벽하게 믿더라. 그러니 두 번째 찾아갔을 때도 문제없이 나를 다시 받아들였겠지."

"어린 시절 나는 두 팔이 있어야 제대로 할 수 있는 많은 스포츠를 배웠어. 농구, 승마 등... 게다가 운동을 잘했거든." 본래 겁이 없고 용감한 성격이 아닌지 물으니, "아니야. 속 마음에는 무서움도 많아. 겉으로는 단단하고 거침없어 보이지만 말이지. 내가 만약 팔이 두 개 다 정상적으로 있었다면, 과연 오늘날 내가 이룬 것들을 이룰 수 있었을까?"라며 그녀는 오히려 반문한다. 인생과 와인을 대하는 그녀의 당당한 태도가 너무나 큰 울림을 준다.

234

함께한 와인

양조학자 출신답게, 카트린의 와인은 깔끔하게
정돈된 풍미를 보인다. 휘발산이 와인에 침범되는
것을 극도로 싫어하는 그녀는 필요할 경우
극소량의 이산화황 사용을 주저하지 않는다.
그녀가 추구하는 완벽한 와인을 만들기 위해서.

No.1 Dessou de table

드수 드 타블르

실바너 100%로 만들어진 상큼 깔끔한 와인으로, 언제 마셔도 기분이 좋아지는 유쾌
상쾌한 와인이다.

No.2 De grès ou de force

드 그레 우 드 포흐스

'일어날 일은 어떤 방법으로든 일어나게 되어 있다'는 의미를 지닌 화이트와인. 리슬링
100%가 뿜어내는 미네랄, 순수함 그리고 꽃 향과 과실 향이 넘치는 와인이다.

No.3 T'as pas du Schiste

타 파 뒤 쉬스트

미네랄 넘치는 편암 토양에서 나온 피노 누아로 만든 와인. 소량 생산되어 찾아보기
힘든 퀴베라 많은 사람을 애태우는 와인이다.

No.4 Empreinte

앙프렝트

기다릴 가치가 있는, 카트린 히스의 최고의 피노 누아. 섬세한 풍미와 미네랄의 조합이
아름답다.

피에르 앙드레

WINERY

도멘 피에르 앙드레
Domaine Pierre Andrey

NATURAL
WINEMAKER
No.17

피에르 앙드레
Pierre Andrey

첫 번째 와인을 만들자마자 와인 애호가들 사이에서 입소문이 나고, 그를 만나려는 사람들이 줄을 서는 피에르 앙드레. 그는 소위 말하는 매우 핫한, 그야말로 라이징 스타 와인메이커다. 와인 양조와 관련된 교육을 받은 적도 없고, 대대로 와인을 만들던 집안의 자손도 아닌데 말이다.

그는 파리에서 동쪽으로 330킬로미터 거리에 위치한 메츠Metz에서 와인을 만든다. 메츠는 행정 구역상 로렌 지역의 도시인데, 프랑스에서는 알자스와 로렌 지방을 묶어서 그랑 에스트Grand-Est라고 부른다. 하지만 피에르는 다양한 지역에서 나온 포도로 와인을 만드는 네고시앙이기 때문에 알자스-로렌의 와이너리라고 할 수는 없다. 그를 만나기 위해 처음 메츠행 테제베TGV를 탔던 것이 2019년 겨울이었는데 2022년 여름, 드디어 그의 와인이 처음으로 한국을 향해 떠났다.

그가 와인을 만들기 시작한 계기는 부르고뉴의 내추럴 와인 생산자인 알렉상드르 쥬보Alexandre Jouveaux와의 의견 충돌 때문이었다. 어느 날 알렉상드르가 테루아 없이 좋은 와인을 만드는 것은 불가능하다고 말했는데, 이 한마디가 피에르를 자극한 것이다. 그는 이것이 너무 부르주아적인 사고방식이란 생각이 들었다. 마치 좋은 땅을 직접 소유하고 있는 사람만 좋은 와인을 만들 수 있다는 것으로 들렸으니까. "땅이 없는 나 같은 서민도 좋은 와인을 만들 수 있다는 것을 증명해 보이고 싶었어."

한창 테루아 이야기를 하면서 알렉상드르는 자신의 집에서 그리 멀지 않은 보졸레에 정말 훌륭하게 유기농 포도를 경작하는 사람이 있는데, 포도는 너무 좋지만 와인 양조에는 영 재능이 없는 사람이라 와인이 잘 안 팔린다고 했다. "아, 그 사람 포도면 되겠구나 싶었어. '만약 그 사람이 나한테 자신의 좋은 포도를 판다고 하면, 내가 가진 테루아가 없어도 좋은 와인을 만들어 보겠어'라고 생각한 거지. 그게 시작이었어."

그때가 2015년의 수확을 앞둔 시기였는데, 피에르는 다행히도 그가 원하는 포도를 얻을 수 있었다. 다만 모든 것을 제대로 적법하게 처리해야 직성이 풀리는 그는 처음부터 세관에 '네고시앙'으로 등록을 하고 일을 시작하려고 했다. 하지만 어느 나라든 세관의 행정 업무란 준비해야 하는 서류는 산더미 같은 데 비해 처리 과정은 무척 복잡하고 느린 법. 포도 수확 전에 그의 네고시앙 면허가 나와야 했는데, 심지어 그해는 더웠던 탓에 수확이 예년보다 보름 정도 당겨져 시간이 더욱 촉박했다. 시작부터 험난했던 네고시앙의 길은, 철저하게 서류를 준비한 그의 꼼꼼한 성격 덕분에 간신히 포도 수확 직전에 허가를 받을 수 있었다. 운 좋게 사람 좋은 세관원을 만났다는 피에르. 그러나 그의 성격상 얼마나 철저하고 꼼꼼하게 준비를 한 결과일지 미루어 짐작이 간다.

그에게 여전히 '테루아=와인'이라는 공식에 동의하지 않는지 물었다. "그게… 알고 보니 확실하게 관련이 있더군. 하하. 다만 꼭 좋은 땅을 가져야만 좋은 와인을 만드는 것이 가능한 건 아니야. 진정한 테루아, 즉 와인 안에서 표현되는 테루아가 중요해. 한 3~4년 지나니 그걸 알겠더라고." 그는 포도 구매를 결정하기 전 철저하게 그 땅에 대해 학습하는 과정을 갖는다. 지질학 지도를 펼쳐 놓고 땅에 대해 공부하고, 그 땅에서 수확된 포도를 관찰한다. 사실 위대한 와인을 만들려면, 위대한 테루아는 필수인 것이다.

피에르는 원래 기계 전문가였다. 통신사에서 철탑이나 안테나를 관리하다가 전자 의료기기 쪽으로 방향을 바꿔 최근까지 18년을 일했다. 그런데 어떻게 와인과 인연을 맺게 되었을까? "우리 집은 음식이 곧 종교인 집이거든. 부모님은 주로 지역 농부에게 신선한 식재료를 사셨는데, 좋은 고기가 있다면 아예 한 마리를 통째로 사서 부위별로 잘라서 냉동할 정도였지. 집에 큰 냉동고가 2개나 있었다니까. 부모님은 평범한 서민이셨지만, 먹는 것만큼은 철저하게 높은 질을 추구하셨고 아마도 그게 내 미각을 발달시키는 데 도움이 되었던 것 같아." 와인을 즐길 수 있는 그의 미각은 부모님 덕분이라는 얘기다. 다만 그의 아버지는 부르고뉴 그랑 크뤼나 보르도 그랑 크뤼를 마실 여유는 없으셨기에 저렴한 컨벤셔널 와인을 주로 드셨고, 그는 이러한 와인에 그다지 흥미를 느끼지 못했다. 와인에 대한 관심은 사회생활을 시작하며 동료들과 함께 괜찮은 와인을 마시기 시작하면서부터 생겨났다. "와인 구입에도 취미를 붙였지. 파산한 와인 카브에서 저렴한 가격으로 보카스텔, 클로 타흐, 뒤가피 등의 와인을 사 모을 수 있었거든. 뭐… 이제는 있어도 내가 마실 수 없는 와인들이지만."

그가 내추럴 와인을 경험하게 된 것은 2001년에 알렉상드르 쥬보를 만나고 나서부터다. 이산화황이나 안정제를 전혀 넣지 않고 와인을 만든다는 그에 대한 소문을 듣고 곧바로 수소문해 찾아간 것이다. 피에르는 이전까지 그런 와인이 존재한다는 사실조차 몰랐다. 알렉상드르의 와인에서 특별한 감성이 느껴졌다. 2001년에 알렉상드르 쥬보를 처음 만났다면, 아마도 그의 첫 번째 빈티지를 맛본 특별한 경험을 했을 텐데 그 와인이 어땠는지 나는 너무 궁금했다. 나 역시 알렉상드르 쥬보의 팬이기 때문이다. 맛에 대해 묻는 나에게 피에르는 다른 답을 내놓았다. "사실 나는 맛보다는 그의 양조 철학이 더 좋았어. 맛을 보고 좋아서 그 와인을 산 게 아니라, 그가 와인을 만드는 방식에 끌려서 와인을 산 거야. 와인이 마실 수 있는 시기가 될 때까지 기다려봐야 과연 맛있는지 아닌지 알 수 있을 테니까."

피에르는 알렉상드르와의 첫 만남에서 쥐라의 미쉘 가이에Michel Gahier에 대한 얘기를 들었고, 그 길로 곧장 쥐라로 갔다. 이후 계속해서 내추럴 와인 생산자들과의 새로운 만남이 이어졌고 그렇게 내추럴 와인과 이어진 그의 세계가 형성되었다. 2010년 무렵부터는 수확 철이면 친한 생산자들의 와이너리를 다니며 포도 수확을 도왔다. 그러던 2014년, 알자스의 브뤼노 슐레흐가 수확을 도와준 답례로 그에게 갓 수확한 피노 그리 주스를 30리터 유리통Dame Jeanne(담쟌)에 담아서 줬다. 그대로 두고 발효를 시킨 후, 와인으로 완성이 되면 마시라는 거였다. 피에르는 포도주스를 받아온 후 그 존재를 잊고 있다가 겨울을 넘기고 늦봄쯤 한번 맛을 봤다. 너무 좋았다! 정말 한번 제대로 와인을 만들어보고 싶은 생각이 들었다. 그러던 차에 마침 알렉상드르 쥬보와의 논쟁이 생겨, 네고시앙 설립까지 직진을 할 수 있었던 것이다.

피에르는 최근 들어 암포라를 이용한 와인도 만들고 있다. 대부분의 퀴베는 유리로 만든 담쟌에서 만들어진다. 같은 포도라도 담쟌에서 일어나는 발효와 숙성 정도에 따라 각기 다른 개성의 와인이된다. 그렇게 그는 수십 종의 마이크로 퀴베를 만든다. 피에르는 기본적으로 2년이 지난 후에 병입을 하기 때문에 현재 그의 셀러에는 300개가 넘는 담쟌이 층층이 쌓여 있다. 300개가 넘는 마이크로 퀴베들이 만들어지고 있는 것이다.

이러한 상황이니 수백 개의 와인 이름을 정하는 일도 큰일일 텐데, 피에르는 이를 꽤 논리적이면서 위트 있는 방법으로 해결하고 있

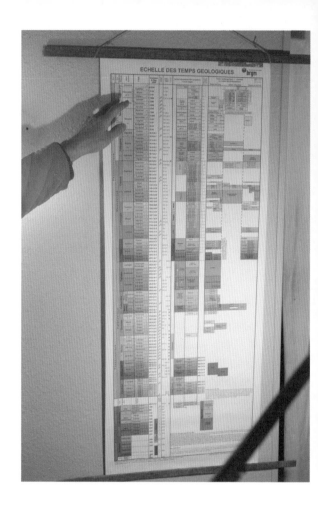

다. 각 레이블에 첫 번째 등장하는 1, 2, 3, 4 등의 숫자는 피에르가 와인을 만들기 시작한 지역의 포도를 순서대로 쓴 것이다. 예를 들어 보졸레의 가메는 그가 첫해에 시작한 것이라 1이고, 그다음 해에 시작한 알자스 품종들은 2가 된다. 이어서 나오는 알파벳은 각 품종을 가르킨다. PN은 피노 누아, AUX는 오세루아. 그리고 이어지는 게 빈티지와 로트 번호다. 가만히 보면 마치 암호 같은데, 조합을 해놓고 나면 왠지 좀 근사해 보인다.

그의 공식적인 첫 와인, 2015빈티지 가메는 어땠을까. 그는 2017년이 되어서야 그 와인을 시음했다고 한다. 사실 와인을 만들어보기는 했지만, 어딘가에서 와인 양조를 배운 것도 아니었고 누구한테 물어봐 가며 만든 것도 아니었다. 가메를 줄기채 넣고 침용을 했는데, 그 이후 어떻게 해야 하는지 막막했다. 같은 품종으로 같은 양조를 하는 오베르뉴의 피에르 보제 Pierre Beauger 에게 대체 언제 압착을 해야 하는지 전화로 물어봤다. 돌아온 대답은 너무나 간단하고 허무했다. "당신한테 시간이 좀 있을 때 해요."

"처음엔 아니 이 사람이 나를 무시하는구나 생각했지만, 시간이 지나고 보니 결국 그의 말이 맞더라고. 6개월이 지나자 와인은 더 이상 달라지지 않았어. 그러니 언제든 시간이 날 때 압착하면 되는 일이었지." 전화를 끊고 몇 년이 흐른 후에야 비로소 깨달은 사실이라고 한다.

피에르에게는 양조에 대해 아무 정보도 없는 상태에서 시작한 사람 특유의 자유로움이 있다. 하지만 뭐든 끝까지 파고들어 제대로 해내고야 마는 고집과 완벽주의가 이를 든든히 받쳐주기 때문에 그에게서 엄청난 완성도의 와인이 나오는 게 아닐까 싶다. 이러한 성격은 피에르의 집을 보아도 확연히 드러난다. 집을 짓기 위해 그는 현재 구할 수 있는 모든 종류의 건축 서적을 다 읽었다고 한다. 게다가 그걸 반복해서 몇 번씩이나 읽었다고. 그러고 나서 약 400시간 정도를 투자해(하루에 4시간씩이라고 생각하면, 100일이 된다.) 스스로 집을 설계했다. 공기의 흐름, 빛이 들어오는 각도, 동선…. 이 모든 것을 하나씩 연구해갔단다.

"무엇이든 절대 카피를 하면 안 돼. 일단 정보를 다 흡수하고 이해를 한 다음, 그걸 자신만의 방법으로 표현해야지." 그가 와인을 만드는 방식과 그의 삶이 완벽하게 일치한다는 증거다.

함께한 와인

피에르의 와인은 기본적으로 기다림의 미학이 필요한 와인들이다. 병입 후 얼마 지나지 않아 마시는 와인과 1~2년 후에 마시는 와인이 전혀 다른 색채를 띠기 때문이다. 마시기 좋은 상태의 와인을 운 좋게 맛본다면, 아마 마시는 내내 감탄사를 연발할 수밖에 없을 것이다.

(No.1)   1, GA19dj156

맨 앞의 숫자 1은 피에르가 첫 양조를 시작했을 때부터 만들었다는 의미이고, GA는 가메, 19는 빈티지, 마지막으로 dj는 담쟌의 부호이다. 즉 이 와인은 156번 담쟌에서 양조 및 숙성되었다는 의미다. 인터뷰를 시작할 때 오픈했는데, 이야기가 끝날 무렵인 4시간 후 정말 아름답게 피어 올랐다…!

(No.2)   7, PN19dj100

7번째로 만들기 시작했고, 피노 누아, 2019 빈티지. 피에르의 피노 누아는 담쟌이라는 새로운 양조 도구를 통해 정말 세련되고 긴 여운을 갖춘 와인으로 완성된다.

(No.3)   22, PG19dj116

PG는 피노 그리를 뜻한다. 스모키한 느낌과 긴 여운이 남는 걸작이다.

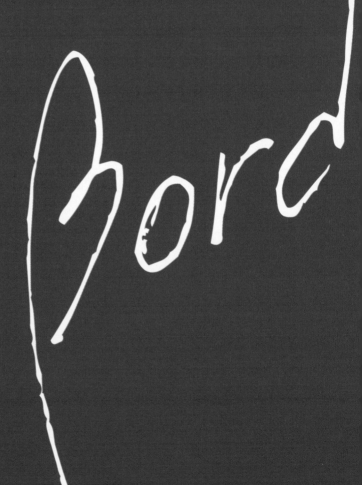

ßord

보르도

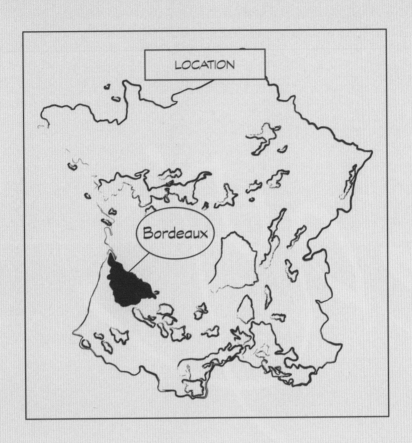

LOCATION

Bordeaux

프랑스를 넘어 전 세계적으로 유명한 와인 산지인 보르도. 보르도의 와인 생산지는 가론강을 사이에 두고 우안과 좌안으로 나뉘며, 강 양쪽으로 보르도의 기라성 같은 AOC 밭들이 자리잡고 있다. 전통적인 교육 과정을 통해 와인에 입문했던 내가 처음으로 보르도의 그랑 크뤼 밭을 방문했을 때 느꼈던 그 벅찬 감정은 아직도 잊을 수가 없다. 비록 지금은 전혀 다른 시각으로 그때의 포도밭과 샤토들을 바라보게 되었지만 말이다.

보르도는 프랑스의 와인 산지 중에서도 어쩌면 가장 보수적이고 관료주의가 팽배한 지역일 것이다. 당연히 유기농, 비오디나미, 내추럴 와인 등에 대한 움직임도 프랑스 전역에서 가장 늦다. 프랑스에서 내추럴 와인이 처음 시작된 곳은 1980년대 보졸레 지역이었는데, 그로부터 40년이 넘은 현재까지도 보르도에서는 나의 전작인 《내추럴 와인메이커스》에 소개된 르 퓌Le Puy를 제외하고는 내추럴 와인에 대한 눈에 띄는 큰 움직임이 없을 정도니 말이다.

물론 값비싼 보르도 그랑 크뤼 와이너리 중에서는 부르고뉴의 유명 그랑 크뤼 와인들과 마찬가지로 이미 비오디나미로 전향한 곳이 많다. 하지만, 대중들이 편히 즐기는 일반적인 보르도 와인의 경우 아직 사정이 많이 다르다. 나는 이 점이 가장 아쉽다.
이번 장에서는 보르도라는 내추럴 와인 불모지에서, 그것도 가장 비싼 땅 중 하나에서 용감하게 내추럴 와인을 만들고 있는 샤토 메일레의 이야기를 소개하고자 한다

다비드 파바르

WINERY

샤토 메일레
Château Meylet

다비드 파바르
David Favard

보르도에서 차로 30~40분 거리에 위치한 생테밀리옹 Saint-Émillion 은 8세기부터 그 역사가 시작된 아름다운 중세 도시다. 작은 돌로 만들어진, 시내의 광장을 중심으로 사방으로 펼쳐진 길은 여러 갤러리와 다양한 부티크 상점으로 빼곡하게 채워져 관광객들을 끌어모은다. 게다가 이 길은 생테밀리옹 포도밭 한가운데에 있기 때문에 잠깐만 걸어도 눈앞으로 멋진 포도밭의 풍경이 펼쳐진다.

다비드 파바르가 이끄는 샤토 메일레는 이 작고 예쁜 마을의 왼쪽에 위치하고 있다. 다비드 집안의 와인 양조 역사는 그의 고증조 할아버지가 생테밀리옹 곳곳의 여러 와이너리들을 구입하면서 시작되었다. 이후 대대로 상속이 되는 과정에서 장자 상속이 아닌 자녀별로 공평한 분할 상속이 반복된 결과, 다비드의 아버지 미셸 Michel의 대에 이르렀을 때는 아주 작은 면적의 땅을 상속받을 수 있는 권리만 남아 있었다. 하지만 와인에 대한 열정이 남달랐던 미쉘은 다른 형제의 밭까지 일부 매입을 해서 1.5헥타르 남짓한 포도밭으로 샤토 메일레를 창립했다. 그때가 1976년이었다.

본래 인쇄업에 종사했던 미쉘은 그동안 모은 돈을 모두 흩어진 포도밭 땅을 재매입하는 자금으로 쓴 후, 본격적으로 샤토 메일레에 전념했다. 처음부터 화학제를 전혀 쓰지 않았던 그는 1980년에 이미 유기농법으로 전환을 한다. 보르도처럼 보수적이고 새로운 것을 싫어하는 지역에서 그는 얼마나 유별나고 예외적인 사람이었을까. 하지만 당시 미쉘은 유기농법만으로 뭔가 부족하다고 느꼈다고 한다. 포도나무에 더 좋은, 또 다른 차원의 경작법이 없을까 고심하던 중 1985년에 그 지역에서 비오디나미로 야채를 재배해 판매하던 농부를 만나게 된다. 그리고 '바로 이거구나' 싶었던 미쉘은 샤토 메일레 밭 전체를 비오디나미 방식으로 전환했다. 공식적으로는 1987년의 일이었다. 미쉘은 1990년부터 이산화황을 넣지 않은 상 수프르 와인을 만들었고, 1998년부터는 숙성이나 병입에도 이를 적용했다. 유기농, 비오디나미, 내추럴 와인에 대해서는 오랫동안 불모지였던 보르도 지역에서 미쉘은 선구자이자 선각자였던 것이다. "그런 아버지 밑에서 나는 편하지 않은 청소년기를 보내야 했어. 학교를 가면 다들 미친 사람 아들이라고들 했으니까…." 다비드가 회상하는 어린 시절의 기억은 생테밀리옹의 다른 샤토 오너들의 자식들과는 다를 수밖에 없었다.

1978년 빈티지부터는 미쉘이 직접 차에 와인 박스를 싣고 파리로 가서 와인을 팔았다. 그는 와인이 다 팔린 다음에야 다시 보르도로 돌아오곤 했다. 그러다 1980년에는 샹젤리제궁에도 납품을 했고, 대통령 만찬에 샤토 메일레가 서비스되기도 했다. 프랑수아 미테랑 대통령 때의 일이다. 포도밭 경작부터 양조, 병입까지 미쉘은 모든 일을 손으로 직접 했는데, 1998년에는 병입할 때 쓰던 펌프조차 치워버렸다. 와인 병입 후 맛이 전혀 다르게 변하는 것을 보고, 호스와 중력만을 이용해 병입을 하기로 결심했던 것이다.

다비드는 어린 나이부터 포도 수확에 참여하며 이따금씩 아버지를 도왔는데, 다비드가 와인 일을 본격적으로 시작한 건 1998년부터였다. 하지만 2001년까지 와인을 만들던 그는 잠시 샤토를 떠났다. "아버지랑 일하는 건… 정말 너무 어려웠어. 양조나 포도 경작에 대해 서로 다른 두 개의 의견이 충돌하는 경우가 점점 잦아졌고, 나는 떠날 수밖에 없었지."

2002년, 다비드는 보르도를 떠나 동쪽으로 4시간 거리에 있는 아베롱-Aveyron 지역에서 10헥타르의 땅을 매입해 새로운 도전을 시작했다. 바로 와인을 만든 것은 아니었다. 포도나무 1종만 재배하는 모노컬쳐(단일 재배)에 의구심을 갖고 있던 그는 아무것도 없던 10헥타르의 땅에 폴리컬쳐 농장을 일궜다. 가축과 다양한 채소를 심고, 곡물도 기르고, 닭, 염소, 그리고 양봉까지 했다. 모든 경작은 전부 비오디나미로 이루어졌다. 이때의 작업을 통해 그는 비오디나미를 진정으로 이해하게 되었다.

처음에는 비오디나미 연구소에서 주는 레시피대로 재료를 준비하고, 비료를 뿌리라는 시기에 뿌리곤 했었지만, 시간이 흐르면서 그는 뭔가 부족하다는 것을 느꼈다. "내 땅에 발 한 번 안 디뎌보고 멀리서 이메일로 보내오는 이런저런 방법이 과연 정말 내 땅과 내 작물에 맞을까, 하는 의심이 들었어. 그때부터 나는 세심하게 땅과 기후 변화 그리고 그에 따라 달라지는 작물의 상태를 관찰하기 시작했지. 그리고 그에 맞춰 내가 생각하는 이런저런 처방을 시도해 본 거야." 현재 그는 비오디나미와 호메오파티Homéophatie, homeopathy(독일 하네만 박사에 의해 개발된 동종 요법)를 그만의 본능으로 섞어 사용하고 있다. 그렇게 꼬박 10여 년을 농장 일에 매진하던 다비드는 결국 2012년, 그의 고향 샤토로 돌아왔다. 그의 아버지인 미쉘이 2010년부터 샤토 메일레를 아들에게 물려주는 작업을 시작했기 때문이다.

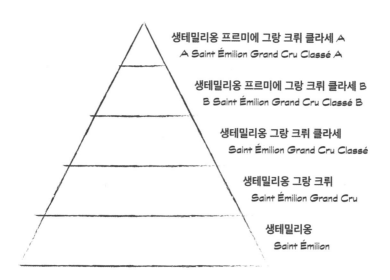

샤토 메일레의 밭은 샤토 피지악_{Château Fegiac} 바로 옆인데, 원래 생테밀리옹 그랑 크뤼 클라세 땅이었다. 심지어 프르미에 그랑 크뤼 클라세를 받을 수도 있었던 땅이었다(생테밀리옹 그랑 크뤼는 10년마다 재평가가 되어 탈락되거나 승급되는 경우가 있다). 2002년 이전까지 샤토 메일레는 그랑 크뤼 클라세였지만, 다비드는 그랑 크뤼 '클라세'에는 큰 관심이 없다. "그랑 크뤼 클라세의 평가 조건이 참 웃겨. 10점 만점으로 평가를 하는데, 이 중 와인의 품질이 4점, 나머지 6점은 건물이나 적당한 주차 시설 여부, 리셉션 장소의 적절함 등이야. 와인의 퀄리티보다 그 외의 요소들이 점수에 더 큰 영향을 미치는 거지. 이게 대체 말이 되는 거야?" 반면 생테밀리옹 그랑 크뤼는 와인의 품질로만 등급을 매기기 때문에, 다비드는 그랑 크뤼만은 되찾고 싶어 한다. 게다가 이곳은 가족의 역사가 담긴 땅이기에.

그의 집안이 그랑 크뤼 등급을 잃은 것은 2002년의 일이다. 그의 아버지 미쉘은 90년대에 와인생산조합과 INAO(프랑스 국립 원산지 관리소)를 상대로 소송을 했는데, 첫 재판은 승소를 했다. 모두가 다윗과 골리앗의 싸움이라 말했으나, 결국 소송에서 이긴 것이다. 이 안건은 프랑스의 국회에까지 상정되었지만 이후 항소와 재항소를 거듭하며 돈이 있는 기득권자들을 이길 수 없었고, 최종적으로 샤토는 2002년에 그랑 크뤼 자격을 박탈당했다. 박탈 이유는 양조 과정을 기록한 장부가 없고, 양조 과정에 배양 효모나 이산화황 등을 넣지 않았을 뿐 아니라 샵탈리자시옹을 하지않아 와인에 적정한 알코올이 부족하다는 것이다.

다시 보르도로 돌아온 다비드가 만든 첫 번째 와인은 2015년 빈티지인 퀴베 오리진Cuvée Origine이다. 농축미과 복합미 그리고 미네랄이 정말 조화롭게 어울리는 멋진 와인이다. 어떤 생테밀리옹 프르미에 그랑 크뤼 와인과 비교를 해도 손색이 없다. 내가 이 와인의 매그넘을 개인적으로 몇 병 사두었을 정도다. 보르도 와인을 그다지 좋아하지 않는데도 말이다. 아들이 만든 2015년산 퀴베 오리진을 맛본 미쉘은 드디어 아들에게 전권을 넘겨주고 더 이상 양조에 참견을 하지 않기로 했다. 게다가 사람들이 모인 자리에서 자신보다 아들이 훨씬 낫다고 공언을 하기도 했단다.

다비드는 여전히 그 비싼 생테밀리옹 그랑 크뤼 땅에서 다양한 실험을 계속하고 있다. 그는 가지치기를 하는 대신 자라나는 가지들은 일일이 손으로 머리를 따듯이 꼬아서 묶어 놓는다. 폴리컬쳐를 위해 포도나무들을 뽑아내고 그 자리에 나무를 심고, 염소를 풀어놓기도 한다. 다른 지역도 아닌 보르도의 보수적인 생테밀리옹 마을에서 그만의 세계가, 그가 만든 와인을 통해 펼쳐지고 있다.

함께한 와인

보르도라는 거대하고 상업화된 와인 지역에서 그만의 감각과 느낌으로 섬세한 스타일의 와인을 만들고 있는 다비드. 그의 레드와인은 특히 아주 잘 표현된 농축된 과실미가 일품이다. AOC를 벗어난 다양한 스타일의 뱅 드 프랑스 등급의 와인도 만들기 시작했는데 모두가 상당히 매력적이다.

No.1   Cuvée Origine 2015
퀴베 오리진

농익은 과일, 순수함과 강건함⋯ 이 모든 것을 갖춘 명실공히 최고의 보르도 내추럴 와인이다.

No.2   VdF Clin d'Oeil
뱅 드 프랑스 클랑 되이유

세미용 90%에 소비뇽 블랑과 소비뇽 그리를 섞어 4시간 스킨 콘택트를 했다. 단지 800병만 생산됐다는 것이 큰 아쉬움으로 남는다. 매일 마시고 싶은 와인이다.

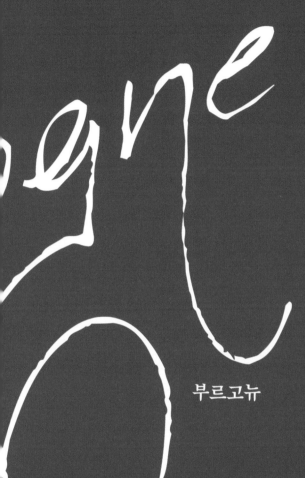

부르고뉴

LOCATION

Bourgogne

코트 도르*Côtes d'Or*, 이른바 '황금의 언덕'으로 불리는 부르고뉴. 이 이름은 과거 로마군이 이 지역에 입성을 할 당시 붙여졌다고 하는데, 지금은 그 이름값대로 황금처럼 값비싼 와인들이 생산되는 언덕이 되었다. 부르고뉴 지역은 와인 외에도 '프랑스의 음식 창고'로 불릴 만큼 식문화가 발달된 곳이다. 와인과 음식, 이 모든 것을 갖춘 곳이라 사계절 내내 식도락과 와인을 즐기는 사람들이 끊이지 않는 관광지이기도 하다.

부르고뉴에 사는 토박이들을 '부르기뇽'이라 부르는데, 이들은 특유의 폐쇄적이고 배타적인 특성을 갖고 있다. 과거 부르봉 왕국 시절부터 전쟁이 잦았던 탓에 외지인이나 외부 문화를 경계하는 것이라는 설도 있다(완고한 부르기뇽들이라도 일단 친해지고 나면 태도가 완전히 달라지긴 하지만). 특히 이들은 외부인에게 결코 호의적이지 않은데, 누군가 땅을 사려고 한다거나 특히 포도밭을 매입하려고 할 때 더욱 경계심을 가진다고 한다.

부르고뉴 지역 특성상 기존 관습이나 풍습을 잘 바꾸려고 하지 않고, 바꾸려고 하는 사람을 오히려 배척한다고 하니 새로운 시도는 당연히 뒷전일 수밖에 없다. 물론 로마네콩티, 르후아를 비롯해 부르고뉴의 내로라하는 유명 와이너리들은 이미 예전부터 비오디나미로 포도를 재배하고, 양조 시 최소한의 개입만을 하고 있다. 하지만 전체 부르고뉴 와인의 생산량에서 그들이 차지하는 비중은 매우 미미하다.

이런 내추럴 와인 불모지에서 일찌감치 기존 와인과 다른 와인을 만들었던 도미니크 드랭의 이야기는 이미 나의 전작《내추럴 와인 메이커스》에서 다루었고, 이제는 그와 비슷한 시기에 혹은 그 이후에 부르고뉴에서 내추럴 와인을 만들고 있는 몇 사람에 대한 이야기를 전해보려 한다. 이들의 용기는 부르고뉴라는 내추럴 와인의 불모지에 새롭고 젊은 내추럴 와인 생산자들이 속속 모여들게 하는 큰 원동력이 되고 있다.

Catherine & Gilles Vergé

카트린 & 질 베르제

WINERY

도멘 베르제
Domaine Vergé

카트린 & 질 베르제
Catherine & Gilles Vergé

욕쟁이 할머니가 운영하는 맛집을 떠올려보자. 할머니의 욕을 들으면서도 음식이 맛있어서 늘 길게 기다리는 줄이 있는 음식점. 카트린 베르제를 생각하면 딱 맞는 예가 아닐까 싶다. 약간은 화가 나 있는 듯 큰 목소리에 작지 않은 체구, 잦은 담배…. 남편인 질은 뒤로 한 발 물러서서 그저 온화하게 웃고 있는 듯 보이지만 카트린과 늘 같은 의견이다. 하지만 그들의 와인은 모든 것을 잊게 만들어 줄 정도로 높은 완성도를 보여주는 걸작이다. 나와의 첫 만남도 욕쟁이 할머니의 맛집 경험과 크게 다르지 않았다. 하지만 함께 일한 지 꽤 여러 해가 된 지금, 그녀의 성격이 크게 온화해진 것은 아니지만 적어도 처음처럼 경계하지는 않는다. 함께 와인을 마시고, 식사를 같이하며 일상의 고민을 터놓기도 하니까.

내추럴 와인의 불모지인 부르고뉴에서 꽤 일찍부터 내추럴 와인을 만들고 있는 카트린과 질. 카트린의 화난 듯한 언사는 어쩌면 오랜 세월 그들이 겪어온, 주변 사람과 다르다는 이유로 힘들게 살아올 수밖에 없었던 인생 여정을 반영하는 게 아닐까 싶다.

카트린과 질이 살고 있는 비레 클레세Viré Clessé 지역은 원래 마콩 비레Macon Viré로 분류되는 마콩의 서브 AOC였다. 이를 비레 클레세로 독립시킨 사람이 바로 질인데, 그는 이 지역 와인 생산자의 외손자로 태어났다. 그의 외할아버지는 1928년에 지역 와인생산조합을 창립하신 분이었다. 조합을 설립해 그 지역에서 포도 농사를 짓는 모든 사람들의 포도가 적절한 가격에 매입되고 와인으로 양조될 수 있도록 터를 닦은 분이다.

질은 우체국에서 높은 직위를 역임하신 아버지를 따라 프랑스의 다양한 지역에서 살았다. 그가 선택한 첫 직업은 치과기공사였는데, 프랑스의 최고기술사 MOF(Meilleur Ouvrier de France, 프랑스는 모든 기술 직업군에 대해 해마다 최고의 기술사를 뽑아 MOF라는 직위를 부여한다. 제빵, 치즈 생산 등의 분야도 해당된다.)로 뽑혀 한때 모로코 왕실에서 일하기도 했단다. 그 후 골동품과 오래된 보석을 취급하는 일을 하다가 돌 장식을 다루는 일도 했다. 지금의 그를 생각하면 정말 상상할 수 없는 직업의 스펙트럼이 아닐 수 없다. 그러자 옆에서 카트린이 말을 거든다. "이 남자는 여자만 안 바꾸고 다른 건 다 바꾸며 살았다니까. 그러더니 같은 여자랑 40여 년을 살고 있네? 하하." 그는 스웨덴에서 경주용 돛단배를 만들기도 했는데, 도저히 스웨덴의 추위에 적응을 못 하고 부모님이 계시던 니스로 돌아왔다고 한다. 그리고 바로 그때, 외할아버지의 포도밭에서 소작 일을 하며 와인을 만들던 분이 돌아가셨다는 소식을 들었다.

그의 아버지는 와인 생산과는 거리가 먼 사람이었던 지라, 그의 어머니와 이모는 외할아버지가 남긴 큰 저택만 남기고 포도밭을 매각하려고 했다. "근데 그때, 이 괘씸한 동네 사람들이 사기를 치려고 하잖아. 오랫동안 바깥으로 떠돈 어머니를 외부인이라 여기고 등쳐먹으려고 한 거지." 결국 나이 지긋하신 어머니와 이모 두 분은 그녀들의 아버지가 일궜던 밭으로 다시 돌아오기로 결정을 했다. "어머니와 이모들은 '우리 아버지가 어떻게 일하셨더라?' 하고 기억을 더듬어 가지치기부터 시작하셨어. 당시 니스에서 지내던 나는 가끔씩 두 분의 일을 도와드리러 가곤 했는데 그러다가 아예 눌러앉고 말았지." 그가 28살이 되던 1982년었고, 이듬해에는 평생을 같이하게 될 카트린을 만나게 된다.

부르고뉴 사람들은 기본적으로 상당히 폐쇄적인 성향을 지닌다. 게다가 그들이 자리 잡은 비레가 부자 동네다 보니, 원래 그 지역 출신인 사람이 다시 돌아오는 것조차 반기는 분위기가 아니었다고 한다. 그런 분위기에서 업친 데 덮친 격으로 질은 제초제를 안 쓰겠다고 공언을 했고, 그들은 베르제가 사람들은 포도나무를 기르는 게 아니라 잡초를 기른다며 공공연히 비난을 해댔다. 이들 대부분이 그의 할아버지가 세운 와인협동조합에 포도를 판매해 생활하는 사람들이었는데도 말이다. 질은 당시 제대로 양조를 할 도

구도 장소도 없었기에 수확한 포도를 조합에 가져다 팔아야 했는데, 1982년부터 1997년까지 15년 동안이나 포도를 판매해 생활을 했다. 하지만 제초제도 쓰지 않는 데다 대부분이 100살이 넘은 오래된 포도나무들이었으니 생활이 유지될 만큼 충분한 양의 포도가 생산될 리 없었다. 카트린과 질이 밤낮으로 정성 들여 생산한 포도는 제초제를 잔뜩 뿌리고 쉽게 거둬들인 다른 포도보다 값을 더 받지도 못했다. 하지만 조합과 조합원들이 비난하는 방식으로 생산된 베르제의 포도는, 1991년 파리 농업 엑스포에서 부르고뉴의 가장 아름다운 포도로 선정되어 전시가 되었다. 이런 아이러니한 삶속에서 그들은 대체 어떻게 삶을 이어 나갔을까.

이들의 장녀 이자벨은 결혼을 해서 갓 1살 된 딸이 있다. 그런 그녀에게 남들과 다른 부모를 가진 어린 시절이 어땠느냐고 물었다. "학교 친구들은 나와 내 동생들을 가까이하려고 하지 않았어요. 그들의 부모는 모두 최신식 기계를 갖추고 일꾼들을 부리며 일을 하는데, 우리 부모님은 기계도 없고, 일꾼도 없이 밤낮으로 일을 하는 사람들이었으니까요. 그 아이들은 포도밭에 나간 적이 없는데, 우리는 늘 부모님과 밭에 일을 도우러 나갔거든요." 그의 자녀들은 결국 지역 공립학교에 적응을 할 수 없었고, 거리가 좀 떨어진 사립학교로 전학을 가야 했다.

마치 어린 카트린을 보는 듯한 활발한 막내 엘리즈는 이렇게 전했다. "학교가 정말 싫었어요. 새로 산 좋은 옷을 입은 아이들이, 물려받은 오래된 옷만 입는 나를 무시했거든요. 부모님을 따라 포도밭에 나가는 것도 싫었어요. 잡초들을 일일이 손으로 잘라내야 하니까요. 다른 아이들처럼 집에서 TV를 보고 싶었거든요. 그런데 성장한 후 생각해보니 내가 훨씬 재밌게 어린 시절을 보냈다는 생각이 들어요. 비싼 음식과 좋은 옷은 없었지만 말이에요."

카트린과 질은 과거의 방식으로 포도나무를 재배하고 싶었다. "말을 이용해 쟁기질을 하고 싶었는데 마을에 말에게 먹일 풀이 없는 거야. 땅이 전부 포도밭으로 탈바꿈이 되어 더 이상 풀밭이 없었어." 하지만 당시 그가 말을 키웠다 하더라도, 이 지역 사람들이 결국 그 말을 죽게 만들었을 것이라는 질의 자조적인 얘기가 뒤따랐다. 이곳에서 '남들과 다름'은 용납되지 않았으니까. 결국 그들은 1997년에 양조협동조합을 떠나 스스로 와인을 만들기로 결심했고, 질은 곧바로 양조학교에 등록을 했다. 이때가 그의 나이 45세였다. "뒤늦게 왜 학교를 갔냐고? 와인을 만들 때 하면 안 되는 일이 어떤 것들인지 정확하게, 그리고 구체적으로 알고 싶었거든." 그때 학교에서 만난 동료가 쥐라의 유명 와인 생산자가 되었던(지금은 와인을 만들지 않는다.) 장 마크 브리뇨Jean Marc Brignot였고, 그는 카트린에게 가지치기를 배웠다고 한다.

그가 학습한 양조는 '수정하고 변경하는 것'이 전부였다. '이런 상황이 발생하면 이렇게 해결을 하고, 저런 상황이 발생하면 저렇게 해결을 해라' 같은. 양조 과정이 마치 의사의 역할 같았다. 그렇다면 '처음부터 의사가 필요 없는 건강한 포도를 만들면 되겠다'라는 확신이 들었다.

그는 1998년에 자신이 키운 포도로 첫 와인을 만들며 아펠라시옹 비레 클레세Viré Clessé를 사용했다. 질이 오랜 시간을 들여 처음으로 만든 AOC였다. 첫 와인 1998 비레 클레세는 파리의 와인 엑스포에서 최고의 와인으로 선정되었고, 전량 품절되었다. 파리 엑스포를 계기로 카트린과 질은 같은 해 루아르에서 열린 내추럴 와인 살롱인 라 디브La Dive에 초대를 받았다. 당시 라 디브는 루아르의 와인 생산자들만을 위한 행사였는데, 외부 생산자로서는 그들이 처음으로 초대된 것이었다.

카트린은 목소리가 우렁차고, 술이 한 잔 들어가면 말도 조금 거칠어지는(?) 편인데 라 디브에서라고 예외였을 턱이 없다. 그런데 하필 그 자리에는 유럽을 비롯해 미국, 일본에서 온 여러 수입사들이 참석하고 있었다. 누군가 와인을 수출할 생각이 있느냐고 물었는데, 다른 와인들을 시음하고 약간의 취기가 오른 카트린이 그녀 특유의 크고 거친 목소리로 외쳐댔다. "우린 작은 생산자니까 300병 이상 달라고 하면 거절이야. 게다가 형편이 어려우니 대금은 사전에 지불해야 해. 아니면 불가능하다고!" 그렇게 라 디브를 마치고 부르고뉴의 집에 돌아왔을 때 놀랍게도 그들을 기다리고 있던 것은 여러 장의 팩스였다. 덴마크, 미국, 일본 등에서 온 것이었는데 하나같이 "300병을 주문합니다. 은행 정보를 주시면 먼저 입금하겠습니다."라는 내용이었다.

그들의 와인은 2000년부터 1~2년에 한 번씩 AOC 자격을 박탈당하곤 했는데, 그 이유는 와인을 필터링하지 않았으며, 풀 냄새가 나기 때문이었다. 이외에도 INAO는 다양한 방법으로 이들이 만든 와인의 AOC를 거절했다. 사실 AOC가 아닌 뱅 드 프랑스 등급의 가격이라 보기에는 이들의 와인은 꽤 비싸다. 내추럴 와인이 확실하게 자리 잡은 요즘이야 문제가 되지 않겠지만, 2000년 초반까지는 상황이 전혀 달랐다. 그래서 소비자들에게 와인의 가치를 이해시키기 위해 이들은 와인에 수확한 해와 병입한 해를 병기했다. 예를 들어 2010년에 수확해 양조를 한 후 숙성을 거쳐 2016년에 병입을 한 와인의 경우 레이블에 '1016'으로 표기가 된다. 덕분에 고객들은 와인 가격에 대해 납득을 할 수 있었다.

어떻게 그가 처음부터 유기농으로 포도를 재배하고 내추럴 양조를 고집하게 되었는지 궁금했다 "아버지를 따라 프랑스의 여기저기에서 살다 보니, 한번은 보르도의 메독에 살았어. 아버지는 지역 우체국의 책임자였으니 그 지역의 유명한 샤토 오너들과 친분을 쌓으셨는데, 예를 들면 퐁테 카네의 오너랑 친하면 그곳의 와인을 집에서 자주 마실 수 있었지. 보르도 그랑 크뤼를 흔하고 쉽게 마셨던 거야. 나는 그때 마고 마을의 성직자와 꽤 친했는데, 그분이 샤토 마고에 살고 있었고 샤토로부터 일 년에 12병씩 와인을 받으셨어. 그 성직자분은 술을 전혀 안 드시는 분이셨으니 그 와인들은 모두 나랑 형이 물려받았지. 샤토 마고 1934, 1935 빈티지 등을 아주 쉽게 마셨던 시절이었어. 형과 나는 젊었고, 샤토 마고를 쉽게 마실 수 있었으니 자연스레 오래된 와인이 갖고 있는 생명력과 우아함에 빠져들었지. 그리고 그 이유가 무엇인지 깊이 생각을 하게 된 거야. 그 당시의 와인들은 60~70년대에 양조학이 도입된 이후 만들어진 와인들과 완전히 달랐거든."

그 후 보르도를 떠나 니스에 살던 시절, 질은 형제들과 함께 사업을 할 목적으로 경매로 나온 와인 1,200병을 구매했는데, 1886년부터 1950년산 와인까지만 구입을 했다고 한다. "1950년 이후 만들어진 와인은 안 샀어. 그때부터 양조학이 참견을 시작하고, 와인이 화학 약품에 찌들기 시작했으니까." 경매로 구입한 1,200병 중 일부는 팔 수 없는 상태-레이블이나 와인이 줄어든 상태 등- 라 그런 와인들은 형들과 함께 마셨는데, 그때 그는 오래된 와인이 너무나 신선하며 산미까지 생생하게 살아 있는 것을 경험했다고 한다. "옛날에 만든, 즉 내추럴하게 만든 와인은 오랫동안 완벽하게 보관이 가능하다는 거였지."

카트린과 질의 와인은 보통 수확 후 판매까지 약 4~6년이 걸린다. 하지만 아쉽게도 이들 부부는 2017년 포도까지만 직접 양조를 하고, 2018년 수확량부터는 다른 생산자에게 포도를 팔고 있다. 이제 나이도 들었고, 밭에서 일을 계속하기엔 건강에 무리가 될 거라는 판단이 들었기 때문이다. 소비자이자 와인 애호가로서는 안타깝고 아쉽기 그지없는 소식이지만, 두 사람의 이야기는 그들이 만든 아름다운 와인들과 함께 영원히 남을 것이다.

함께한 와인

길게는 6~7년까지도 장기간 숙성을 거친 후 병입이 되는 베르제의 와인은 카트린과 질이 기대했던 모습을 보여주지 않으면 판매를 하지 않고 무작정 어둠 속에 갇혀서 빛을 볼 날을 기다린다. 그렇게 해서 세상에 나온 와인은 모두 이미 마시기에 완벽한 상태를 갖춘 최고의 와인들이다.

No.1 Le Haut de Boulaise, Viré-cléssé 2002
르 오 드 불레즈, 비레 클레세

카트린과 질의 와인은 내추럴 와인을 사랑하는 사람이면 꼭 마셔봐야 하고, 특히 이 퀴베는 특출나다.

No.2 L'ecart 1117
레카르

레이블에 적힌 1117은 2011년에 수확한 포도로 양조 및 숙성을 해서 2017년에 병입을 했다는 뜻이다. 6년의 긴 숙성을 견딘 이 와인은 기가 막힐 정도로 아름다운 밸런스를 보여준다.

얀 드리유

도멘 호크뤼 데 상스
Domaine Recrue des Sens

NATURAL
WINEMAKER
No.20

얀 드리유
Yann Durieux

얀은 한번 만나면 절대 잊을 수 없는 외모의 소유자다. 큰 키, 발치까지 치렁치렁 늘어진 긴 레게머리, 짙은 구레나룻 등 극단적인 평키함을 가진 사람이다. 하지만 반전이 있다. 그가 만드는 와인은 세련되면서도 극도의 절제미를 갖추고 있다. 이 사람이 만든 와인이 과연 맞을까 싶을 정도다. 고집 세고 폐쇄적인 성향의 부르고뉴 사람들은 아직도 이런 독특한 외향을 지닌 그를 부르고뉴의 기라성 같은 와인을 생산하는 사람이라고 생각하지 않는다. 여전히 와이너리에서 일하는 일꾼 정도로 여기곤 한다. 사실 얀은 젊은 시절 미니버스를 몰고 정처 없는 삶을 살며, 테크노 음악에 심취했었다. 미니버스로 테크노 음악을 연주하며 여행을 다니던 그는 음악을 위한 각종 장비들까지 미니버스에 모두 장착을 해둘 정도였는데, 그때 했던 레게머리 스타일을 현재까지도 바꾸지 않고 있는 것이다.

현재 성공적인 와인 생산자로서 살고 있는 얀과 그의 훌륭한 내추럴 와인에 대해 이야기하자면 애증이 섞인 가족사를 빼놓을 수 없다. 그에게는 지금도 생각만 하면 눈물이 날 정도로 사랑하는 할아버지가 있었고, 그가 복수심을 갖도록 얀을 몰아붙여 오늘의 성공을 이끌어낸 아버지가 있다. 뉘 생 조르주를 중심으로 훌륭한 포도밭들을 소유했던 할아버지와, 그 밭을 다른 사람에게 팔지언정 절대로 아들인 얀에게는 팔지 않으려 했던 그의 아버지 이야기다. 심지어 물려주는 것도 아니고 자식이 아버지에게서 밭을 사겠다는 것인데도 말이다. 할아버지는 그의 아버지가 아닌 얀에게 포도밭을 물려주고 싶어 하셨지만 상속 서류에 서명을 하시기 전에 돌아가셨다. 이후 아버지는 얀의 표현에 따르면 "뉘 생 조르주에서 화학제를 잔뜩 사용한 나쁜 컨벤셔널 와인"을 만들었다.

14살 무렵 할아버지와 함께 와인을 만들던 시절부터 얀은 와인이 무작정 좋았다고 한다. 어린 시절부터 수업이 없는 주말이나 수업이 끝난 평일 저녁이면 다른 아이들처럼 친구들과 놀기보다는 꼬박꼬박 할아버지의 밭과 양조장에서 일을 했을 정도로 와인이 좋았다. "할아버지는 유기농이 뭔지 모르는 상태에서도 유기농으로 경작을 하시고, 양조학을 몰랐기 때문에 내추럴 양조를 하셨었어." 그 후 와이너리를 물려받은 아버지가 만드는 와인은 할아버지의 것과는 많이 달랐지만, 얀은 아버지의 양조장에서도 일을 하며 양조학교의 수업을 들었다. 언젠가 아버지가 일을 그만두시게 되면 할아버지처럼 깨끗한 와인을 다시 만들어 보겠다는 결심이 섰기 때문이었다. 그런데 아버지는 얀이 학교를 마치기 2달 전 와이너리를 다른 사람에게 팔아버렸다. 학교를 마치면 자신만의 와인을 만들 생각에 준비를 하고 있던 얀에게 보란 듯이 아버지는 제3자에게 밭을 넘겨버린 것이다. "내가 오늘날 이렇게 성공할 수 있었던 건 그때 아버지의 행동에 대한 복수심이 내 마음 깊이 자리 잡았기 때문일 지도 몰라." 그가 고등학교를 졸업하기 직전의 일이었으니 그의 나이가 채 17살이 안 되었을 때였다.

그 사건 이후 얀은 몇 년간 자신을 놓아버렸다. 길에서 노숙도 하고 이리저리 거리를 전전하는 삶을 살았다. 집 대신 미니버스를 타고 무위도식을 했다. 그러던 중 줄리앙 기요Julien Guillot(부르고뉴의 내추럴 와인 생산자)를 만나게 된다. 줄리앙을 통해 비오디나미 농법을 배우게 된 얀은 새로운 세상에 눈뜨게 된다. 하지만 그럼에도 불구하고 여전히 그는 2000~2007년까지 계속해서 떠돌았다. 줄리앙의 와이너리에서 포도 수확과 양조를 돕고, 일을 하지 않는 나머지 계절에는 미니버스와 함께 방랑자의 삶을 살았다.

그의 내추럴 와인 인생에 빼놓을 수 없는 중요한 사람이 한 명 더 있다. 바로 도멘 프리외르 호크Domaine Prieur Roch의 앙리 호크Henri Roch다. 아버지의 양조장과 이웃하고 있던 프리외르 호크의 양조장에 얀은 자주 들리곤 했다. 할아버지께서 늘 다른 사람들은 어떻게 와인을 만드는지 잘 살펴보고 배울 것이 있다면 배워야 한다고 하신 말씀을 따랐던 것. 얀은 이런저런 잡일도 마다 않고 일을 돕거나, 앙리와 함께 와인도 마시곤 했다. 앙리는 부르기뇽 특유의 페쇄적인 면이 없지는 않지만, 기본적으로 생각이 열려 있는 사람이 었다. "그는 나와 비슷한 사람이었어. 일을 할 때는 상당히 엄격하고 철저하지만, 일을 벗어나면 자유로운 영혼이 되는 사람이었지. 우리는 금새 가까워졌어." 그가 떠돌이 생활을 끝냈던 2007년부터 2018년 앙리가 운명을 달리하기까지, 얀은 10여 년간 프리외르 호크에서 전설적인 트랙터리스트(트랙터를 모는 사람)로 일을 하며 양조 전반에 관련된 일을 도맡았다. 그저 월급을 받는 사람일 뿐인데, 마치 자신의 밭을 일구듯 밤낮으로 일을 했다.

사실 얀은 운이 좋은 사람이다. 그의 첫 내추럴 와인 경험이 부르고뉴 최고의 명가인 프리외르 호크의 와인이었으니 말이다. 내추럴 와인이 뭔지도 모른 채 그저 "아, 이 와인 좋다. 맛있다. 과일이 살아 있다."라고 생각하다가, 미니버스로 정처 없이 떠돌아다니던 중 비오디나미로 유명한 줄리앙을 만나고, 결국 비오디나미에 본격적으로 눈을 뜨게 되었으니 말이다. 사실 그가 처음으로 혼자 와인을 만들어 병입까지 했던 것은 1998년, 그가 17세였을 무렵 아버지의 양조장에서였다. 당연히 당시 사용한 포도는 유기농 포도가 아니었고, 양조와 숙성 과정에서 이산화황뿐 아니라 다른 첨가물도 넣었는데, 그때의 경험이 그에게 큰 의문점을 남겼다. '왜 밭에 제초제를 뿌리는 걸까?' '왜 양조할 때 이런저런 물질을 넣는 걸까?' 끊임없는 의문이 꼬리에 꼬리를 물었다. 그러다 줄리앙을 만나 후 얀은 곧바로 비오디나미와 내추럴 양조에 빠져들었다. 얀의 끝없는 질문과 줄리앙의 계속되는 답변으로 두 사람이 같이 밤을

새운 적도 여러 번이었다. "그때 아, 바로 이거구나! 내 머릿속에서 퍼즐이 맞춰지는 것 같았어." 비록 길을 잃고 헤매며 이리저리 방황을 한 시간들이 있었지만 언젠가는 부르고뉴에서 피노 누아로 와인을 만들어야겠다는 가슴 속 깊은 울림은 여전히 남아 있었다. 그 울림이 줄리앙과의 만남을 통해 실현 가능한 일로 바뀐 것이다.

얀의 정처 없는 삶은 부인인 크리스텔라를 만나면서 새로운 전환을 하게 된다. 음악 플랫폼을 통해 만난 파리지앵 크리스텔라가 얀이 있는 부르고뉴로 이주해 오기까지는 2년이 좀 넘게 걸렸고, 그녀가 온 이후로 얀은 드디어 오랫동안 그의 집이자 생활 수단이었던 미니버스를 팔고 정착을 하게 된다. 미니버스를 처분한 것이 2007년이었고, 2008년에 호크뤼 데 상스 와이너리를 설립했다. 와이너리를 설립한 이후 처음으로 병입한 와인인 2010년산 러브 앤 피프Love & Pif부터 모든 와인 레이블은 크리스텔라가 직접 디자인하고 있다. 알리고테로 만들어진 러브 앤 피프 외에 그때 함께 만든 첫 와인 중 하나인 마농Manon은 샤르도네로 만든 화이트와인이며, 그들의 외동딸 마농의 탄생을 기념하여 이름 붙여졌다.

그의 최종 목표는 할아버지의 땅에서 나온 포도로 와인을 만드는 것이었기 때문에 2010년부터 아버지로부터 어렵게 조금씩 밭을 매입하기 시작했다. 아들보다는 제삼자에게 밭을 팔기를 원했던 아버지 때문에 가처분 소송도 불사하며 그는 할아버지의 밭을 시세보다 더 비싸게 매입했으며 이는 여전히 진행 중이다.

그는 무일푼으로 와이너리를 시작한 탓에 이후로도 계속해서 다른 밭의 일을 하면서 생계를 유지했다. 주말도 없고, 휴가도 없는 삶을 7~8년 동안 살았다. 한번은 트랙터 사고가 나서 꽤 많이 다친 적이 있었는데, 병원에 가면 일을 못 하게 할 것 같아서 병원도 안 가고 남은 일을 끝냈던 적도 있단다. 일을 마치고 찾아간 병원에서는 많이 아프지 않았냐며 진통제로 모르핀을 놔줬는데, 진통제를 맞고 나서야 그동안 얼마나 아픈 상태였는지 깨달았다고 한다. 얀의 정신력과 의지가 얼마나 대단한지 알 수 있는 대목이다. 당시 그는 계속해서 일을 해야 했기 때문에, 수술도 깁스도 없이 스스로 치료를 해야 했다.

지금도 그는 아무리 피곤해도 아침에 포도밭에 나가면 힘을 되찾는다. 그가 사랑하는 포도나무들을 만지며 에너지를 충전한다. 오늘이 어제보다 더 나을 거라는 막연한 낙관에 기대기보다는 그는 어제와 오늘이 계속해서 이어지는 느낌의 삶을 산다.

그의 와인 중 최고의 와인은 명실공히 쟈노$_{Jeannot}$다. 쟈노는 최고의 피노 누아만을 사용해 최고의 오크통에 숙성을 할 만큼 얀이 정성을 들이는 와인이다. 제대로 맛을 내기 전까지는 시장에 내놓지도 않는다. 할아버지의 예명이 쟈노였고, 할아버지를 기리기 위해 만든 와인이기 때문이다. 현재 쟈노가 나오는 밭은 원래 그의 할머니가 소유하고 계셨는데, 매매계약서에 사인을 하던 날 그는 2병의 쟈노 2015 빈티지를 가지고 갔다. 계약서에 최종 사인을 한 후, 할아버지의 무덤을 찾아가 할아버지를 생각하며 1병 중 절반을 마시고 나머지 절반을 무덤에 두고 왔다. 할아버지가 그 와인을 드셨으면 하는 마음에. 2번째 병은 앙리 호크와 같이 마셨다. 2014년이 쟈노의 첫 빈티지였고, 최종적으로 매매계약서에 사인한 것이 2017년이었다. "지난 10여 년간 정말 많은 것을 이루었는데, 지금 생각하는 미래의 계획이 있다면?" 하고 그에게 물었다. 의외로 소탈한 대답이 돌아온다. "자유로운 마음으로 휴가를 떠나는 거? 하하."

얀의 와인은 그의 외모와는 꽤 다르다. 상당히 치밀하고 견고하며 우아하다. 지독하리만큼 고집스럽게 이산화황을 넣지 않은 와인을 만들고 있는데, 그럼에도 불구하고 자유분방한 스타일이 아닌, 정교하고 잡티 하나 없는 멋진 와인이다.

함께한 와인

No.1　Love and Pif
러브 앤 피프

부르고뉴의 천덕꾸러기 같던 알리고테Aligoté 품종에 대한 편견을 통렬하게 뒤엎는 멋진 화이트와인.

No.2　Manon
마농

얀의 딸 마농은 무남독녀. 딸에 대한 무한한 사랑을 표현한 듯 깊이 있고 품위 있는 레드와인이다.

No.3　Jeaneaux
쟈노

얀이 만든 최고의 와인. 존경하는 할아버지의 이름을 따서 만든 와인으로 그를 와인의 세계로 이끈 할아버지에 대한 오마쥬 와인. 피노누아 100%로, 명실공히 탑 오브 탑Top of Top.

쥘리앙 알타베르

WINERY

섹스탕

Sextant

쥘리앙 알타베르
Julien Altaber

샤블리에서 진행되었던 어느 내추럴 와인 살롱에서 나는 처음으로 쥘리앙과 인사를 나눴다. 그때가 2015년이었으니 벌써 그 이후로 7년이 흘렀다. 190센티미터에 육박하는 큰 키에 건장하고 마른 체구, 잘생긴 얼굴까지 갖춘 젊은 쥘리앙은 밭에서 일하느라 구릿빛으로 잘 그을려진 피부까지 약간의 과장을 보태 마치 할리우드 배우를 보는 듯한 느낌이었다. 게다가 그가 만든 와인들은 하나같이 다 맛있기까지 했다. 당시 그가 들고나왔던 와인들은 모두 섹스탕-그의 네고시앙 와인-이었다. 그의 와인들은 현재 한국에서 출시가 되자마자 며칠 내로 금세 품절이 되곤 한다.

사실 그가 태어나고 자란 곳은 부르고뉴가 아닌 오베르뉴다. 농사보다는 소, 양, 염소들에 더 관심이 많았던 그에게는 언젠가 오베르뉴로 돌아가 가축 농장을 해야겠다는 막연한 계획이 있었다. 하지만 부르고뉴에 위치한 고등농업기술학교BTS를 다니며 잠깐 거쳐 간 와인 양조 과정이 그를 와인의 길로 이끌었다. 당시 같은 학교에서 학습한 와인 생산자로는 뫼르소Meursault의 흐노 부아이예 Renaud Boyer, 샤블리의 토마 피코Thomas Pico(도멘 파트 루Domaine Pattes Loup) 등이 있다. 모두가 현재 유명한 내추럴 와인 생산자들이다. 학교생활은 괜찮았냐고 하니, "학교? 공부 빼고 다 좋았지 뭐." 하며 허허 웃는다.

그는 일을 하면서 학업을 병행하는 프로그램을 선택했는데, 일을 할 도멘으로 유기농 와이너리를 찾고자 했다. 당시만 해도 유기농 와이너리가 많지 않았고, 그렇게 만나게 된 사람이 바로 도미니크 드랭이었다. 도미니크는 나의 전작《내추럴 와인메이커스》에서 다룬 1세대 내추럴 와인 생산자 중 한 명인데, 무척 자유롭고 유쾌한 영혼의 소유자다. 책을 위한 인터뷰를 진행했을 때 나 역시 정말 많이 웃었었다.

"솔직히 그때만 해도 내추럴 와인이 뭔지 전혀 몰랐어. 2002년쯤 사람들이 아주 조금씩 유기농에 대해 이야기를 할 때였는데, 마침 그게 내 관심을 끌었을 뿐이야." 그는 간단한 자기소개서를 준비해 도미니크를 만나러 갔는데, 당시 인력이 필요하지 않았던 도미니크는 보름 후쯤 연락을 하겠다고 무심한 반응을 보였고, 쥘리앙 역시 별 희망이 없겠다고 생각했다고 한다. 그런데 바로 그다음 날에 도미니크로부터 전화가 온 것이다. "나 도미니크 드랭인데, 우리 언제 고용계약서 사인한다고 했었지? 내일 봅시다, 18시에!" 너무나 도미니크다운 행동이라 얘기를 들으며 나는 또 웃고 말았다.

그렇게 해서 쥘리앙은 도미니크의 2002년 포도 수확부터 함께 일을 하게 되었고, 그곳에서 학교에서 배운 것과는 완전히 다른 스타일의 양조를 보게 된다. "아니 그때는 이 사람이 좀 미친 거 아닌가 싶더라고. 수확한 샤르도네를 주스로 짜는데 산화 방지 처리를 전혀 하지 않아서 짜낸 주스가 진한 갈색이었다니까. 학교에서 배운 기준대로 생각하면 완전 망친 거지."

도미니크는 단순히 양조에 관련된 일만 가르쳐준 것이 아니었다. 포도밭 일부터 양조, 그리고 판매, 거래처를 상대하는 방법까지 글로벌하게 그를 이끌었다. 쥘리앙은 도미니크가 알려준 모든 것들을 쏙쏙 흡수했다. 그리고 도미니크와 함께 2007년 섹스탕을 설립했다. 섹스탕은 도멘이 아닌 네고시앙으로, 포도를 사서 와인을 만들 계획이었다.

도미니크의 와이너리가 있는 생토뱅Saint Aubin 마을에는 지금은 은퇴한 와인 생산자인 장 자크 모렐이 있었는데, 그는 2002년부터 양조를 접고 자신의 포도를 네고시앙 업자들에게 판매하기 시작했던 터였다. 비오디나미로 정성스럽게 키운 장 자크의 포도들이 거대 그룹에 팔려나가는 것이 가슴 아팠던 도미니크는 어느 날 쥘리앙에게 네고시앙 와이너리를 설립하자고 제안을 한다. 단순히 장 자크의 포도를 전량 구매하기 위한 목적이었다. 하지만 당시의 쥘리앙은 네고시앙이란 규모가 큰 '거대한' 회사들만 하는 것이라고 생각했기 때문에 무슨 소리냐고 반문했다고 한다. 요즘이야 마이크로 네고시앙이 많아졌지만, 당시만 해도 거의 없다시피 한 개념이었다.

어쨌든 그렇게 섹스탕이 탄생했다. 사실 쥘리앙은 더 이상 필요한 것이 없었다. 도멘 드랭(당시에는 도멘 카트린 & 도미니크 드랭이었다가 이후 도멘 드랭으로 명칭이 변경되었다.)은 문제없이 잘 운영되고 있었고, 섹스탕은 장 자크 모렐의 포도를 전량 매입해 와인을 만들어 판매까지 잘되고 있으니 쥘리앙에게는 안정된 월급이 생겼다. 그런데 바로 그때 그에게 새로운 욕심이 생겼다. 네고시앙의 자격이 있으니 이제는 장 자크의 포도뿐 아니라 그가 원하는 모든 포도를 살 수 있는 것이 아닌가. 쥘리앙은 섹스탕의 네고시앙 자격을 이용해 부르고뉴의 다양한 AOC 포도를 매입하고, 다양한 와인을 만들었다. 그 과정이 너무나 즐거웠다. 계속해서 새로운 시도를 해볼 수 있으니 와인 양조야말로 너무 멋진 직업이라 생각했다.

사실 개인적인 의견인데, 이는 도미니크와 쥘리앙이 모두 부르고뉴에서 이미 와인을 만들고 있는 '부르기뇽'이었기에 가능했던 일이 아니었을까 싶다. 타지인에게 전혀 호의적이지 않은 부르기뇽의 특성상, 원하는 사람에게 모두 포도를 팔지는 않기 때문이다. 양조학 공부를 마치고 부르고뉴에 정착해 우선 네고시앙으로 와인을 만들고자 하는 많은 젊은이들이 여전히 포도를 찾기 어렵다는 이야기를 많이 한다.
쥘리앙은 자신의 네고시앙 양조 덕분에 어려운 친구를 도와준 좋

은 기억도 있다고 한다. 와인 양조와 아무런 관련 없는 일을 하며 살던 친구가 하나 있었는데, 어느 날 갑자기 유산으로 포도밭을 물려받게 된 것이다. 무엇을 어떻게 시작해야 할지도 모르던 그에게 쥘리앙은 우선 포도 경작을 유기농으로 전환할 것을 권했다. "유기농으로 키운 깨끗한 포도라면, 나도 사고 내 주변에 필요한 다른 구매자도 섭외를 해주겠다 했지. 지금까지도 그때의 인연이 잘 이어지고 있어. 서로에게 감사한 일이지."

그의 반려자인 카롤Carole은 2006년부터 도멘 드랭에서 일하기 시작했다. 그리고 10년 후인 2016년 연말, 쥘리앙은 카롤과 함께 도멘 드랭을 인수했다. 양조 이외의 기타 행정적인 문제 전체를 책임지는 카롤은 모든 내추럴 와이너리를 통틀어 가장 빠르고 정확하게 서류 업무를 처리하는 사람이다. 솔직히 함께 일하는 나로서는 고맙기 그지없다. 유명한 내추럴 양조자 중에는 서류에 약한 사람이 정말 많기 때문에 매번 수출 시마다 애를 먹고 속이 타는 나로서는 이런 완벽한 조합을 보면 박수를 치고 싶은 심정이다.

도미니크의 은퇴는 사실 몇 년 후로 결정이 되었는데, 2016년의 극심한 냉해를 겪으면서 더 이상 인간이 어찌할 수 없는 거대한 자연의 힘에 그만 모든 것을 내려놓고 편하게 지내고 싶어졌기 때문이다. 사실 섹스탕이라는 네고시앙의 존재가 없었다면, 도멘 드랭은 파산했을 지도 모를 정도였으니까…. 당시 냉해가 상당히 국지적이었고 특히 생토뱅이 있는 남부르고뉴 지역의 피해가 컸지만, 코트 샬로네즈 등 다른 지역은 눈부신 수확량을 거두었기 때문에 그들이 구매할 포도는 충분했다. 그렇게 섹스탕은 평소의 생산량을 지켜낼 수 있었던 것이다.

쥘리앙은 섹스탕을 통해 여전히 새로운 시도를 계속하고 있다. 와인을 좀 더 오래 숙성한다거나, 퀴베별로 300~600병은 팔지 않고 몇 년 더 숙성을 해본다든가. 게다가 이제 그에겐 또 다른 호기심이 생겼다. 부르고뉴 밖의 포도 품종에도 관심이 생긴 것이다. 그 대상은 바로 루아르의 슈냉 블랑. 지금껏 최선을 다해 열심히 샤르도네로 와인을 만들었다면, 슈냉 블랑으로도 위대한 와인을 만들어보고 싶다고 한다. 슈냉 블랑이 가진 특유의 미네랄과 복합미가 매력적이라 생각하기 때문이다.

마침 인터뷰 자리에 함께한 도미니크에게 물었다. 쥘리앙의 어디가 마음에 들었는지. "지금이야 말 할 수 있는 이유가 많지만, 처음에는 어찌 알았겠어? 오베르뉴 출신답게 자연을 사랑하는 농부 그 자체였어. 아무것도 갖추지 않은 순수함이 있었고, 모든 것을 흡수할 수 있는 가능성이 보였지. 그에게서 미래를 봤거든."

함께한 와인

쥘리앙의 와인은 한없이 정교한 모습으로 마시는 사람을 긴장시키기도 하지만, 때로는 한없이 자유로운 스타일로 마시는 사람을 무장해제시키기도 한다. 도멘 드랭 양조에서는 좀 더 완벽하고 클래식에 가까운 스타일을 쓴다면, 섹스탕은 그야말로 각종 품종에 맞는 다양하고 창의적인 방법으로 양조를 한다.

No.1 Côteaux Bourgugnons 2020
코토 부르기뇽

피노 누아와 가메의 맛있는 조합. 한 잔이 두 잔을, 두 잔이 세 잔을 부르는 와인이다.

No.2 PO à PO 2020
포 아 포

오랫동안 잊혀지고 버려지다시피 했던 알리고테 품종을 스킨 콘택트하여 양조한 매력 넘치는 와인.

쥘리 발라니

WINERY

쥘리 발라니
Julie Balagny

NATURAL
WINEMAKER
No.22

쥘리 발라니
Julie Balagny

파리의 좋은 집안에서 나고 자란 금발 머리의 쥘리 발라니. 얼핏 보면 내추럴 와인이란 단어와 어울리지 않는 프로필이다. 어쩐지 전통적인 컨벤셔널 고급 와인의 세계가 더 어울릴 것 같지 않은가. 실제로 그녀의 가족 식탁에는 보르도의 유명한 샤토 와인들이 종종 오르곤 했다. 하지만 그녀는 지금 내추럴 와인계의 아이콘이 되었고, 파리의 여러 내추럴 와인숍과 레스토랑은 그녀의 와인을 구하고자 많은 노력을 하고 있다. 다른 스타 와인 생산자들과 마찬가지로 그녀는 연락하기가 '절대' 쉽지 않고, 종종 답을 하지 않으며, 직접 가서 만나는 방법밖에 없기 때문이다.

내가 그녀의 와인을 처음으로 마셨던 날이 아직도 생생하다. 2014년 가을이었다. 내추럴 와인을 마시기 시작하면서 가메 품종에 대해 새롭게 눈을 뜨던 무렵이었다. 컨벤셔널 와인을 마시던 시기에는 가메에 대해 특별한 감흥이 없었는데, 내추럴 와인으로 만들어진 가메는 그 상큼함과 과일 향이 너무나 좋았다. 그날은 플뢰리 Fleurie 지역의 어느 여성 생산자가 만들었다는 와인을 추천받은 날이었다. 한 모금 마시자마자 '오, 이건 물건이구나!' 하고 단박에 알아차렸다. 실키한 부드러움과 뒤를 받쳐주는 탄탄한 힘을 동시에 갖춘, 그야말로 웰메이드 와인이었다. 잔에서 계속해서 피어오르는 과일 향은 또 얼마나 향기롭던지. 그 와인은 쥘리 발라니의 앙 헤몽En Rémont이었고, 나는 그때부터 쥘리한테 연락을 하기 위해 무척 애를 썼다. 그리고 함께 일한 지 햇수로 벌써 7년이 되어가는 지금, 나는 그녀의 이야기를 책에 담기 위해 오랜만에 그녀와 마주 앉았다. 햇살 가득한 그녀의 양조장 겸 집에서.

어린 시절 그녀는 학교에서 그리 성적이 좋지 않았는데 고등학교도 사실 여러 번 재시험을 거치며 아주 어렵게 마쳤다고 한다. 반면에 그녀의 가족들은 모두 학업에 뛰어난 사람들이었다. 다들 의사가 되거나 한 분야의 전문가들이 되었고, 쥘리는 어려서부터 가족 안의 이방인이었다. 그녀가 학교에서 학업을 따라가지 못하는 것에 대해 가족들은 모두 걱정을 했다. 커서 뭐가 될지 다들 고민이 이만저만 아니었다고. 게다가 부모님이 이혼을 하면서 15년간의 긴 소송이 이어졌고, 어린 쥘리는 몇 번이나 법정에 섰는지 기억도 나지 않는다고 한다. 첫 번째로 법정에 섰을 때가 8살이었는데, 판사로부터 '엄마랑 살고 싶니, 아빠랑 살고 싶니'라는 끔찍한 질문을 들어야 했다. 그러니 예민한 감성의 소유자인 쥘리의 학창 시절이 행복했을 리 없다.

대신 쥘리는 자연이 좋았다. 평생을 사무실에서 보낼 생각은 애초에 없었다. 그런 그녀를 잘 아는 부모님은 그녀가 잘못을 해서 벌을 줄 때, '공원에 못 간다, 옆집 할머니 닭장에 닭 보러 못 간다, 숲에 안 데리고 간다.'는 벌칙을 만들었을 정도다. 사탕이나 과자를 주지 않는, 일반적인 아이들의 벌과는 달랐다.

어려서부터 승마를 하고 골프를 잘했던 그녀는 승마 중 당했던 사고를 계기로 '정신 운동(운동 중 일어나는 정신적인 문제들)' 분야에 관심을 갖게 되고, 그 분야의 전문가가 되기 위한 시험을 준비했다. 총 50명을 뽑는 국가고시였는데 응시자가 2,500명이나 될 정도로 치열한 경쟁이었다. 비록 시험에는 떨어졌지만 그녀는 그중 무려 59위를 차지한다. 이는 집안의 골칫거리, 공부 못하는 쥘리가 할 수 있는 일이 아니었다. 이를 계기로 그녀는 자신이 머리가 나쁜 게 아니라 관심 있는 분야를 못 찾아서 그동안 공부를 못했던 거라는 걸 깨달았다. 그렇게 자신을 증명한 그녀는 다시 한번 제대로 시험을 준비해보라는 아버지의 간절한 조언을 뒤로 하고 미련 없이 파리를 떠났다. 평소 좋은 음식과 좋은 와인을 접할 기회가 많았기에 자연스럽게 요리사나 와인 생산자에 대한 꿈이 있었던 그녀는 결국 와인으로 진로를 정하고, 와인 산지인 페르피냥 Perpignan(랑그독 루시용 지역의 큰 도시)으로 떠났다. 1999년, 갓 스무 살이 된 쥘리의 새로운 출발이었다.

남쪽 페르피냥의 와이너리에서 일을 하며 그녀는 양조와 포도 재배를 다루는 고등농업기술학교BTS를 다녔는데, 그녀가 일했던 와이너리는 컨벤셔널 와인을 생산하는 대형 와이너리였다. 그런데 우연히 그 와이너리 바로 옆에 아주 작은 비오디나미 농장이 있었다. 1999년의 일이었으니, 상당히 선구적인 농장이었던 것 같다. 그녀는 그 농장을 통해 평생 좋아한 적이 없었던 토마토를 먹게 되었다. 지금까지 그녀가 알던 토마토와는 완전히 다른 맛이었다!

그렇게 비오디나미는 그녀의 일상으로 파고들어 왔고, 학교를 졸업하기 위해 거쳐야 하는 인턴 실습을 카오르Cahors의 한 와이너리에서 하게 되면서 비오디나미에 대해 새롭게 눈을 뜨게 되었다. 그녀는 인턴 실습을 마친 후 제출한 리포트에서 비오디나미 농법에 대해 썼다. 2002년 당시 유기농 포도 재배조차 언급이 되지 않던 남프랑스에서 그녀는 비오디나미를 연구 주제로 다룬 것이다.

이후 쥘리는 페르피냥의 컨벤셔널 와이너리에서 계속 일을 하면서, 그들을 비오디나미로 이끌고자 노력을 했다. 그녀는 양조 과정에서도 더 이상 배양 효모를 넣고 싶지 않았다. 하지만 결국 그녀의 의견은 받아들여지지 않았고 다른 유기농 와이너리로 이직을 하게 된다. 이직을 한 와이너리는 이미 지난 20여 년간 유기농작을 해왔던 곳이었기 때문에, 쥘리가 제안한 비오디나미를 거부감 없이 받아들였다. 오히려 대환영하는 분위기였다. 남프랑스의 님Nimes에 위치한 와이너리였는데, 그녀는 양조 과정에서 배양 효모를 배제할 뿐 아니라 이산화황도 쓰지 않겠다고 했다. 그리고 와이

너리는 이런 그녀의 제안을 모두 받아들였다! 2004년의 일이었다. 하지만 그 와이너리의 기존 고객들은 둘로 나뉘었다. 새로운 변화를 좋아하는 사람들과 받아들이지 못하고 떠나는 사람들. 26세의 그녀는 그곳에서 완벽한 자유로움을 느끼며 원하는 모든 실험을 할 수 있었다.

그리고 그해 쥘리에게 새로운 전환점이 찾아오는데, 바로 내추럴 와인 1세대 생산자인 보졸레의 마르셀 라피에르를 만난 것이다. 마르셀은 매해 7월에 돼지를 잡고 600여 명의 손님을 초대해 10헥토리터의 와인과 함께 흥겨운 파티를 하곤 했는데, 2004년 여름에 초대를 받은 쥘리는 그곳에서 피에르 오베르누아, 장 프랑수아 갸느바Jean-François Gannevat, 이봉 메트라Yvon Metras 등 내추럴 와인 세계의 거장들을 만날 수 있었다. 그 후로도 보졸레를 가끔 방문했는데 2008년 이봉과 장 프랑수아가 "땅을 찾아 주면 이쪽으로 올래?"라며 보졸레와 쥐라에서 각각 연락을 해왔다. 그들은 쥘리의 젊음과 열정, 어린 나이에도 불구하고 그녀가 만들어낸 와인을 높이 평가한 것이다. 장 프랑수아가 그녀에게 보여줬던 쥐라의 땅은 현재 켄지로 카가미Kenjiro Kagami(도멘 데 미후아Domaine des Miroirs의 생산자)가 와인을 만드는 밭이다. 그리고 이봉이 보여 준 밭은 현재 그녀가 와인을 만들고 있는 플뢰리Fleurie 밭인데, 보는 순간 마음에 들었다고 한다. 나무도 적당히 있고 경치도 아름다웠다. 그때가 2009년이었고, 이 밭은 이후 그녀를 대표하는 와인인 카이엔Cayenne, 앙 헤몽En Rémont, 시몬Simone이 나오는 밭이 되었다.

그런데, 안타깝게도 그녀는 포도밭을 소유한 첫해에 심한 냉해 피해를 입었다. 그때 마르셀이 자기 밭에서 수확한 포도로 첫 와인을 만들라고 했지만, 쥘리는 거절했다. "마르셀의 제안은 너무나 고맙고 황송한 것이었지만, 어떻게 나의 첫 와인을 내 포도가 아닌 다른 사람 포도로 만들 수 있겠어. 아무리 마르셀의 포도라도 말이야." 자신의 첫 와인은 꼭 자신의 포도로 만들어야 했다. 냉해에서 살아남은 소량의 포도는 아무런 도구도 없는 쥘리에게 자신의 양조장 한켠을 선뜻 내어 준 이봉의 양조장에서 양조되었다.

그녀는 2009년 플뢰리를 시작으로 2015년부터는 물랭 아 방Moulin à Vent과 보졸레도 만들기 시작했다. 포토밭은 총 5헥타르가 채 안 되는 규모인데, 그녀는 이 정도가 자신에게 딱 알맞은 사이즈라고 한다. 밭이 더 커지게 되면 원하는 대로 포도 재배도 양조도 안 될 것 같기 때문이다. 게다가 수령이 오래된 나무들은 가파른 언덕에 위치하고 있어 일하기가 여간 까다롭고 힘든 것이 아니다. 여기에 계속되는 냉해 등 자연재해로부터 살아남기 위해 2019년부터는 포도를 사서 양조하는 네고시앙도 시작했다. 이는 자연재해에 맞서 일정한 수입을 확보하기 위한 방법이기도 하고, 좋은 포도를 만들고 와인을 양조하지 않는 사람들을 위한 일이기도 하다.

아직 40대 초반인 그녀는 나이가 든 후의 삶에 대해 어떤 계획을 하고 있을까. "아마 전혀 다른 일을 하고 있을 거야." 꽤 단호하면서도 예상을 뒤엎는 대답이다. 천천히 이야기를 들어 보니 그녀의 궁극적인 관심사는 폴리컬쳐라고 한다. 현재 그녀의 집에는 양과 닭 20여 마리가 뒤뜰에서 함께 살고 있다. 차츰 와인 이외에도 가축, 채소 등을 함께 키워 살아가는 방법을 알아보고 싶단다. "와인 양조는 사실 같은 농사일인데도 불구하고 곧바로 '모노(단일 재배)'가 되잖아. 이건 옳지 않은 것 같아. 옛날의 농경으로 돌아가고 싶어." 그리고 이를 잘 돌볼 수 있는 인성 좋은 젊은이 여럿에게 농장을 맡기고, 자신은 여기 저기 떠돌아다니고 싶다고 한다. "20살에 파리를 떠나 남프랑스에서 10년을 보내고, 지금은 10년이 넘게 와인에 매진하고 있는데 이제는 또 다시 떠날 준비를 해야 하지 않을까?" 싱긋 웃는 그녀의 눈은 이미 새로운 여행에 도전할 생각으로 반짝이고 있었다.

즉흥적이고 감수성 넘치는 쥘리 자신처럼
그녀의 와인들은 각각 뚜렷한 캐릭터를 가지고
있다. 때로는 화사하고 때로는 묵직하면서,
전체적으로는 좋은 밸런스를 가진다. 정말 멋진
가메의 재발견이다.

함께한 와인

 No.1 **Beaujolais 2020**

보졸레

탄산 침용을 활용해 양조된 와인으로 가벼운 구조감과 쥬시한 풍미를 가지지만 동시에
집중된 과일 향도 터져 나온다. 가히 미스 혹은 미스터 가메라고 할 수 있다.

No.2 **En Rémont 2019**

앙 헤몽

플뢰리 지역의 오래된 가메로 만든 와인으로, 쥘리의 첫 와인 중 하나이기도 하다.
놀라운 집중도와 함께 터지는 과일 향과 은은한 장미 향이 인상적인 멋진 와인.

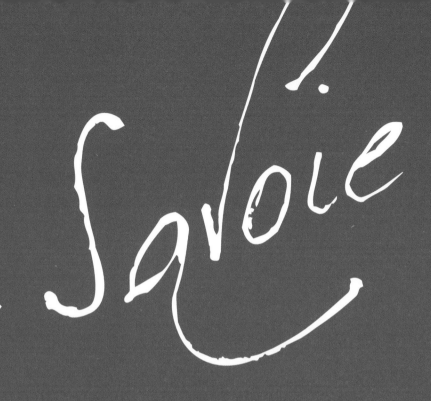

쥐라 & 사부아

프랑스 중심부를 기준으로 동쪽 끝자락에 위치한 쥐라 지역은 광활한 목초지가 언덕 사이사이로 펼쳐지는 목가적인 아름다움을 갖춘 곳이다. 이곳은 예로부터 낙농업이 발달했는데, 쥐라 지역의 치즈로 가장 유명한 것이 현재 전 세계적으로 사랑받고 있는 콩테 Comté 치즈다.

반면 쥐라는 와인 산지로서는 오랫동안 주류에서 벗어난 곳이었다. 내가 한국에 내추럴 와인을 알리겠다고 팔을 걷어붙였던 2014

년 초, 그때 작성한 한국에 꼭 소개해야 할 내추럴 와인 리스트에 쥐라 와인은 없었다. 고백하건대, 2014년 전까지 나의 와인 지식은 주로 컨벤셔널 와인에 한정되어 있었고, 당연히 당시 쥐라는 내 관심 밖의 산지였다. 뱅존Vin Jaune을 비롯해 우이야주Ouillage를 하지 않은 산화된 느낌의 화이트와인을 만드는 곳 정도의 이미지였달까.

하지만 내추럴 와인에 푹 빠지고 난 이후 나는 와인 생산지로서 쥐라를 재발견하게 되었다. 뱅존은 원래 지하가 아닌 온도 변화가 심하고 건조한 지상에서 숙성되지만, 내추럴 와인 생산자들은 축축한 지하 셀러에서 뱅존을 숙성시킨다. 그러니 그 맛도 기존의 와인과는 전혀 다르다. 일반적인 뱅존은 한두 잔 마시면 더 이상 마시기가 힘든 반면, 서늘하고 습도 높은 지하 셀러에서 오랫동안 서서히 산화된 내추럴 뱅존은 무척 섬세하며 청량감마저 지니고 있다. 유기농, 비오디나미, 내추럴 와인이 점차 그 영역을 확장해가면서 기존의 포도밭과 땅이 되살아나고, 그렇게 살아난 땅에서 미네랄이 넘치며 아름다운 산미를 갖춘 짜릿한 와인이 생산된다. 대표적인 쥐라의 포도 품종으로는 풀사흐Poulsard, 트루소Trousseau, 사바냥Savagnin을 꼽을 수 있다.

현재 쥐라는 전 세계에서 가장 핫한 와인 산지 중 하나다. 새로운 생산자가 나타나면 곧바로 바이어들이 몰려들 정도로 주목을 받는 지역인데, 이렇게 되기까지 쥐라 와인의 초석을 닦아 놓은 중요한 와인 생산자 4명을 만나 보기로 한다.

NATURAL
WINEMAKER
No.23

에마뉘엘 우이용

메종 피에르 오베르누아
Maison Pierre Overnoy / GAEC Houillon Overnoy

에마뉘엘 우이용
Emmanuel Houillon

메종 피에르 오베르누아. 내추럴 와인이 자리를 잡기 시작하던 2010년대 초반, 와인 애호가들 사이에서 곧바로 최고의 반열에 올랐고, SNS상에 끊임없이 언급되며, 시장에서의 가격 투기가 절정에 달하고 있는 와인. 그의 와인을 구하기 위한 쟁탈전은 가속화되고, 가격은 하늘 높은 줄 모르고 날아오른다. 문제는 과거부터 현재까지 와이너리의 출고가에는 큰 변화가 없다는 점이다. 내추럴 와인을 싫어한다고 공언하는 사람들도 피에르 오베르누아 와인은 마시고 싶어한다. 과연 그들은 레이블 드링커들일까, 정말 그 맛을 좋아하는 것일까, 아니면 좀처럼 구하기 힘든 와인이기 때문에 원하는 걸까.

2023년 2월 현재 이 와이너리의 와인은 한국에 정식으로 수입이 되지 않고 있다. 그럼에도 불구하고, 나는 메종 피에르 오베르누아의 와인이 한국에 수입이 될 수 있도록 노력한 적이 없다. 내추럴 와인을 한국에 처음 소개하고 널리 알리려고 많은 노력을 해온 나이지만, 전 세계적으로 치열하게 벌어지고 있는 각축전 한가운데에 끼어들고 싶은 생각이 전혀 없는 것이 첫 번째 이유고, 한없이 사람 좋고 소탈한 피에르를 그저 가끔씩 만나 반갑게 와인도 한잔하고 밥도 먹는 것이 훨씬 즐거운 일이기 때문이다.

이것이 만약 비슷한 명성을 얻은 부르고뉴나 보르도의 와이너리의 경우였다면 사정은 완전히 달라졌을 것이다. 와이너리의 출고가는 바깥에서 팔리는 가격에 맞춰져 끝없이 올랐을 것이고, 부자가 된 생산자는 크고 멋진 집에서 호의호식하고 있을지도 모른다. 그러나 피에르는 부모님에게 물려받은 아주 오래된 집에서 여전히 그가 살아왔던 방식대로 조용히 살고 있다. 그의 와인이 아무리 유명세를 떨쳐도, 달라진 것은 아무것도 없다.

그런 그가 피 한 방울 섞이지 않은 에마뉘엘 우이용에게 와이너리의 모든 것을 물려줬다. 그게 벌써 2001년의 일이다. 오랫동안 피에르의 엄격한 교육을 받으며 후계자로 양성된 에마뉘엘 우이용. 그는 현재 메종 피에르 오베르누아의 포도 재배와 양조를 모두 책임지고 있지만, 여전히 강렬한 아우라를 내뿜고 있는 피에르가 있기 때문에, 본격적으로 그가 미디어에 노출된 적은 없다. 벌써 20년 넘게 메종 피에르 오베르누아를 이끌어 가고 있는데도 말이다. 피에르의 입을 통해 그가 에마뉘엘을 양자로 삼고 와이너리를 물려줬다는 사실이 사람들 사이에 미담처럼 회자되는 것이 이들을 둘러싼 이야기의 전부다. 나는 무척이나 궁금했다. 20년 넘게 피에르의 그림자로 존재하고 있는 에마뉘엘. 그는 어떤 사람이고 어떻게 살아왔고 어떻게 와인을 만들고 있으며 앞으로 어떤 계획을 갖고 있는지. 아무도 들여다보지 않았던 그의 개인적인 삶의 여정이 궁금했다. 사실 현재 메종 피에르 오베르누아의 모든 와인은 에마뉘엘의 책임하에 있는 거니까.

에마뉘엘과의 인터뷰를 위해 약속된 시간에 그의 집을 찾았는데, 밭에서 하루 종일 일하다 와서 차림이 너무 지저분하니 잠깐만 기다려 달라고 했다. 잠시 후 말끔한 모습으로 돌아온 에마뉘엘은 "이제 곧 피에르도 올 거니까 그쪽으로 갑시다."라고 말한다. 내가 그와 단독으로 인터뷰를 진행하고 싶다고 사전에 밝혔음에도 불구하고 지금까지 그런 요청을 받은 경우가 없어서였을까, 늘 하던 대로 피에르와 같이 이야기를 하자고 한다. 피에르를 만나러 온 것이 아니라는 나의 단호한 말에 순간 그의 얼굴에는 당황한 표정이 역력했다. 피에르의 집은 에마뉘엘의 집에서 걸어서 1분. 우리가 도착한 후 곧이어 피에르가 들어오며 반갑게 인사를 했다. 나 역시 오랜만에 만나는 피에르가 반가웠지만, 오늘은 에마뉘엘만 앞에 놓고 이야기를 하고 싶다고 조용히 말했다. "스승이 앞에 있는데 에마뉘엘이 얼마나 편안하게 이야기를 할 수 있겠어요? 편한 대화, 솔직한 대화를 하려고 해요. 엿들을 생각도 마세요."

에마뉘엘은 14살이 되던 1988년에 피에르를 처음으로 만났다. 쥐라 와인을 사랑한 삼촌이 부모님에게 피에르를 소개해 친구로 지내게 된 덕분이었다. 파리의 국립지질학연구소 연구원이었던 삼촌은 업무차 프랑스 전역을 출장을 다니며 이미 내추럴 와인의 탄생 무렵부터 내추럴 와인에 깊이 빠져계셨고, 마르셀 라피에르나 피에르 오베르누아의 와인들을 사 모으고 계셨다. 삼촌을 많이 따랐던 에마뉘엘은 삼촌의 깊은 열정 덕에 어린 나이부터 내추럴 와인을 접할 수 있었다. 게다가 파리가 주거지였던 삼촌은 사 모으는 와인들을 모두 에마뉘엘의 부모님 댁 지하 셀러에 보관을 했다. "손만 뻗으면 닿을 수 있는 거리에 좋은 내추럴 와인들이 그득했어. 삼촌이 오시면 같이 꺼내서 마실 수 있는 게 큰 행복이었지."

그러던 어느 날 피에르가 에마뉘엘에게 방학 때 와서 포도밭 일을 거들 생각이 없느냐고 한 것이 이 모든 것의 시작이었다. "나는 학교 공부에는 별 관심이 없었어. 그런데 피에르의 포도밭에서 일하는 것은 그 시간이 기다려질 만큼 좋더라고." 14살의 어린 에마뉘엘에게 포도주스가 와인으로 변하는 과정이 마치 마술처럼 가슴 설레는 일이었다. 그는 양조가 진행될 때 양조통에 귀를 대고 발효가 진행되는 소리(효모가 포도의 설탕을 먹고 알코올을 만들어 내며 동시에 이산화탄소를 배출한다. 이 과정에서 보글보글 거품이 일고 터진다.)를 들으며 하염없이 시간을 보냈다. "어린 나에게는 포도주스가 스스로 와인이 되는 것 자체가 마술이었어." 물론 시간이 흐르고 양조를 배우게 되면서, 주스가 스스로 와인이 된다기보다는 그가 양조 과정에서 해야 할 일들이 꽤 많다는 것을 알게 되었지만.

결국 그는 중학교 때부터 와이너리에서 일을 하며 학업을 병행하는 농업학교 과정을 선택했다. 이는 1997년까지 계속되었는데, 그 사이 1995년에 피에르는 에마뉘엘이 직접 와인을 만들어 볼 수 있도록 30년 정도 된 샤르도네 밭을 조금 내주었다. 그것이 에마뉘엘이 혼자 만든 첫 와인이었다. 피에르의 양조장에서 같은 방식으로 만들어진 와인이긴 했지만, 에마뉘엘이 혼자 오롯이 포도나무 경작부터 수확, 양조까지 모두 해낸 와인이었다. 그때의 기분이 어땠냐고 물으니 그는 "괜찮았어…."라고 수줍게 웃는다.

피에르의 훈련이 상당히 혹독했다고 들었는데 그 얘기를 좀 해달라고 했다. "어마어마한 와인을 테이스팅했지. 피에르의 집은 늘 수많은 사람들로 넘쳐났거든. 그들과 함께 블라인드로 테이스팅을 하고 나는 그 와인들을 맞춰야 했어. 부담스러웠냐고? 난 재미있었어. 하하." 그는 피에르와 달리 가족을 이루고 4명의 자녀를 낳았다. 그러니 넘쳐나는 손님을 항상 받을 수는 없다. 평생을 혼자 살아온 피에르는 무작정 그의 집을 찾아와 문을 두드리는 사람들까지 안으로 들여 와인 한 잔을 권하는 사람이다. 유명해진 후에는 얼마나 많은 사람들이 그의 집을 찾아왔을지 가히 상상해 볼 수도 없다. 하지만 에마뉘엘은 피에르와는 다른 삶의 리듬이 있는 것이다. 다행히 그런 환대의 역할은 여전히 피에르의 몫이다.

나는 사실 여러 내추럴 와인 생산자들을 통해, 피에르의 엄격한 훈련에 관한 이야기를 전해 듣곤 했다. 피에르는 수십 명을 불러 모은 자리에서 에마뉘엘에게 블라인드 테이스팅을 시키며 품종과 빈티지뿐 아니라 어떤 특성의 토양에서 자란 포도인지 맞추도록 했

고, 각각의 와인 특성까지 설명해야 했다. 이런 블라인드 테이스팅에서 정확한 답을 내놓으려면 기본적으로 탄탄한 지식은 물론이고, 어마어마한 시음 경험이 있어야 가능하다. 이 이야기들을 전해준 사람들은 대부분 예전에 피에르의 집을 방문하곤 하던 나이 지긋한 와인 생산자들이었는데, 하나같이 에마뉘엘이 대단하다며 혀를 내둘렀다.

피에르가 와이너리를 물려받지 않겠냐는 제안을 했을 때는 그가 막 26세가 되던 해였다. 사실 에마뉘엘은 이때 이미 자신의 밭이 1.5헥타르 정도 있었기에, 자신의 와인을 계속해서 만들며 피에르의 일도 계속 돕는 것으로 계획하고 있었다. 그런데 피에르는 아예 와이너리를 물려주겠다는 제안을 한 것이다. "피에르는 모든 책임감에서 그리고 오랫동안 해온 일에서 벗어나고 싶었을 거야. 무척 고된 일이니까…." 10년이 넘게 에마뉘엘을 교육시키고 옆에서 지켜보면서, 피에르는 '아, 이 사람이면 물려줘도 되겠다.'는 확신이 들었던 것이다. 2001년에 정식으로 물려 받은 피에르의 밭은 2헥타르 남짓이었는데 그 외에도 피에르의 가족이 소유했던 아주 오래된 사바냥 포도밭을 일부 매입했고, 이후 조금 더 매입을 해서 그는 현재 총 6.4헥타르의 밭을 가지고 있다.

1990년부터 피에르와 함께했으니 벌써 30년의 세월이 훌쩍 지났다. 그리고 그가 처음 와인을 만들기 시작한 것이 1995년이니 역시 30여 년 전이다. 피에르가 공식적으로 은퇴를 한 것이 2001년 1월

1일. 그러니까 에마뉘엘이 공식적으로 메종 피에르 오베르누아를 책임진 지도 어느덧 20년이 훨씬 넘은 것이다. 피에르라는 거대한 존재가 늘 당신 앞에 있는 것이 간혹 불편하진 않은지 물었다. "전혀. 그는 여전히 그의 자리에 있고, 나는 내 자리에 있는 거지. 한 번도 내가 그의 뒤에 서 있다고 생각해본 적은 없어." 질문을 좀 바꿔보았다. 솔직히 좀 모든 것이 쉽지 않았나, 좋은 스승을 만나서 그가 안내한 길을 따라간 것이니 말이다. "내 삶은 아주 단순해. 사실 지금까지 엄청나게 어려운 일을 겪은 기억이 없지. 운이 좋기도 했던 것 같고. 그런데 나는 사실 인생에 큰 욕심이 없거든." 보통은 큰 욕심과 욕망이 있어야 큰일을 해내는 법인데, 단순하고 묵묵하게 자신이 할 일을 하면서 크게 이룬 에마뉘엘. 그는 자신을 단순하다 겸손히 말하지만, 그 내면에 얼마나 많은 고민과 성찰이 있었을지, 나는 감히 짐작할 수 있었다.

요즘에도 젊은 와인 생산자들이 많이 찾아오는지 물었다. 에마뉘엘은 젊은 생산자들에게 조언을 하고 가이드하는 것을 좋아한다. 광고나 홍보가 아닌, 인간적 터치가 있는 만남. 사실 나는 가끔 에마뉘엘을 막 와이너리를 시작한 젊은 생산자들의 양조장에서 마주치곤 한다. 그때마다 그는 이런저런 양조에 대한 조언을 아끼지 않고 있었다.

에마뉘엘과 만나서 이야기를 나눈 날, 마침 그날이 그의 셋째 아들 생일이었다고 했다. 아직 어리지만 피에르가 자신에게 했던 것처럼 블라인드 테이스팅을 시킨다고 한다. 모든 아이들이 같이 참가

하는 시음이다. 첫째 아들인 바티스트는 와인에 관심이 무척 많아 현재 아버지와 함께 일을 하기 위해 준비 중이다. 에마뉘엘이 시간이 안 될 때는 바티스트가 피에르와 함께 방문객들을 맞을 때도 있다. 피에르가 예전에 에마뉘엘에게 한 것처럼 이제는 그가 바티스트를 교육시키고 있는 것이다. 그는 현재 상파뉴 휘페르 르후아 Champagne Ruppert Leroy에서 인턴 생활 중이다. 그곳의 비오디나미 농법을 배우고 싶어하고 또 스파클링 와인에도 관심이 아주 많아서, 수확량이 좀 되는 해에는 사바냥을 가지고 스파클링을 만들고 싶다고 한다. 이는 에마뉘엘의 생각이 아닌 전적으로 바티스트의 생각인데, 벌써부터 새로운 우이용의 탄생이 기대가 된다.

일찍이 14살에 삶의 방향을 결정했던 그에게 물었다. 그렇게 빨리 삶의 방향을 결정했는데, 혹시 다른 방향의 인생을 생각해보거나 방황한 적은 없었는지. "아니, 전혀. 나의 세계는 온통 와인으로 가득 찬 좁은 세상이야. 다른 생각을 할 여지가 전혀 없다고. 하하."

함께한 와인

모든 사람들이 한 번이라도 마시고 싶어
하는 와인이 된 데는 그만한 이유가 있는 법.
에마뉘엘이 만들어내는 와인에는 모든 것이
들어 있는 듯하다. 산도, 과실, 미네랄과 짜릿한
염도까지…. 극소량 생산되는 그의 뱅존은
그야말로 이 모든 것의 총집합체인 걸작이다.

 ### Plousard 2015
플루사흐

우아한 과일 향과 타닌, 산미까지…. 하루를 마무리하기에 너무나 완벽한 와인이
아닐까. 참고로, 이 품종은 피에르 오베르누아가 있는 푸피앙Poupillin에서만
플루사흐Plousard라고 불리고 다른 쥐라 지역에서는 풀사흐Poulsard라고 불린다. 간혹
레이블에 같은 품종이 다르게 적히는 이유는 바로 이 때문이다.

 ### Savagnin 2016
사바냥

산도와 미네랄이 천천히 피어 오르는 와인으로 긴 시간에 걸쳐 천천히 마시기를
추천한다!

Jean-François Ganevat

장 프랑수아 갸느바

도멘 갸느바
Domaine Ganevat

NATURAL
WINEMAKER
No.24

장 프랑수아 갸느바
Jean-François Ganevat

장 프랑수아 갸느바. 그는 현재 쥐라의 내추럴 와인 무대에서 가장 독보적인 존재감을 뿜어내는 생산자가 아닐까 싶다. 큰 체구, 독특한 말투, 방문자들을 위해 끝없이 오픈되는 와인들…. 그리고 새로운 젊은 생산자들을 독려하고 아낌없는 지원을 베푸는 것으로도 유명하다. 이렇게 장 프랑수아는 동료 생산자들에게나 와인 애호가, 와인 업계 종사자 모두에게 강한 아우라를 풍긴다. 사업가적 자질도 빼어난 그는 이 때문에 주변의 질투도 많이 받는다. 물론 그는 전혀 괘념치 않는다. 2021년 가을, 스위스에 거주하고 있는 러시아의 한 대부호에게 와이너리를 판다는 소문이 공식화되었는데, 러시아와 우크라이나 사이의 전쟁으로 인해 러시아 밖에 살고 있는 러시아 부호들이 경제적 제제를 당하는 사태가 발생했고 결국 장 프랑수아는 판매 계약을 취소할 수밖에 없었다. 이를 두고 사람들은 갑론을박하며 이야기가 많았다. 하지만 그에게 직접 들은 와이너리를 매각하려 했던 이유는 뜻밖에도 와이너리가 영속되기를 바라는 마음에서 생긴 일이라고 한다. 30살이 넘은 큰딸은 가업을 이을 생각이 전혀 없다고 확실히 선을 그었고, 그의 어린 아들은 이제 갓 9세다. 그에게 오늘 무슨 일이 생긴다면, 도멘 갸느바는 더 이상 존속할 수 없는 것이다….

도멘 갸느바는 1650년부터 존재해왔다. 장 프랑수아는 도멘 갸느바의 무려 14대손이다. 갸느바 집안은 낙농과 양조를 같이 해왔는데, 1.2헥타르의 포도밭과 콩테 치즈 생산을 위한 6마리의 소가 있었다. 그러던 1982년, 장 프랑수아의 아버지는 낙농업을 접고 와인에만 집중하기로 결정을 한다. 당시의 포도밭 면적은 2헥타르 남짓이었으나 아들에게 물려주기 전 5헥타르까지 늘려 놓았고, 현재 장 프랑수아는 13헥타르의 밭을 소유하고 있다.

그는 쥐라에서 부르고뉴식으로 와인을 생신하는 것으로 유명하다. 이는 그의 오랜 부르고뉴 와인 양조 경험에서 온 것이다. 아버지가 와이너리를 경영하던 시절 쥐라 와인은 판매가 어렵고 세상에 잘 알려지지도 않았던 탓에 그의 아버지는 장 프랑수아에게 다른 지역으로 가서 일할 것을 권했다. 그때 장 프랑수아는 부르고뉴를 선택했다. 그는 샤사뉴 몽라쉐에 위치한 어느 컨벤셔널 와이너리에서 오랫동안 일을 했다. "아버지는 내가 부르고뉴에 있는 동안 밭을 소작으로 돌리셨는데, 건강이 안 좋아지시니 포도밭을 팔려고 하셨지. 바로 그때 내가 쥐라로 돌아와서 밭을 물려받기로 작정했어." 1998년, 그는 부르고뉴에서 돌아오자마자 그의 포도밭을 유기 농으로 전향했고 곧이어 비오디나미 경작을 시작했다. 비오디나미 로 전향할 당시 만났던 알자스의 와인 생산자 브뤼노 슐레흐, 랑그 독의 디디에 바랄Didier Barral 등이 많은 영향을 끼쳤다.

부르고뉴에서 돌아오자마자 유기농으로 전환한 이유가 궁금했다. "부르고뉴에서 내가 아무 생각 없이 뿌리던 화학 제품이 있었는데, 그 제품이 들어있는 드럼통에 해골 표시가 있었거든. 난 그걸 매일 보면서도 별생각이 없었어. 너무 익숙했으니까. 그런데 어느 날 누 군가가 그러더군. '저 해골 표시는 죽음을 의미하는 위험한 제품이 란 거 아냐? 그렇게 아무렇지도 않게 가까이서 마구 사용하면 죽 을 수도 있는 거 아냐?' 그 순간 정신이 번쩍 들었지. 이건 도저히 아니다 싶었던 거야." 그렇게 그는 쥐라로 돌아오기로 결심했고, 미련 없이 와인에 들어가는 모든 화학 제품을 버릴 수 있었다.

새로운 시도는 언제나 기존 고객들한테 외면당하기 쉽상인데 그 의 경우는 어땠을까. "당시 쥐라 와인은 98%가 지역 내 소비로 끝 날 때였어. 프랑스에서 쥐라 와인은 정말 존재감이 없었지. 난 운 이 좋았어. 2003년부터 수출을 시작했고, 해외의 여러 수입사들이 든든하게 나를 밀어줬거든. 덕분에 2006년부터는 상 수프르 와인 을 만들 수 있었지." 갸느바의 와인은 현재 60여 국가에 수출되고 있는데, 정작 프랑스에서 그의 명성은 외국에서보다 한참 늦게 찾 아왔다. "프랑스 사람들은 늘 뒷북을 쳐. 이제 와서 왜 와인을 전부 수출하느냐, 우리에게도 좀 달라고 하는데, 그럼 안 되지. 기존에 나를 믿고 거래하던 거래처를 존중해줘야지." 이런 이유로 그의 와인은 오히려 본국 프랑스에서 찾아보기가 더 힘들다.

그의 아버지는 그가 시도하는 행동들을 매우 불안해하셨다. "쥐라는 전통적으로 우이야주 없이 화이트와인을 만드는데 내가 모든 화이트와인에 우이야주를 한다고 하질 않나, 가파르고 돌로 덮여 경작하기 어려운 버려진 땅에 포도나무를 심겠다고 덤비질 않나, 넌 여기가 부르고뉴인 줄 아냐며 못마땅해하셨지." 그때 버려진 땅에 심은 포도로 빚은 와인이 바로 그의 유명한 퀴베 '수 라 호슈Sous la Roche'다. 정말 멋진 와인이다. "하지만 아버지는 단 한 번도 잘했다고 말씀하시지는 않았어. 게다가 10년 전 알츠하이머에 걸리신 후에는 잘했다고 칭찬하고 싶어도 하실 수 없었겠지…." 그의 아버지는 몇 해 전 작고하셨다.

장 프랑수이가 고향으로 돌아온 1998년부터 만들기 시작한 매우 특별한 와인이 있다. 레 비뉴 드 몽 페흐Les Vignes de mon Père('내 아버지의 포도밭'이란 뜻). 사바냥 100%로 첫 생산할 때부터 우이야주를 6년간 진행하며 숙성한 와인이었는데, 현재는 그 기간을 더 늘려 11년간 숙성 후 병입을 한다. 그가 아버지에게 바치는 일종의 오마쥬인 셈이다.

와인 생산자들은 대부분 잠재적 알코올 농도를 측정해 수확 시기를 결정한다. 하지만 장 프랑수아는 이 당도 측정기를 사용하지 않는다. 포도의 당도가 얼마나 되고 알코올이 얼마가 될지는 중요하지 않다. '맛'이 중요한 것이다. 알코올 도수를 낮게 만들어 쉽게 마실 수 있는 와인을 만들기 위해 포도가 다 익기도 전에 수확을 하는 사람들이 있는데, 와인에서 덜 익은 포도를 느낄 수 있는 건 그가 추구하는 와인이 아니다. 다행히 그의 테루아와 조화를 이루는 그의 비오디나미 재배 방식은 포도가 끝까지 잘 익어도 알코올이 많이 올라가지 않는 경우가 많다. 결국 모든 것이 조화와 균형의 문제인 것이다. 인터뷰를 진행하며 같이 시음한 와인들은 모두 도수가 11도 언저리였다.

과거 쥐라의 일반적인 포도 수확 시기는 10월이었는데, 이제는 8월이 되었다. 장 프랑수아는 이에 대한 걱정이 많다. 계속해서 깊은 숙고를 하며 나름의 해결책을 찾고자 노력하고 있다. 그 노력의 일환으로, 그는 수많은 쥐라의 토착 품종을 되살리려 하고 있다. 1936년에 AOC 제도가 생기면서 소위 말하는 귀한 품종들(현재 쥐라에 남아있는 포도들-풀사흐, 트루소, 사바냥, 샤르도네- 등)을 제외하고 모두 없애버린 포도 품종들이다. 그가 되살리는 토착 품종이 현재 닥치고 있는 이상 기후에 더 잘 대처하는 대항마가 되길 바라면서.

그는 2014년부터 여동생 안Anne와 함께 네고시앙을 설립해 와인을 만들고 있다. 계속해서 이어지는 냉해, 병충해, 초파리 피해 등의 악재들로 그의 포도밭 역시 절대적인 생산량이 감소했기 때문이다. 또한 그가 만들어보고 싶은 와인, 마시고 싶은 와인을 보다 자유롭게 만들고자 하는 창의적 욕구 역시 그가 네고시앙을 시작한 이유였다. 그는 친한 친구나 믿을 만한 비오디나미 포도 생산자들로부터 몽되즈Mondeuse(사부아 지역의 레드 품종)를 구입해 쥐라의 풀사흐와 섞어 보거나, 그가 좋아하는 알자스 품종으로도 양조를 해보기도 한다. 사실 그의 네고시앙 와인은 정해진 기준이 아무것도 없다. 그때그때 본능적으로, 그는 마치 퍼즐을 맞추듯 와인을 만들어낸다.

갸느바의 네고시앙 와인은 독특하고 유니크한 레이블과 재미있는 이름으로 유명하다. 장 프랑수아는 양조뿐 아니라 레이블에서도 창의력을 발휘해 재밌게 와인을 만든다. 같은 퀴베라도 블렌딩 비율은 매년 바뀌는데, 그가 만드는 네고시앙 와인은 총 50여 개의 퀴베로 이루어진다. 한 퀴베당 생산량은 1,000병을 넘지 않으며 매년 생산되는 것도 아니다. 그해에 맞는 포도를 가지고 장프랑수아는 말 그대로 '재미있게 노는' 것이다. 그의 애칭인 팡팡Fanfan('아이 같다'는 뜻의 유아어)이 괜히 붙여진 예명이 아니구나 싶었다.

네고시앙 뿐 아니라 그의 도멘에서 만드는 와인 역시 마이크로 퀴베들이 수두룩하다. 한 필지당 2~4개의 각각 다른 와인을 만들고 있으니 총 퀴베 수가 40여 개에 이른다. 물론 이 와인들이 한 해에 모두 생산되는 것은 아니다. 소량씩 이따금 생산되어 전 세계 팬들을 애닳게 한다. 그는 2017년에 99%의 수확을 잃었고, 2018년에는 수확량은 많았지만 2017년의 피해로 포도나무들이 많이 약해진 터라 양조가 매우 힘들었다. 이런 자연재해가 지난 10여 년간 지속되었으니, 그의 다양한 퀴베들이 가끔씩 생산될 수밖에 없는 것이다.

그의 지하 셀러 한켠에는 도멘 갸느바의 비노텍Vinothèque(와인 컬렉션)이 있는데, 와인을 생산한 지 매우 오래된 집안답게 꽤 오래된 와인부터 보관되어 있다. 이 와인들은 특별한 행사용이냐고 물었더니 "아니, 대부분 친구들하고 마시는데? 하하." 뭐든 아낌없이 퍼주는 장 프랑수아다운 답이었다. 나는 장 프랑수아의 할아버지가 만드신 1949년 빈티지 와인을 맛보는 영광을 얻었다. 마시고 난 후에도 빈 병을 파리로 가지고 와서 집에 고이 모셔두었다. 70년이 훌쩍 넘은 와인임에도 불구하고 아직 살아 있는 과일 향과 생동감이 너무나 놀라왔다. 하긴 당시에는 제초제 같은 화학제를 전혀 쓰지 않았던 깨끗한 포도를 수확했을 것이고, 양조 시 들어가는 첨가물도 없던 때였다. 그야말로 순도 100%의 내추럴 와인인 셈이다.

그는 사람이건 와인이건 함께 있으면 "다 예쁘다 예뻐!"를 외치는 유쾌한 사람이다. 이른 오후에 시작했던 그와의 만남을 자정이 가까워서야 마치고, 다음을 기약하며 핸드폰도 전혀 터지지 않는 그의 왕국을 나섰다. 그가 와이너리를 매각하려고 했던 이유를 다시 생각하며, 부디 훌륭한 후계자를 찾아 잘 양성해보기를 기원하며.

함께한 와인

도멘 갸느바의 와인들은 하나같이 깊이 있고, 때로는 묵직하기도 하지만 무엇보다 완벽한 밸런스를 보여주는 걸작들이다. 반면에 팡팡의 네고시앙 와인들은 좀 더 자유롭고 매력이 넘친다. 도멘와인이든 네고시앙 와인이든, 모두 구하기 매우 어렵다는 게 단점일 뿐.

No.1 Pinot Noir Julien en Billat 2019
피노 누아 쥘리앙 앙 비야

원래는 두 개의 퀴베로 만들지만 2019년에는 수확량이 워낙 적어서 블렌딩을 했던 스페셜 퀴베다. 넘치는 과일 향과 섬세한 풍미가 인상적인 와인이다.

No.2 Les Vignes de Mon Père 2012
레 비뉴 드 몽 페흐

여전히 숙성 중인 상태에서 시음을 했는데, 그야말로 '완벽'이라는 단어가 떠오르는 와인이었다. 이미 병입을 하고도 남을 만큼 완성도가 높은 상태였지만, 팡팡은 더 기다리고 싶어했다.

NATURAL
WINEMAKER
No.25

Renaud Bruyère &
Adeline Houillon

호노 브휘예호 &
아들린 우이용

WINERY

브휘예호-우이용
Bruyère-Houillon

호노 브휘예흐 & 아들린 우이용
Renaud Bruyère & Adeline Houillon

2015년 봄, 쥐라의 유기농 내추럴 와인 살롱 르 네 당 르 베흐Le Nez
dans le Vert에 참석했을 때 나는 '어떻게 이렇게 와인들이 다 좋을 수
가 있지? 내가 왜 이 좋은 와인들을 모르고 있었을까?' 하고 놀랐
던 기억이 난다. 그날 발견한 다수의 놀라운 와인 중 원톱은 호노
와 아들린의 와인들이었다. 너무나 아름다운 산미와 그 뒤를 받쳐
주는 힘, 복합미까지 훌륭했다. 하지만 안타깝게도 당시 한국 시장
에는 쥐라의 와인이 그리 알려지지 않았고, 나는 선뜻 같이 일해보
자는 말을 꺼내지 못했다. 하지만 언젠가는 이들의 와인을 꼭 한국
에 소개하리라 속으로 다짐을 했다. 그런데 그 후 호노와 아들린의
명성은 빛의 속도로 수직 상승했고, 더 이상 내가 쉽게 얻을 수 있
는 와인이 아니었다. 그래도 희망의 끈을 놓지 않고 꾸준히 와이너
리를 방문하며 서로를 알아간 결과 2019년 가을, 드디어 처음으로
아주 소량의 와인이 한국행 냉장 컨테이너에 실렸었다.

호노와 아들린은 2001년 가을 북부 론의 작은 도시인 투흐농Tournon
에 위치한 와인 교육 과정에서 서로를 처음 만났다. 그곳은 정부
지원금을 얻어 새롭게 와이너리를 시작하려는 사람들을 위한 교육
기관이었다. 메종 피에르 오베르누아의 생산자이자 오너인 에마뉘
엘 우이용이 바로 아들린의 큰 오빠다. 아들린은 6~7살 때부터 오
빠를 따라 피에르 오베르누아의 포도밭과 양조장을 다니기 시작했
다. 우이용 집안의 자매들은 매년 2월 방학(프랑스의 방학은 겨울 방
학이 2주씩 여러 번으로 나누어진다. 그중 하나가 2월 방학인데, 2주간의 크
리스마스 방학에 이은 사실상의 겨울 방학이다.)이면 어김없이 피에르의
포도밭에서 가지들을 철사줄에 가지런하게 묶는 작업을 하고, 소
소한 용돈을 받았다. 피에르는 포도나무 가지를 철사에 묶는 작업
이 여성의 손을 거치는 편이 훨씬 섬세하게 마무리가 된다고 생각
했고, 이를 우이용 자매들에게 맡겼던 것이다.
"사실 겨울 방학을 보내는 방법으로 포도밭 일은 그리 즐겁지 않
았어. 하하", 아들린이 기억을 더듬어 가며 이야기를 시작했다. 피
에르는 일에 관해서는 매우 철저한 사람이었기 때문에 오전 8시면
무조건 포도밭으로 향해야 했다. 방학이었는데도 말이다. 하지만
수확 철은 대부분 여름 방학이 이미 끝난 후인 9월부터 시작되었
기 때문에 자매들은 즐거운 수확 작업에 참여를 할 수 없었다. 이
를 안타깝게 여긴 피에르는 우이용 자매들을 위해 늘 포도밭 한 귀
퉁이를 남겨놓곤 했다. "수업이 없는 주말에 우리는 피에르와 함께
그 남은 포도를 수확해 뱅 드 파이유Vin de Pailles(포도를 수확 후 말린
볏집 위에 펼쳐놓고 건조시켜 당도가 높아진 상태로 만드는 디저트와인. 시럽

처럼 밀도가 높고 달콤한 와인이다.)를 만들었는데, 정말 신나는 일이었지."

우이용 집안의 막내 오헬리앙 Aurélien (현재 남프랑스에서 우아하고 섬세한 와인을 만들고 있다.)은 일찌감치 에마뉘엘처럼 와인을 만들겠다고 결정을 했지만, 아들린은 달랐다. 대학을 졸업하고 나서야 그녀는 비로소 인생의 방향을 잡을 수 있었다. 당시 27세였던 에마뉘엘이 아들린과 오헬리앙에게 동시에 일을 제안한 것이 계기가 되었다. 피에르로부터 와이너리를 물려받은 직후였던 에마뉘엘이 아들린과 오헬리앙에게 함께 포도밭을 경작하고 와이너리를 운영해보면 어떻겠냐는 제안을 한 것이다. 그동안 피에르의 포도밭에서 꽤오랫동안 경험을 쌓긴 했지만 그녀 자신이 와인을 만들어보겠다는생각을 해본 적은 없었다. 에마뉘엘이 갑작스런 제안을 해올 때까지 말이다. "그때 처음으로 진지하게 생각을 해봤어. 와인을 만든다는 건 생각보다 정말 다양한 일들이 한데 섞여 있더라고. 포도밭에서는 자연과 아주 가까이에서 일하고, 양조 과정에서 스스로의상상력을 발휘할 수 있으며, 와인으로 맺어지는 다양하고 진지한관계, 그리고 자유로움을 느낄 수 있지. 와인을 만드는 일은 이 모든 것들이 한꺼번에 가능한 직업이란 걸 깨달은 거야."

그녀는 투흐농에서 양조학교를 다니던 동생, 오헬리앙이 있는 곳으로 내려갔다. 그리고 거기에서 평생의 반려자 흐노를 만나게 된다. 흐노는 당시 요리에서 와인으로 직업을 전향하던 중이었는데,

호텔 요리학교를 마친 그는 몇 년 동안 큰 곳부터 작은 곳, 고급 식당부터 급식소까지 다양한 곳에서 경험을 했다. 그리고 결국 그의 선택은 와인이었다. 이유는 아들린과 비슷했다. 밖에서 자연과 마음껏 호흡할 수 있으면서 자유로움이 있는 일이었기 때문이었다. 아들린을 만난 후 호노는 처음으로 내추럴 와인을 접했는데 그의 첫 내추럴 와인은 피에르 오베르누아의 뱅존 1990빈티지였다. "그걸 마시자마자 곧바로 인생 계획이 잡히더라고. 이거다 싶었지! 더 생각해 볼 이유가 없었어." 내추럴 와인에 대해서도 잘 몰랐고, 피에르의 존재감에 대한 감각도 전혀 없는 상태였기에 와인을 마시고 그가 느낀 반향은 훨씬 컸으리라.

사실 두 사람이 학업을 마치고 함께 와인을 만들 계획은 전혀 없었단다. 투흐농에서 학습을 마치고 2004년에 푸피양에 위치한 피에르의 옆집을 매입할 수 있어서 매우 만족스러웠을 뿐이었다. 아들린은 에마뉘엘, 오헬리앙과 예정대로 함께 일을 시작했고, 호노는 스테판 티소Stéphane Tissot(쥐라의 비오디나미 내추럴 와이너리)에 취직을 했다. 그때가 2007년이었는데, 호노는 아들린과 같이 와인을 만들기 시작한 후로도 몇 년 동안 계속해서 스테판과 일을 했다.

모든 것이 예정했던 대로 잘 흘러가고 있었고, 그들의 첫 아이도 태어났다. 그러던 중 2011년에 새로운 전환점을 맞게 된다. 스테판이 레 투리용Les Tourillons(밭 이름)의 작은 필지 0.7헥타르를 내어주며 그들에게 와인을 만들어보겠냐고 제안한 것이다. "그때는 '한번 해볼까?' 정도의 마음이었지, '그래 이제부터 우리의 와이너리를 본

격적으로 시작해보자'는 건 절대 아니었어."

하지만 운명은 참 기묘하게 다가온다. 아들린은 같은 해에 둘째 아이를 임신했고, 영원히 계속될 줄 알았던 우이용 세 남매의 프로젝트는 각자의 길을 가는 것으로 그해에 결론이 났다. 레 투리용은 그렇게 운명적으로 찾아온 그들의 첫 번째 포도밭이 되었고, 시작은 '그저 한번 해보자'였을지언정 결말은 그들만의 와이너리 설립이라는 중요한 사건으로 이어졌다. 나는 개인적으로 레 투리용 밭에서 나온 같은 이름의 와인을 참 사랑한다. 초록색 밀납으로 코르크 부분을 마감한 이 퀴베는 샤르도네와 사바냥이 8대 2로 섞인 아름다운 화이트와인이다. 그렇게 둘은 첫 빈티지인 2011년산 와인을 만들었고, 와인을 만들다 보니 생각보다 둘이 함께하는 작업이 정말 좋았단다. 게다가 출시하자마자 사람들이 그들의 와인을 무척 좋아했으니, 두 사람은 빠르게 고객들을 확보할 수 있었다.

그렇다면 우이용 삼남매의 결별은 각자에게 어떤 영향을 끼쳤을까? "지금 오헬리앙은 남부 론에서 멋진 와인을 만들고 있고, 나는 흐노와 함께 쥐라에서 행복하게 와인을 만들고 있어. 그리고 큰오빠 에마뉘엘은 그의 가족과 잘 지내며 훌륭한 와인을 만들고 있지. 과거는 지나갔으니, 이제는 모든 사람이 행복한 현재만을 바라보면 되지 않을까?"

이들은 한때 6헥타르 정도까지 밭을 늘렸지만, 둘이서 돌보기에는 벅찬 느낌이라 조금씩 다시 줄였다고 한다. 스테판이 했던 것처럼, 쥐라의 젊은 와인 생산자들에게 그들의 땅을 내어 준 것이다. 아들린과 호노는 현재는 4헥타르의 포도밭을 일구고 있다. 두 사람은 그들 나름의 방법으로 포도밭을 돌보는데, 굳이 이야기하자면 비오디나미에 가깝다고 할 수 있다. 다만 비오디나미에서 요구하는 모든 약제를 사용하지는 않고, 필요하다고 판단될 때 그들만의 천연 약제를 만들어 사용한다. 포도나무에게 지금 무엇이 부족한지 그리고 무엇이 필요한지를 먼저 세심하게 관찰한 후 실행에 옮기는 것이다. 단순히 레시피대로 움직이는 비오디나미는 반대한다.

아들린과 호노는 2011년에 처음으로 와인을 만들었던 때부터 현재까지 늘 크고 작은 문제들을 안고 살고 있다. 2013년은 꽃필 무렵에 너무 추워서 포도가 안 열렸고, 2014년에는 스즈키 초파리 공격이 있었으며, 2015년은 너무 더웠고, 2016년은 비가 많이 오고 병충해가 심했다. 2017년에는 극심한 냉해가, 2018년에는 포도는 많은데 발효가 안 되었고, 2019년에는 다시 냉해, 그리고 2020년에는 2018년과 비슷한 상황이 반복되었다. 매해 눈앞에 닥친 새로운 문제를 해결해야 하는 상황이 10여 년간 지속되고 있는 것이다. "자연과 고용 계약을 체결했는데 어쩌겠어. 받아들이고 해결해야지." 심각한 이야기인데도 호노는 싱긋 웃으며 가볍게 답한다. "2017년은 특히 잊을 수가 없어. 6헥타르의 밭을 가지고 있을 때였는데, 냉해가 어찌나 심했는지 수확하는 데 이틀밖에 안 걸렸다니까. 거둬들일 포도가 그 정도로 없었던 거지."
사실 냉해를 뺀 나머지 문제들은 컨벤셔널 와인 양조라면 그리 크게 문제가 되지 않는다. 처방할 수 있는 화학제들이 다양하게 있기 때문이다. 하지만 그들은 그들의 철학을 고수하면서 어렵게 난관을 헤쳐 나가고 있다. 양조 역시 마찬가지다. 그들의 퀴베 중 하나인 라 크루아 후즈La Croix Rouge도 만드는 데 애를 먹었다. "2013 빈티지가 발효가 너무 진행이 안 되는 거야. 결국 일 년을 기다렸다가 이듬해에 수확한 포도주스를 넣어 봤지. 싱싱한 효모가 발효를 좀 촉진해줄까 싶은 마음에서." 그래도 효모는 전혀 움직임이 없었다. 그런데 2년이 지난 봄, 날씨가 따뜻해지자 와인은 갑자기 스스로 다시 발효를 시작했고 결국 발효를 완벽하게 끝냈다. "우리는 그 사건 이후로 그냥 기다리기로 했어. 효모가 기다리라고 하면 기다려야지 어쩌겠어." 그렇게 어렵게 생산된 와인들은 병입이 된 후에도 그 맛이 제대로 표현될 때까지 다시 잊혀진다. 이들이 병입한 와인의 판매를 시작하기까지는 다시 몇 달이 걸릴 수도 있고 몇 년후가 될 수도 있는 것이다.

두 사람은 현재 무엇이든 함께 상의해서 결정을 한다. 포도밭 일에서부터 양조, 숙성, 병입 그리고 판매까지. 사실 밭을 일구는 일에 관한 한 그들은 서로 다른 의견을 가지는 일이 없다고 한다. 양조과정에서 몇 가지 아이디어나 생각이 다를 수는 있지만 결국 결론은 언제나 하나로 모아진다고. "우리는 처음부터 완전히 다른 의견을 가진 적이 없어. 워낙 좋은 포도만으로 와인을 만들고 있으니, 큰 사고가 나지 않는 한 포도의 결을 따라가면 되지."
그들의 지하 셀러에는 2013년부터 2021년산까지 다양한 와인들이 숙성되고 있는데, 실로 대단한 보물창고가 아닐 수 없다. 그들은 그곳에서 일 년에 한 번씩 숙성 중인 모든 와인들을 테이스팅한다. 둘이서만 진행하는 연중행사다. 따뜻해지는 4월의 어느 하루 전체를 할애하는데, 간혹 이틀이 걸리기도 한다. 거기서 각 와인을 어떻게 블렌딩할지 결정하는 것이다. "그런데 재미있는 건, 정말 최고라고 생각하는 와인은 둘의 의견이 항상 같더라고. 다만 살짝 리덕션이 있거나 좀 더 기다려야 하는 와인들에 관해서는 의견이 갈리기도 하는데, 그런 경우에는 병입을 늦추는 거지." 둘이라서 정말 다행이라고, 아들린과 호노는 입을 모아 이야기를 한다.

전 세계의 와인 애호가들이 동그란 그림이 그려진 와인(그들의 와인 레이블)을 찾아 헤매는 현상을 어떻게 생각하는지 물었다. "그래? 우리는 SNS도 안 하고 아무런 외부 커뮤니케이션을 하지 않으니 어떻게 알겠어? 하하." 하지만 이어서 호노는 그만의 의견을 내어 놓았다. "아마 원래도 적은 생산량인데 계속되는 악조건으로 인해 더욱 적어지는 바람에 찾기 힘든 '귀한' 와인이 된 것은 아닐까?" 그들다운 겸손한 대답이다.

"Le côté vibratoir ne triche pas." 아들린이 혼잣말하듯 이야기한 한마디가 정말 감동적이라 프랑스어 그대로 옮겨본다. 의역하자면 "감동은 속여서 얻을 수 있는 것이 아니다." 그들이 스타가 된 이유는 전적으로 그들의 와인이 그럴 만한 가치가 있기 때문이다. 물론 레이블 드링커나 허세로 그들의 와인을 선택하는 고객들도 존재하겠지만 전체 소비량에서 그들이 차지하는 비중이 과연 얼마나 되겠는가. 결국 소비자는 현명한 선택을 하게 마련이라고, 나는 믿는다.

"우리는 자연과 땅에 속한 사람들이야. 우리를 스타 취급하면 안 돼. 우리가 그저 지금처럼 살아가도록 그냥 두면 좋겠어…. 우리는 미래도 생각하지 않아. 오늘에 집중하는 거지. 우리의 인생을 봐. 무언가를 계획하고 여기까지 온 게 아니라고. 그저 현실을 잘 살고 잘 해결해나가는 거지. 피에르를 처음 만났을 때를 생각해보면, 내가 미리 계획한 것은 하나도 없었어. 하지만 그때부터 내 인생의 여정은 어느 정도 정해져 있던 것이 아닐까."

함께한 와인

완벽하게 재배된 포도의 잠재력이 내뿜는 미네랄 그리고 아름다운 산미가 주는 밸런스. 흐노와 아들린의 와인을 한마디로 정리해본다면 이렇게 표현할 수 있다. 철저하게 기다리고 또 기다려서 완성되는 그들의 와인은 소비자 역시 기다리는 시간이 필요한 와인이다.

No.1   **Arbois Les Tourillons Blanc 2020**

아르부아 레 투히용 블랑

샤르도네와 사바냥이 섞인 와인으로 우아하면서 강건하며, 동시에 섬세함까지 갖추었다.

No.2   **Arbois Pupillin Plousard 2015**

아르부아 푸피양 플루사흐

입안에 침이 고이게 하는 약간의 염도와 깊이감, 미네랄을 두루 갖춘 멋진 와인이다.

Kenjiro Kagami

켄지로 카가미

WINERY

도멘 데 미후아
Domaine des Miroirs

NATURAL
WINEMAKER
No.26

켄지로 카가미
Kenjiro Kagami

작고 마른 체구의 켄지로는, 가늠할 수 없는 깊이를 간직한 '거대한' 와인을 만든다. 그의 와인은 경매 사이트에서 어마어마한 값에 팔리곤 한다. 또한 와인숍이나 레스토랑 리스트에 입고되자마자 곧바로 품절되기 일쑤인데, 사실은 리스트에 올리지 않고 단골들에게만 판매하는 경우가 허다하다.

같은 아시아 사람이라서일까, 나는 그를 처음 만났을 때부터 왠지 모를 친근감을 느꼈었다. 켄지로와 처음 만난 것은 쥐라가 아닌 알자스의 주도 스트라스부르Strasbourg에서였다. 2016년 봄, 2년마다 장소를 바꿔가며 개최되는 내추럴 와인 페어 살롱 데 뱅 리브르Salon des Vins Libres가 그해에는 스트라스부르에서 열렸는데, 내로라하는 유명 내추럴 와인 생산자들이 모이는 자리였고 나는 거기서 켄지로를 만났다. 이미 당시에도 한국 시장에 소개할 와인 수량은 없는 상태였지만, 우리는 살롱이 끝나고 이어진 저녁 자리에서 꽤

긴 수다를 떨었다. 외국인으로서 프랑스에서 살면서 겪은 웃지 못할 에피소드나 이상한 프랑스 풍속을 비꼬느라 시간 가는 줄 몰랐던 기억이 난다. 이후 이따금씩 그의 와이너리를 방문하고 있는데, 2023년 봄 현재, 아직도 나는 그의 아름다운 와인을 기다리는 중이다.

쥐라 남쪽의 와인 산지에 위치한 그의 양조장은 국도에서 나와서 5분 정도 안쪽으로 들어가는 그뤼스Grusse라는 작은 마을에 위치해 있다. 그 5분간 이어지는 작은 길 옆으로 펼쳐지는 풍광이 참 아름답다. 마치 새가 둥지 안으로 들어가는 것처럼 따뜻한 느낌이다. 켄지로는 2001년에 프랑스로 왔다. 오직 와인만을 위해서. 하지만 그전에는 완전히 다른 세상에 속해 있었다. 그는 히타치에서 테크닉 컨트롤러로 일했는데, 와인은 어머니로부터 영향을 받은 것이라고 한다. 그의 어머니는 유럽의 음식과 문화를 사랑하셨고 와인도 즐기셨다. 어릴 적부터 그는 어머니를 따라 프렌치 레스토랑에 자주 다녔는데, 거기서 자연스럽게 와인을 마시는 문화도 접하게 되었다고 한다. 하지만 그가 실제로 처음 와인을 마셔본 것은 10살 때 아버지가 일하시는 싱가포르로 가는 비행기 안에서였다. 16살부터는 친구들과 와인을 마시겠다고 어머니한테 말씀을 드리면 한 병씩 내어 주시곤 하셨단다.

그가 본격적으로 와인을 마시기 시작한 건, 회사 생활을 시작하고 고정 수입이 생긴 이후다. 그는 주로 클래식한 부르고뉴 와인을 즐기고 있었는데, 당시 자주 가던 와인 바에서 권했던 다르 & 히보 와인이 그의 첫 내추럴 와인이었다. 그때가 1998년이었는데, 당시 일본에는 내추럴 와인이란 표현조차 없었다고 한다. 그저 맛있고 좋은 와인이었다. 내가 다르 & 히보의 와인을 한국에 처음 소개하고 수출하기 시작한 것이 2015년이었으니, 거의 초창기부터 내추럴 와인을 알아보고 수입하기 시작한 일본과의 시장 격차가 새삼 격하게 느껴졌다.

"나는 내추럴 와인이라고 카테고리를 정하는 건 별로 좋아하지 않아. 내추럴 와인이라서 용서되는 맛을 갖는 경우가 있는데, 난 그런 게 싫거든. 브렛Brettanomyces도 싫고 쥐Souris/Mouse도 싫고 말이야." 이런 켄지로의 성격에 맞추어 그의 손을 거쳐 탄생되는 와인들은 깔끔함을 넘어 정갈하기까지 하다. 마치 깊은 숲속에서 조금씩 솟아나는 차가운 샘물 같은 느낌이다. 그의 와인은 단 한 번도 이산화황을 넣은 적이 없는 순수한 내추럴 와인인데도 말이다.

부르고뉴 디종에서 그가 보낸 첫해에는 우선 프랑스어를 배우며 지냈는데, 그해 여름에 포도 수확에 참여해보고 싶었단다. 일본에서 마셔본 부르고뉴 와인 중 그의 가슴에 가장 깊이 박힌 와인은 그랑 크뤼 중에서도 그랑 크뤼인 뮈지니Musigny였고, 그 테루아가 궁금해졌다. 뮈지니 밭을 거의 70% 소유한 도멘 콩트 조르쥬 드 보귀에Domaine Comte Georges de Vogüé에 지원을 했다. 그가 프랑스에서 와인을 만들게 되기까지, 긴 여정의 첫 발걸음이었다. "어떻게 지원했냐고? 그냥 무작정 도멘 앞에 가서 문을 두드렸지. 그때의 내

가 프랑스어를 잘했겠냐고. 하하하." 켄지로는 작고 신중해 보이는 겉모습과는 달리 상당히 도전적이다. 게다가 그다음 해부터 양조학 수업과 와이너리에서의 일을 병행할 예정이었던 그는 당연히 보귀에서 일을 하고 싶었다. 포도 수확을 하면서 안면을 텄던 보귀에의 포도밭 책임자를 식사에 초대했다. 소위 말하는 '물밑 작업'을 한 것이다. 그의 작업은 성공했고, 그는 부르고뉴에서 가장 유명한 도멘 중 하나인 콩트 조르쥬 드 보귀에에서 일을 하게 되었다. "무작정 달려들 수 있었던 건, 내가 아직 젊었으니까 가능했던 거지 뭐." 그의 나이 29, 30세의 일이다.

2004년에 그는 같은 일본인으로 이미 양조학을 마치고 론에서 일을 하고 있던 히로타케 오오카Hirotake Ooka(도멘 그랑드 콜린Domaine Grande Colline의 오너 양조가였는데, 현재는 일본으로 돌아가 와인을 만들고 있다.)의 소개로 코르나스Cornas의 도멘 티에리 알망Thierry Allemand에서 인턴을 하게 된다.

그 후 학업을 마친 그는 워킹 비자를 줄 수 있는 와이너리를 찾아 여기저기를 다녔다. 우선 와인이 그의 마음에 들어야 했고, 그다음은 생산자의 성품도 중요했다. 와인은 좋은데 성품이 안 좋은 사람과는 일을 할 수 없다는 결론이었다. 워킹 비자가 필요한 사람들은 사실 이런저런 조건을 따지는 경우가 상당히 드문데, 이러한 성격이 일본인 특유의 조심성에서 나온 것인지 켄지로 본인의 캐릭터인지 궁금했다. 결국 그의 선택은 알자스였고 그중에서도 브뤼노 슐레흐였다.

프랑스에서 외국인 자격으로 워킹 비자를 받는 일은 상당히 까다롭고 여러 복잡한 절차를 거쳐야 하는 어렵고 긴 과정이다. 게다가 외국인이라면 특히 거절당하기 십상이다. 실업률이 높은 프랑스는 되도록이면 자국민의 취업을 장려하는 차원에서 외국인 인력에 대해 매우 까다로운 취업 절차를 만들어 놓았다. 사실 그렇지 않은 나라가 어디 있겠는가 싶지만, 켄지로의 경우는 상당히 운이 좋았다. 브뤼노의 아내가 잘 알고 지내는 지인이 체류증과 비자를 내어 주는 관할도청에서 근무하고 있었고, 같은 시도를 해도 결과가 매번 다르게 나오는 프랑스답게 그는 지인 찬스를 이용해 비자를 받아냈다.

2010년까지 브뤼노와 일을 한 그는 자신의 와인을 만들 땅을 오랫동안 찾아 다녔다. 그는 알자스가 아닌 쥐라에서 와인을 만들기로 결심을 했다. 알자스는 이미 땅값이 많이 오른 상태였고, 쥐라는 가지고 있는 잠재력에 비해 아직은 도전해볼 만한 땅이었기 때문이다. 지금의 시점에서 생각해보면 그의 선택은 정말 탁월했다. 쥐라 북쪽 아르부아 근처의 땅은 피에르 오베르누아와 함께 찾았고, 쥐라 남쪽 지역은 장 프랑수아 갸느바가 나서 주었는데, 장 프랑수아가 찾아낸 바로 그 땅이 그의 마음에 쏙 들었다. "팡팡(장 프랑수아의 애칭)이 그 땅을 나한테 보여주기 전에 현재 보졸레 플뢰리에서 와인을 만드는 쥘리 발라니에게 소개를 했는데, 다행스럽게도 그녀가 거절을 한 거지. 그래서 내 차례가 온 거야." 그는 한눈에 반한 그 땅에서 2011년부터 와인을 만들고 있다.

"위대한 내추럴 와인은 엄청난 노력이 들어간 최고의 포도를 바탕으로 만들어지는데, 포도에 자신이 없으면 상 수프르를 고집할 필요가 없다고 생각해. 그런데 정말 좋은 테루아를 갖고 있고 최고로 깨끗하고 좋은 포도를 생산했다면 이산화황을 넣는 건 안타깝지. 왜냐면 더 좋은 와인이 될 수 있는 기회를 놓치는 거니까." 나는 이말이 너무나 가슴에 와닿았다. 일단 기본 재료가 좋아야 하고, 좋은 재료에 다른 물질을 넣는 건 안타까운 일이라는 것이다. 소위 이산화황만 넣지 않으면 다 내추럴 와인이라고 생각하는 요즘 신세대 젊은 생산자들이 꼭 들어야 할 말이 아닌가 싶었다.

일본에서의 편안한 삶을 두고 떠나온 뒤로 후회는 없었을까. "일본에서는 금전적으로는 편안했지만 정신적으로는 전혀 아니었지. 지금이 비교도 안 되게 훨씬 행복해." 나 또한 비슷한 이유로 한국을 떠나왔기 때문에 우리는 이 주제로 한참 동안 이야기를 나누었던 것 같다. 아시아에 만연한 '과다 노동' 문제도 언급하며.

도멘 데 미후아를 같이 꾸려가는 그의 아내 마유미 이야기도 빼놓을 수 없다. 그녀는 일본에서 은행원으로 사회생활을 시작했다. 하지만 꽃을 좋아해서 플로리스트로 직업을 바꿨다. 그러나 그녀는 자신의 직업이 식물이 잘 살도록 가꾸는 것이 아니라 꺾어야만 하는 일이라 늘 안타까운 마음이었다고 한다. 그녀와 켄지로는 지인으로 오랜 시간을 알고 지내다가, 켄지로가 도멘 데 미후아를 시작하고 난 직후에 그녀가 일본에서 프랑스로 건너왔다. 그녀는 프랑스에 온 이후로 살아 있는 포도나무를 가꾸며 훨씬 행복한 삶을 이어가고 있다. 포도밭에서의 일은 사실 마유미가 켄지로보다 훨씬 더 많이 책임을 지고 있다. 그녀가 가꾸는 포도밭은 각종 허브와 꽃들이 만발해 있는데, 밭일을 끝내고 집으로 오는 길에 밭에서 자생하는 야채와 허브를 거둬 샐러드를 만들어 먹곤 한다.

유명해지고 나니 그의 삶도 바뀌었는지 물었다. "내가 유명한 게 아니고 내 와인이 유명한 거지. 내 삶은 똑같아." 하지만 그는 바깥에서 자신의 와인이 경매를 통해 비싼 값에 거래된다는 사실을 정확히 알고 있다. "나는 가슴이 아파. 일일이 바쁘게 수작업을 하기 때문에 레이블이 비뚤어지게 붙여질 정도인데 그럼에도 불구하고 그렇게 비싸게 와인이 팔리다니. 그 값에 산 사람은 과연 마시려고 와인을 산 걸까? 돈을 벌려고 내 와인을 사는 사람들은 진짜로 와인을 마시려는 사람에게 양보해주면 좋겠어."

"나는 유명하게 사는 일에는 전혀 관심이 없어. 나를 모르는 사람들 사이에서 편안하게 살고 싶어. 코로나로 락다운이 되었던 기간 동안 와이너리에 찾아온 방문객이 없었는데. 와… 너무 좋은 거야. 드디어 조용해진 거지. 그것이 내가 바라던 삶이었어. 비록 짧은 기간 동안이었지만 말이야. 하하하." 하지만 그는 너무나 훌륭한 와인을 만들고 있고, 사람들은 끊임없이 그의 와이너리의 문을 두드릴 것이다. 그가 20여 년 전 도멘 콩트 조르쥬 드 보귀에의 문을 두드렸던 것처럼.

함께한 와인

미후아Miroir는 프랑스어로 '거울'이라는 뜻이다. 그의 성인 카가미가 일본어로 거울을 의미하기 때문에 지은 이름인데, 묘하게 그의 와인과 참 어울린다. 거울에 반사된 빛이 눈이 부시듯, 켄지로의 와인 역시 눈부시다. 다른 설명이 필요 없는 와인들이다.

No.1 **Mizuiro Les Saugettes 2018**
미즈이로 레 소제트

날카롭게 느껴질 정도의 산미와 프레시함이 압도적인 화이트와인.

No.2 **Jado! 2015**
쟈도!

쥐라의 레드 품종을 다 섞어서 만든 퀴베. 과일과 미네랄의 풍미가 너무나 멋진 와인이다. 아쉽게도 그가 단 한 번만 만들었던 퀴베.

LOCATION

Savoie

사부아 지역은 만년설이 멋진 몽블랑Mont Blanc('하얀 산'이라는 뜻)과 치즈를 녹여서 빵과 함께 먹는 퐁뒤Fondue(스위스의 퐁뒤가 우리에게는 더 익숙하지만, 프랑스 알프스 지역에서도 퐁뒤를 즐긴다.), 스키 등으로 잘 알려진 관광지다. 도로를 달리다 보면 눈앞으로 펼쳐지는 숨 막히게 아름다운 풍광은 멀리 보이는 신비스러운 알프스의 만년설과 함께 여행의 기분을 끌어올린다. 또한 여름에는 높은 고지에 위치한 마을에서 선선한 계절을 즐길 수 있는데, 예를 들어 산 아래 마을이 섭씨 40도에 육박할 때 해발 2,000미터가 넘는 알프스의 마을은 여전히 25도 안팎을 유지한다.

이 지역의 와인은 오랫동안 퐁뒤를 만들 때 넣거나, 스키를 타다가 한 모금 마시는 정도의 용도로 여겨졌다. 대부분 지역 내에서 소비되었기 때문에, 사부아 와인은 외부에 널리 알려지지 못했다. 사부아의 와인 산지는 동쪽으로는 알프스산 기슭까지 뻗어 있고, 북쪽으로는 스위스와 맞닿은 아름다운 레만 호수에 닿으며, 남쪽으로는 이제흐강, 그리고 서쪽으로는 요즘 새롭게 뜨는 와인 생산지인 뷔제Bugey까지 이어진다. 사부아의 포도밭은 해발 250미터부터 600미터 사이에 형성되어 있는데, 주로 산비탈과 오래된 빙하 빙퇴석 또는 옹벽에 위치해 있다. 멀리 알프스의 만년설이 보이는 이 아름다운 포도밭들은 평지가 아니다 보니 포도 재배에 꽤 높은 난이도가 요구된다. 화이트와인은 주로 쟈케흐Jacquère, 후산Roussanne, 후세트Rousette, 샤슬라Chasselas 그리고 그렝줴Gringet 등의 품종으로 만들고, 레드와 로제와인은 몽되즈Mondeuse, 피노 누아, 가메 등을 쓴다.

오랜 시간 저평가되어 온 사부아 와인은 현재 르네상스를 맞고 있다. 특히 사부아의 서쪽 지역인 뷔제는 젊고 재능 있는 와인 생산자들이 몰려들고 있는 곳이다. 사부아 와인의 르네상스를 불러온 대표적인 인물 2명을 지금부터 만나보자.

NATURAL
WINEMAKER
No.27

장 이브 페롱

WINERY

도멘 장 이브 페롱
Domaine Jean-Yves Péron

장 이브 페롱
Jean-Yves Péron

동그란 뿔테 안경이 참 잘 어울리는 장 이브는 언제나 패셔너블하다. 그는 주류 와인 산지에서 멀리 떨어진 사부아, 게다가 경작하기 아주 어려운 위치에 있는 포도밭만을 골라서 가지고 있고, 이산화황을 일체 사용하지 않는 극단적인 내추럴 와인을 만든다. 멋진 동그란 뿔테 안경 너머의 패셔너블한 분위기와 약간은 엇박자인 인생을 살고 있는 장 이브. 이런 게 바로 그의 매력이 아닐까 싶다. 가장 순수한 모습의 내추럴 와인을 만들고 있지만, 그는 알고보면 프랑스 최고의 양조학교인 보르도 3대학에서 양조 학위를 받은, 내추럴 와인 무대 위의 몇 안 되는 양조학자다. 이 또한 살짝 엇박자인 프로필이 아닐 수 없다.

오랫동안 저평가되어온 사부아 와인의 르네상스가 한창인 현재, 장 이브는 지역의 사라지는 포도 품종을 개발하고 테루아에 대한 새로운 비전을 제시하는 양조를 하고 있다. 파리 근교에서 우유를 생산하셨던 할아버지, 농업학교를 마치고 커다란 요구르트 공장에서 일하셨던 아버지 등 그의 할아버지와 아버지는 우유와 관련된 일을 하셨다. 하지만 장 이브는 전공을 선택할 때 가업과는 전혀 관련 없는 분야인 생화학을 전공했다. 그러나 막상 해보니 자신과 맞지 않는 학문이었고 그는 다시금 새로운 선택을 한다. 바로 양조학이었다. 사실 매우 단순하게도 '양조'라는 단어가 근사해보였기 때문이라고 한다. 공부를 꽤 잘했던 그는, 보르도의 한 양조학 과정에 입학 허가를 받고 보르도로 내려갔다. 그때가 1997년이었다. 입학을 하고 첫해에는 정말 열심히 놀았다. 그 결과 유급을 받았고, 당시 같이 유급을 당했던 동기가 도멘 그랑드 콜린의 와인 생산자인 히로타케 오오카Hirotake Ooka였다.

아버지는 무통 카데Mouton Cadet(장 이브가 말한 의도는 아마 흔히 구할 수 있는 전형적인 보르도 컨벤셔널 와인을 지칭하고자 한 것이었던 것 같다.)를 드시던, 와인 문화와는 거리가 먼 분이셨다. 그래서 양조대학 입학과 함께 시작된 와인 시음 환경이 그에게는 무척 낯설었다. 이를 극복하기 위해 그는 동료들이 주관하는 블라인드 테이스팅 클럽에 정기적으로 참여했다. 여기에 학생회에서 주관하는 각종 테이스팅 이벤트와 정규 학업 과정에 포함된 테이스팅까지 합하면 일주일이 온통 테이스팅으로 채워질 정도였다. 첫 일 년 동안은 블라인드 테이스팅에서 말도 안 되는 헛소리만 늘어놓기 일쑤였는데, 두 번째 해부터는 제대로 된 의견을 내놓기 시작했다고 한다.

그즈음 론 와인에 푹 빠져 있었던 히로타케가 론 지역을 여행하고 와서 내놓은 와인이 있었다. 바로 다르&히보의 와인이었다. "나는 그 와인이 바로 마음에 쏙 들더라고. 그런데 같이 마신 사람들은 세 부류로 나뉘었어. 그 와인을 아주 좋아하거나, 아주 싫어하거나 또는 그저 그렇게 생각하는." 이러한 현상에 대해 장 이브는 상당히 논리적이고 설득력 있는 의견을 내놓았다. "개인의 미각은 '경험'에 의한 감각과 '타고난' 감각이 있어. 타고난 감각이 발달된 사람들은 새로운 맛을 쉽게 받아들일 수 있는 반면, 경험에 의한 감각이 더 발달하거나 강한 경우에는 새로운 맛에 수동적이고 시간이 걸릴 수밖에 없는 거지."

장 이브는 정통 양조학의 중심지인 보르도에서 공부하면서도 그와는 반대가 되는 상 수프르 와인을 좋아하게 되었다. 이것이 기존 양조 교육 과정과 부딪히지는 않았을까. "당연히 그랬지. 한번은 내가 교수님께 물었어. 상 수프르 와인을 어떻게 생각하는지. '아, 그거 식초라고 부르면 돼.'라고 하시더군. 당시의 양조학적 관점에서는 이산화황을 넣지 않으면 식초가 되는 게 당연했던 거야. 교수님 본인 역시 자신이 교육받은 대로만 생각을 하신 거지." 그는 생화학을 공부하다가 와인으로 방향을 바꾼 거라, 교수님들이 늘 옳은 얘기만 하는 것은 아니라는 걸 알고 있어 다행이라며 웃는다. 하지만 그는 양조 학위를 받은 것이 무척 만족스럽다고 한다. 덕분에 모든 양조 테크닉을 이해하게 되었고, 이는 그가 이산화황 제로의 내추럴 와인을 만드는 데 도움이 되기 때문이다. 하지만 그럼에도 불구하고 그는 계속해서 양조학적 실수를 저지른다고 조용히 고백한다. 이산화황을 전혀 쓰지 않는 양조는 언제나 위험을 감수해야만 한다. 나는 이렇게 온갖 위험을 감수하며, 심지어 자신이 정성 들여 만든 와인이 식초가 되는 일까지 각오하며 신념을 지켜나가는 내추럴 와인 생산자들에 대한 특별한 애착이 있다. 이산화황을 전혀 쓰지 않은 와인만을 편애하는 것은 아니지만, 와인 속에 담긴 정성과 이를 대하는 마음가짐은 아무래도 다를 수밖에 없기 때문이다.

양조학 과정을 마친 2002년 봄, 장 이브는 코르나스의 와인 생산자인 티에리 알망Thierry Allemand의 가지치기를 도와주러 갔다가 여름까지 머무르게 되었고, 결국 수확과 양조까지 함께 했다. 티에리와 레드와인 양조를 마친 후에는 화이트와인 양조가 해보고 싶어서, 티에리의 추천을 받아 알자스의 브뤼노 슐레흐를 찾아갔다. 사실 티에리의 양조는 클래식한 양조를 배운 장 이브가 충격을 받을 만한 포인트가 별로 없었는데, 브뤼노의 와인 특히 그의 화이트와인은 하나부터 열까지 모두 그가 배운 것과 정반대로 작업하고 있었다. 그야말로 쇼크였다. 수확부터 기가 막혔다. 상한 포도까지 전부 수확하고는 선별 작업 없이 그대로 다 압착기에 넣으라는 것이다. "와… 나는 절대 찬성할 수 없었어! 하지만 주인인 브뤼노가 '상관없어 다 넣어, 다 짜!'라고 말하는데 어쩌겠어." 결과는 놀랍게도 엄청나게 맛있는 주스가 나왔다는 것이다. 너무 맛있어서 기가 막힐 정도였다.

상한 포도까지 섞었는데 놀라운 맛을 지녔던 포도주스를 하룻밤 정도 디켄팅 작업을 했다. 다음 날 브뤼노는 즉흥적으로 '여긴 얼마, 저긴 얼마 이렇게 넣어.'라며 발효통을 지정했다. "계산? 내가 배운 양조학적인 계산 같은 건 그는 안중에도 없더라고." 그런데 밤사이 발효가 진행된 주스 통이 있었다. 양조학자 입장에서 이런 경우엔 빨리 온도를 낮춘다든가 이산화황을 넣는다든가 빠르게 조치를 해야 했다. 브뤼노는 다시 조용히 지시했다. "관계없어. 그냥 넣어."

그해 장 이브는 브뤼노가 첫 번째 스킨 콘택트 화이트와인을 만드는 과정을 함께 했다. 당시 이 와인은 따로 병입되지 않았다. 이런저런 품종으로 실험하듯 만들어진 브뤼노의 다양한 스킨 콘택트 화이트와인은 곧바로 장 이브의 마음에 들었다. 당시 이 와인들은 단독으로 병입되기보다는 일반 화이트와인에 1/3 정도 섞으면 완벽할 듯 보였다. 그리고 현재 장 이브의 화이트와인은 90%가 스킨 콘택트 과정을 통해 만들어진다. 브뤼노의 실험으로부터 장 이브는 새로운 가능성을 배운 것이다.

파리에서 나고, 보르도에서 공부한 그가 왜 하필 사부아를 선택했을까. 그의 어머니가 사부아 출신이었고, 휴가를 늘 사부아의 산자락에서 보냈던 가족과의 추억과도 물론 관련이 있겠지만 그가 사부아를 선택한 진정한 이유는 사실 코르나스와 보르도에서 목격한 지구 온난화 현상 때문이었다. 적어도 산으로 둘러싸이고 해발 고

도가 높은 사부아의 포도밭이라면 기온 상승에 따른 알코올 강화 등의 문제에서 비교적 자유로울 것이라고 내다본 것이다. 여름이 빨리 오고 더위가 오래가면 밸런스가 좋은 포도를 얻기가 힘들다. 적당히 더우면서도 서늘하기를 반복해야 와인을 만들기에 좋은 포도가 나오는데, 그런 기후를 가진 곳이 바로 사부아였다.

그의 예측은 정확했다. 그는 잘 익은 포도를 늦게 수확해 와인을 만들지만 알코올이 높지 않아 마시기에 좋다. 하지만 냉해는 피하기 힘들다. 최근에도 냉해 피해는 계속되었다. "모든 조건을 완벽하게 갖추기란 힘든 거지. 적당히 만족할 줄 알아야지 어쩌겠어." 그는 사부아에 정착하기로 결정한 후 2003년부터 밭을 찾아다녔다. 그가 원하는 포도밭에는 2가지 조건이 있었는데, 일단 트랙터가 들어갈 수 있는 땅이어야 했고, 화이트와인에 몰두해 있었으므로 화이트 품종이 자라는 밭이어야 했다. 하지만 그의 가슴에 확 와닿은 밭은 그가 정한 조건과 정반대의 땅이었다. 기계가 절대로 들어갈 수 없는 가파른 언덕에 줄도 맞추지 않고 이리저리 심어진 적포도 몽되즈가 있는, 0.3헥타르의 작은 밭이었다. 어렵게 그 밭을 구하고 난 후, 다른 밭은 더 이상 구할 수 없었다. 그 지역의 포도밭 소유자들은 대부분 나이가 지긋한 어르신들이었는데, 그들에게 장 이브는 외부에서 온 젊은이다 보니 과연 포도를 제대로 재배할 수 있는지 의심스러웠기 때문이다. 선뜻 밭을 내어주길 꺼려했던 그들은 장 이브가 첫해에 가지치기를 하고 와인을 만드는 것을 보더니 나머지 땅도 내어주기 시작했다.

사실 그가 다른 양조학자 동료들처럼 거대 와이너리의 양조를 책임지는 삶을 택했다면, 그리고 정해진 레시피대로 와인을 만드는 일을 했다면, 그의 삶은 훨씬 편안하고 풍족했을 것이다. "하지만 나는 이산화황을 전혀 쓰지 않고 위험을 감수하는 쪽의 양조가 훨씬 재미있는 걸 어떻게 해." 발효나 숙성 과정에서 아주 소량의 이산화황을 쓰거나 병입 시 극소량을 쓰는 경우, 그리고 반대로 이산화황을 전혀 쓰지 않은 경우, 이 두 가지 결과물의 차이가 그에게는 어마어마하게 다르게 느껴진다. 물론 후자 쪽이 훨씬 더 좋은 건 두말하면 잔소리다. 여전히 가끔씩 와인이 식초로 변하는 가슴 아픈 사건들을 겪고 있긴 하지만 그는 자신이 정한 방식을 포기하지 않는다. "그리고 사실 요즘은 내추럴 양조 와인을 팔기가 예전만큼 어렵지는 않잖아? 2004년에 처음 와인을 만들었을 때는 거래처에서 그러더라고. 와인은 정말 좋은데… 병입할 때 이산화황을 살짝만 넣어주면 주문할 수 있을 것 같다고."

장 이브는 그런 고객들을 위해, 병입할 때 300병 정도만 따로 빼서 이산화황을 살짝 넣어보았다. 그리고 1년에 걸쳐 이 와인들을 비교해봤는데, 그 차이는 1년이 지나면서 더욱 극명해졌다. 처음에는 이산화황을 살짝 넣은 것이 훨씬 좋았다. 정말 너무나 좋았다. 그러다 6개월 정도 지나니 두 와인의 차이가 거의 없어졌다. 1년이 지나니 비교 자체가 불가능할 정도로 생명력 면에서 다르게 느껴졌다. 이산화황을 넣지 않은 와인의 생명력은 무한할 정도였다. 그 이후로 그는 절대 와인에 이산화황을 쓰지 않는다. 이 실험을 계기로 그는 내추럴 와인에 한해서 극단주의자Extremist가 되었다.

그는 총 3헥타르 남짓의 사부아 포도밭 외에도 최근 몇 년 전부터 알프스산을 넘으면 바로 맞닿아 있는 지역인 이탈리아 피에몬테의 친한 생산자들로부터 포도를 사들여 와인을 만들고 있다. 냉해를 비롯해 계속되는 자연재해로 인해 3헥타르 남짓 땅에서 생산되는 와인으로는 생활이 불가능하기 때문이다. 피에몬테의 포도는 사부아 지역의 포도보다 한 달에서 한 달 반 정도 수확 시기가 빠르다. 네고시앙을 운영하기에 아주 적절한 선택인 셈이다. "예전부터 나는 다양한 테루아를 반영한 와인을 만들고 싶었는데, 피에몬테의 포도는 아주 재미있거든." 동그란 안경 너머 호기심 어린 그의 눈빛은 아직 세상에 재미난 일이 더 있을 거라는 확신으로 가득 차 있었다.

함께한 와인

높은 산악 지대에서 타는 듯한 태양에 노출되지
않은 포도로 만든 장 이브의 와인들은 모두
신선하며 청량감이 있다. 높지 않은 알코올 도수
덕분에 한 잔이 두 잔을 그리고 세 번째 잔을
부르는 맛이다. 생산량이 워낙 적어서 구하기
힘들다는 단점을 제외하면, 늘 마시고 싶은
와인들이다.

(No.1) Côtillon des Dames Blanc 2020
코티용 데 담 블랑
사부아의 대표적 화이트 품종인 쟈케르Jacquère를 스킨 콘택트 방식으로 양조한
대단히 우아하고 섬세하며 복합미를 갖춘 와인.

(No.2) Champs Levat 2020
샹 르바
사부아의 대표적 레드 품종인 몽되즈Mondeuse로 만든 와인. 장 이브의 가장 대표적인
와인으로, 밸런스와 순수함이 뛰어나다.

Dominique Belluard

도미니크 벨뤼아흐

WINERY

도멘 벨뤼아흐
Domaine Belluard

도미니크 벨뤼아흐
Dominique Belluard

도미니크 벨뤼아흐는 사부아 내추럴 와인의 흐름에서 가장 중요한 인물 중 하나다. 사부아에서 비오디나미 농법을 시작한 것이 도미니크가 처음은 아니다. 하지만 현재 사부아 와인의 존재감은 도미니크로부터 시작되었다고 봐도 과언이 아닐 것이다.

마르고 섬세한 외모의 도미니크는 그와 똑닮은 와인을 만든다. 절제미와 복합미 그리고 섬세함을 갖춘 명작이다. 이 명품 와인을 한국에 소개를 해야겠다고 생각한 것이 2015년 초였는데, 실제로 한국에 수입이 되어 소비자를 만난 것은 2018년 여름 무렵이었던 것 같다. 그때 받았던 와인은 3가지 퀴베를 합해 고작 180병이었다. 한 나라에 수출하는 양인데 농담하느냐고 내가 몇 번이나 확인을 했다. "와인숍 하나가 아니라 국가라고!" 목소리를 높였지만, 솔직히 와인을 받을 수 있다는 것만으로도 황송한 상황이긴 했다.

도미니크는 2019년에 열린 제3회 '살롱 오'에 아내와 아들을 데리고 한국을 방문했다. 서울, 부산, 그리고 전주로 이어지는 모든 행사를 함께하며 그가 한국의 음식과 문화를 좋아하고 존중하는 모습이 참 좋았다. 살롱 오 이후, 그는 한국에 할당하는 와인 수량을 크게 늘렸다. 그런데 책 작업을 위해 사진작가와 그의 와이너리에 방문을 하겠다고 이야기를 했을 때부터 뭔가 이상했다. 평소 같으면 언제든 오라고 했을 사람인데, 차일피일 약속을 미루거나 너무 바쁘다는 것이다. 그리고 그 이유는 나중에야 밝혀졌다….

도미니크의 집안은 할아버지 대부터 와인을 만들기 시작했다. 아버지 대까지는 다른 농부들처럼 여러 가지 작물을 경작하면서 포도밭도 함께 일궜다. 가축도 있었고, 다양한 과일나무도 있었다. 사부아를 대표하는 과일은 사과다. 하지만 도미니크는 그중에서도 와인 양조에 가장 관심이 많았다. "부르고뉴 본에서 양조 과정BTS을 마쳤을 때 난 젊고 잘생겼고 바보였지. 하하히." 당시 학교에서 배웠던 것들이 지금 생각하면 모두 상상하기도 싫은 것-화학제, 이녹스Inox(알루미늄 양조통), 새 오크통 등-이기 때문에 그때의 스스로를 바보라고 표현한 것이다.

그가 양조 과정을 공부했을 때가 1980년대 초반이었으니, 유기농이나 비오디나미도 거의 언급이 되지 않았을 때다. 게다가 그는 가장 보수적이고 새로운 시도가 늦다는 부르고뉴에서 공부를 했다. 그와 함께 학습했던 동료들 중 유일하게 장 루이 트라페(부르고뉴의 비오디나미 와이너리인 도멘 트라페의 오너 생산자)만이 비오디나미에 대한 의견을 피력했을 뿐, 나머지 사람들은 유기농에 대한 개념조차 없었다고 한다.

1985년에 사부아로 돌아온 그는 1986년에 첫 와인을 만들었다. 그런데 첫해부터 난관이 시작되었다. 95%의 포도가 냉해로 소실된 것이다. 하지만 그는 사부아의 테루아에 대한 믿음이 있었고, 첫 빈티지가 냉해로 초토화된 상태였지만 계속해서 와인을 만들기로 결심했다. 당시 아버지로부터 물려받은 포도밭은 4헥타르가 조금 넘는 정도였는데 30년이 훌쩍 넘은 현재는 10헥타르에 달한다. 사부아의 산세를 그대로 반영한 그의 포도밭들은 대부분이 경사가 심한 언덕이라 일하기가 쉽지 않다.

"와인을 만든 지 10년이 되었을 무렵부터 개인적인 정체기가 왔던 거 같아. 그때 미쉘 그리자흐Michel Grisard(프리외레 생 크리스토프 Prieuré St-Christophe의 생산자. 사부아의 첫 번째 비오디나미스트)가 나를 샤푸티에가 주최하는 비오디나미 컨퍼런스에 데리고 갔어. 1995년이었지. 거기서 나는 드디어 비오디나미에 대해 제대로 눈을 뜨게 된 거야. 샤푸티에 뿐만 아니라 로마네콩티, 랄루 비즈 르후아, 르플레브 등 비오디나미로 유명한 여러 와이너리들을 책임지고 있던 프랑수아 부쉐François Bouchet가 강연자였거든." 이 컨퍼런스를 통해 그는 학교에서 잠시 배웠던 비오디나미 관련 이론이, 비오디나미 농업 전체를 파악하기에는 터무니없이 부족했다는 것을 깨닫는다. 곧바로 그는 프랑스 전역을 마라톤하듯 뛰어다녔다. 비오디나미를 일찌감치 시작한 와이너리들은 거의 다 가보았다고 한다. 그의 밭은 이미 유기농이었기 때문에, 비오디나미로 전향하기 위해서 그다지 많은 준비가 필요하지 않았다.

그때 도미니크는 비오디나미로 경작한 포도로 만든 와인은 다른 와인들보다 비교했을 때 깊이감에서 압도적으로 다르다는 걸 이미 깨닫고 있었다. 그는 사부아 지역의 유명 소믈리에들과 정기적으로 테이스팅 모임을 하고 있었는데, 그때 경험한 깊이 있고 탁월한 와인은 늘 비오디나미 경작을 한 것이었기 때문이었다. "비유하자면 바이닐 LP과 디지털 음원 파일 같은 거야. 바이닐은 어딘가 울림이 있고 따뜻한 느낌을 주지만 한 면의 재생이 끝나면 매번 뒤집어주는 수고를 해야 하잖아? 그런 게 바로 인간적인 건데, 디지털 파일은 안 그렇잖아. 그냥 차가울 뿐이지." 그는 비오디나미 와인이 이른바 바이닐로 듣는 음악 같다는 것이다.

도미니크는 비오디나미로 전향하면서 내추럴 양조를 하기 위한 모든 준비를 갖췄지만, 뜻밖의 복병은 와이너리에 지분을 갖고 있던 형제들이었다. 그들은 새로운 시도를 하게 되면 와인 판매가 힘들어질 것이라 생각했고, 따라서 도미니크가 제안한 비오디나미로의 전향을 결사반대했다. 이렇게 어렵고 힘들게 몇 년을 보내고 나서야 그는 결국 2000년에 비오디나미로 경작을 시작할 수 있었다.

도미니크의 철학은 간단했다. 사부아의 작은 와이너리는 와인의 품질을 높여서 가치를 재평가받아야 살아남을 수 있다는 것. 이를

위해 비오디나미는 필수 요건이었다. 좋은 포도를 얻기 위해서는 비오디나미 외에 다른 방법은 없었다. "땅은 내가 아무것도 주지 않으면, 아무것도 내어주지 않아." 비오디나미를 이야기하며, 그가 되뇌인 말이다. 사실 저급한 사부아 와인은 팔기가 어려운 것이 아니었다. 적당히 만들어 적당한 가격에 내놓으면, 스키를 즐기러 온 사람들과 퐁뒤를 만드는 레스토랑에서 충분한 구매를 했다. 하지만 그가 추구하는 퀄리티 높은 와인을 그렇게 팔 수는 없었다. "내가 경작과 양조 방식을 바꾸면서 기존의 고객들을 꽤 잃었지만, 그래도 나를 따라와 준 고객들이 많았어."

그렇게 비오디나미와 내추럴 양조를 시작한 그에게 어느 날, 비뇨롱 흐벨Vignerons Rebelles('반항적인 와인 생산자'라는 뜻) 모임을 구성하자며 찾아온 와인 생산자들이 있었다. 그는 알자스의 파트릭 메이에르, 보졸레의 장 클로드 라팔뤼Jean-Claude Lapalu, 오베르뉴의 프레데릭 구낭 등과 함께 파리를 비롯한 여러 도시를 다니며 테이스팅 이벤트를 열었다. 비니 쉬드Vini Sud 같은 커다란 컨벤셔널 와인 행사가 열리는 기간에는 바로 옆에서 '오프OFF 행사', 즉 비니 쉬드의 와인과 '다른' 와인들을 소개하는 테이스팅을 개최했다. 이 행사는 2003년부터 시작되었는데, 현재는 이러한 오프 행사가 중요한 컨벤셔널 와인 행사가 개최되는 곳마다 함께 열리곤 한다. 기존의 와인 기득권에 대한 반항 정신으로 똘똘 뭉친 생산자들이 주도해온 이 모임은, 이제는 내추럴 와인 시장 전반으로 확산되었다.

"한정된 와인 생산량에 달라는 사람은 많고…. 특히 영선 너처럼 언제나 와인을 더 내놓으라고 하는 사람들이 문제야, 문제! 하하." 지금 생각해보면 인터뷰를 하던 날 그는 꽤 피곤해 보였다. 와인에 모든 것을 쏟아부었던 인생에 후회는 없는지 물었다. "지금도 늘 후회하는 중인데? 언제든 그만두고 싶지. 하하." 그런데 잠시 후, 그는 다시 다른 답을 내놓았다. 와인을 만든 것을 후회한 적은 없지만 그만두고 싶었던 적은 있노라고….

그와 내가 마지막으로 만난 것이 2021년 6월 초였고, "여름에 알프스로 휴가 가는 길에 또 들를 테니, 그때 와인 한잔합시다."라고 말한 것이 그와의 마지막 대화가 되었다. 나의 방문 며칠 후 도미니크는 스스로 삶을 마감했다. 몇 달 전부터 심한 우울증이 있었다는 것을 나중에 전해 들었다. 하지만 보석 같은 그의 와인들은 영원히 우리의 가슴에 남을 것이라 믿는다. 그곳에서 부디 평안하길 바라며….

함께한 와인

도멘 벨뤼아흐의 와인들은 모두 섬세하고 절제된 양조를 거친 와인들이다. 도미니크가 그의 성품과 꼭 맞는 방식으로 양조를 했기 때문이다. 몽되즈로 만든 레드는 오래 기다려야 하는 난관이 있지만, 제대로 익었을 때 터지는 잠재력은 어떤 그랑 크뤼 와인과도 견줄 만하다.

No.1   Les Alpes 2019
레 잘프

꽃과 과일로 시작해 점차 열대 과일 향으로 넓게 퍼져 나가는 풍부한 화이트와인. 자잘하게 퍼지는 미네랄이 너무 예쁘다. 도미니크의 마지막 와인이기도 하다.

No.2   Eponyme 2020
에포님

그렝줴Gringet 100%로 빚어진 화이트와인. 도미니크가 미처 양조를 끝내지 못하고 떠난 이후, 장 프랑수아 갸느바가 완성시켰다.

Languedoc

Roussillon

랑그독 루시용

Languedoc Roussillon

랑그독 루시용은 포도밭 면적으로는 프랑스에서 가장 큰 와인 산지다. 주요 도시인 페르피냥 북쪽 지역부터 몽플리에를 거쳐 아를 전까지 이어지는 커다란 지역이 랑그독이고, 페르피냥 남쪽부터 아래로 스페인 국경 지역까지 맞닿아 있는, 랑그독보다 조금 작은 지역이 루시용이다.

랑그독 루시용의 해안 지역은 일 년 내내 햇살이 아름답고, 산과 바다가 가까이 있어 많은 사람들이 찾는 유명 관광지지만, 랑그독의 포도밭은 좀 더 내륙의 산악 지역에 위치하고 있다. 루시용에는 프랑스 사람들이 가장 살고 싶어하는 아름다운 해안 도시 콜류흐Collioure가 있고, 그 주위로 콜류흐의 와인들이 생산된다. 좀 더 아래쪽에 위치한 바뉼스는 해안가에 면한 가파른 산등성이에 심어진 포도밭과 바다가 멋진 경치를 연출하는 곳이다.

하지만 이 아름다운 지역은 유기농, 비오디나미, 내추럴 와인으로는 가장 낙후되었던 지역 중 하나다. 땅이 넓은 덕분에 트랙터가 드나들기 편하도록 널찍하게 간격을 띄우고 심어진 포도나무들과, 양조협동조합을 통해 대량으로 생산되어 저렴하게 팔리는 와인들. 바로 이것이 랑그독 루시용 와인이 오랫동안 가지고 있던 이미지다. 부르고뉴나 보르도처럼 포도나무를 밀도 있게 심는 생산지에 비해 랑그독 루시용은 같은 수량의 포도나무가 대략 3배의 면적에 심어져 있다.

최근 10년 사이 이 지역에서는 꽤 활발한 내추럴 와인 운동이 일어나고 있다. 특히 이곳에 새롭게 정착한 젊은 세대 생산자들이 많다. 젊은 생산자들이 보다 수월하게 내추럴 와인을 만들 수 있도록 지역의 토대를 닦아 놓은 내추럴 와인 생산자 1세대들과, 이후 등장한 재능 넘치는 생산자들까지 모두 만나보기로 하자.

NATURAL
WINEMAKER
No.29

Anne Marie Lavaysse
& Pierre Lavaysse

안 마리 &
피에르 라베스

WINERY

프티 도멘 지미오
Petit Domaine Gimios

안 마리 & 피에르 라베스
Anne Marie Lavaysse & Pierre Lavaysse

랑그독의 산속 미네르부아Minervois 지역에 위치한, 구글맵이 없으면 찾기도 힘든 아주 작고 작은 마을 지미오Gimios에 자리 잡고 있는 프티 도멘 지미오. '프티Petit(작은)'라고 쓰지만, 사실은 '크게' 읽어야 하는 와이너리다. 제초제나 화학 비료 등 온갖 약품을 쓴 뮈스카 포도로 저렴한 스위트와인을 대량으로 만들던 지역에서, 비오디나미를 통해 포도나무를 살리며 이산화황을 넣지 않은 와인을 만드는 선구자이기 때문이다.

이 선구자는 조용하며 혼자 있는 시간을 즐기는 작은 체구의 안 마리 라베스다. 나는 프티 도멘 지미오를 2016부터 한국에 소개했지만, 안을 직접 만난 적은 거의 없다. 아들인 피에르가 주로 손님을 맞이하고, 안은 대부분의 시간을 포도밭에서 보내기 때문이다. 하지만 몇 번 안 되는 짧은 만남의 순간마다 차분한 분위기에서 뿜어져 나오는 안의 에너지는 언제나 인상적으로 다가오곤 했다.

처음 함께 일을 시작하던 2016년, 피에르는 나에게 와이너리에 한 번 오라고 권했다. 파리에서 거리가 꽤 멀기는 하지만 와서 포도밭도 보고 양조장도 보고 하지 않으면 와인을 주지 않을 수도 있다는 의미로 해석이 되었다. 파리에서 페르피냥까지 테제베ₜ₉ᵥ로 5시간이 넘게 걸렸고, 기차역에서 와이너리까지 다시 1시간이 걸리는 긴 여행을 떠났다. 가는 길은 힘들었지만, 아름다운 경치와 포도밭에서 유유히 풀을 뜯어 먹는 소들의 평화로운 모습은 도시 생활에 지친 나를 위로해주었다. 게다가 구하기 힘든 지미오 와인을 마음껏 마셨고, 유기농 밀가루를 사용해 직접 만든 도우에 온갖 허브를 올리고 손수 제작한 화덕에서 구운 피자까지 먹었다. 참 좋은 기억이었다.

그로부터 몇 년 후, 책에 수록될 그녀의 이야기를 듣기 위해 정말 오랜만에 그녀와 마주 앉았다. 겨울의 끝자락, 봄이 다가올 무렵이었는데, 마침 뜰에 핀 체리꽃을 꺾어 장식한 테이블과 안의 모습이 아름답게 어울렸다.
"나는 원래 근처 산 중턱에 작은 농장을 갖고 있었어. 거기서 소를 키우고 젖을 짜서 다양한 치즈를 만들고, 빵을 굽거나 야채를 발효해 판매를 했거든. 피에르가 아직 많이 어렸을 때의 일이야." 와인을 만들기 전 이미 그녀에게는 다양한 발효 식품을 만든 경험이 있었던 것이다. 그런데 누군가 그녀의 농장에 불을 질렀고 상처를 입은 그녀는 다른 마을로 이주하기로 결심했다. 그렇게 여기저기 다니다 찾아낸 땅이 바로 현재의 지미오 땅이다. 사실 그녀는 포도밭

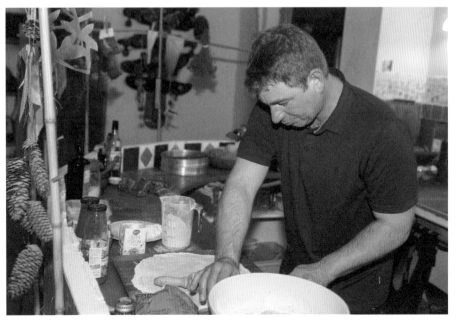

에는 큰 관심이 없었다. 그녀에게 포도나무나 와인은, 심하게 화학제로 뒤덮여 도저히 가까이하기 어려운 존재였다. 그것이 당시 주변 포도밭들의 일반적인 모습이었기 때문이다.

그런데 그녀가 새롭게 찾아낸 버려진 농장은 총 5헥타르 정도의 토지 중 3헥타르가 뮈스카 포도밭이었다. 대부분의 포도나무는 죽어 있었고, 아주 오래된 초목이 있는 곳에만 포도나무 몇 그루가 살아 있었다. 안은 소들이 먹을 풀이 필요했기 때문에, 우선 포도나무가 살아 있는 구역에 소들을 풀어 놓았다. 그러자 포도나무들이 덩굴을 이루며 나무를 타고 자라기 시작했다. 이 모습을 보면서 그녀는 문득 다른 포도나무들도 살리고 싶어졌다. 이때가 1992년이었다.

1980년대에 첫번째 농장을 운영하던 시절, 그녀가 자주 가던 작은 유기농 식료품점이 있었다. 그곳에서 그녀는 다른 야채와 달리 반짝반짝 빛이 나는 야채를 발견했다. "이 아름다운 야채들의 비밀이 뭔지 알 수 있나요? 나도 텃밭에서 야채를 재배하고 있지만, 이런 아름다운 색의 야채는 본 적이 없어서요." 마침 가게에 잠시 들렀던 생산자한테 물었다. 생산자는 남편과 함께 '비오디나미' 방식으로 재배한 야채들이라고 답을 했다. 안은 바로 다시 물었다. 그건 어떻게 재배하는 방법인지, 누구나 할 수 있는 건지, 계속해서 이런저런 궁금증이 생겼다. 그녀의 관심이 지나가는 호기심이 아니라는 것을 눈치챈 생산자는 아주 간략하게 비오디나미에 대해 설명하고 관련 잡지를 하나 내밀었다. 안은 잡지에 실려 있는 정보를 바탕으로 비오디나미를 자신의 농장에 적용해보기 시작했다. 게다가 이미 소를 키우고 있었기 때문에, 비오디나미에 필요한 퇴비나 재료도 직접 만들 수 있었다. 즉 그녀는 비오디나미를 직관적으로 이해할 수 있었다. 그리고 자신이 이해한 비오디나미 요소들을 하나하나 실행에 옮겨보았다.

'포도나무를 한번 살려볼까?' 하는 생각이 들었을 무렵에는 이미 농장에서 비오디나미를 꽤 여러 해 동안 실행한 상태였다. 그녀는 그동안의 경험을 포도나무 재배에 바로 접목해보았다. 1992년에 그녀는 포도밭이 딸린 농장을 매입했고, 첫 와인이 1999년에 출시되었으니 죽은 포도나무들을 살려내는 데만 거의 7년여가 걸린 셈이다. 이전 주인이 포도밭에 불을 놓았을 때 건조한 풀들만 태웠으면 좋으련만, 멀쩡한 포도나무 밑둥까지 다 불에 탔다. 그녀는 그 포도나무들을 조금씩 살려 내기 시작했다. 비오디나미 외에 필요하다 싶을 때는 동종 요법Homeopathy이나 각종 천연 오일을 사용해보기도 했다. "죽었다고 생각한 포도나무 밑둥에서 새로운 가지가 나오며 살아나는 것을 보는 건, 정말 기쁘고 행복한 일이었어."

그녀의 정성스런 간호를 받은 나무들이 조금씩 열매를 맺어 포도를 내놓았을 때, 그 밭이 협동조합에 속했던 탓에 그녀는 어쩔 수 없이 포도를 조합에 팔아야 했다. 하지만 자식같이 정성을 들여 키운 포도들이 다른 포도들과 섞이며 약이 뿌려지고 함부로 다뤄지는 걸 보면서 그녀는 계속 마음이 아프고 불행했단다. 결국 그녀는 직접 와인을 만들어야겠다고 결심을 하게 된다. "결국 다 발효에 관한 일이니까. 난 발효에는 자신이 있었거든." 양조를 배운 적도 없고, 배워야 한다고 생각도 하지 않았던 그녀는 그렇게 자신만의 와인을 만들기 시작했다. 판매를 위해 AOC를 받아야 하지 않을까 싶어서 신청했지만 '기존 와인과 맛이 다르다, 이산화황을 넣어야 한다' 등의 이유로 거절당했고, 그녀는 AOC를 깨끗이 포기했다. 와인을 잘 못 마시던 그녀가 자신이 만든 와인은 마실 수 있었고 게다가 맛도 뛰어났는데, 무엇이 더 필요한가 싶었다.

그렇다면 그녀의 와인은 어떤 경로로 판매되었을까. "내가 좋아하는 이 지역 생산자들에게 내 와인을 맛 보여줬지. 그들이 소믈리에들에게 와인을 소개했고." 그렇게 그녀의 와인은 입소문을 타고 팔리기 시작했다. 그중에서도 가장 먼저 맛을 보여 줬던 사람이 디디에 바랄(도멘 레옹 바랄의 생산자)이었다. "디디에는 내가 포도밭에 소를 풀어 놓고 키우는 걸 보더니 너무 좋다고 하더군." 안은 그녀의 소들을 겨우내 포도밭에 풀어놓고 키우는데, 소들은 밭에 자라는 풀을 뜯어 먹고 땅을 정리해주는 역할을 한다. 실제로 디디에 바랄 역시 이 방법을 그의 밭에 적용하기도 했다.

1999년에 그녀가 첫 와인을 만들었을 때 피에르는 18살이었고 양조 공부를 막 시작한 상태였다. 피에르가 14살 되던 해, 혹시 앞으로 와인을 만들어 볼 생각이 있냐고 안이 물었는데, 피에르의 답은 곧장 "물론이에요!"였다고. 그 후 피에르는 늘 어머니를 도와 일했다. 학교에 다니는 동안에는 하루의 절반은 학교에, 절반은 포도밭에 있었다. 또래 친구들은 밖에서 한창 놀고 있을 나이인데, 언제나 어머니가 살려내고자 노력을 기울이는 포도밭에 가 있었던 그는 사실 남과 다른 삶에 살짝 우울했던 적도 있었다고 털어났다. 그는 어머니와 자신이 가꾸는 깨끗하고 아름다운 포도밭에, 화학제를 마구 뿌리는 이웃 밭의 잔재가 날아와 오염되는 게 싫어서 어린 나이에 주변의 땅을 사들여버렸다. 화학제로부터 완전히 자유롭고 싶었다고 한다. 당시 피에르의 나이가 16~17세였다고 하는데, 물론 당시의 땅값은 지금은 상상도 못 할 정도로 저렴했겠지만, 일찍이 그런 생각을 한 점이 참 대단하다.

안은 이웃들을 설득하기 위해 비오디나미 강의를 직접 해주겠다고 여러 번 제안을 했지만, 아무도 듣지 않았을뿐더러 마을에서 이들을 마주치면 대부분의 사람들이 인사도 하지 않았다고 한다. 심지어 집을 팔고 떠나라고 협박하는 사람들도 있었다. 하지만 지미오의 와인이 해외와 파리에서 명성을 쌓기 시작하고 그 소문이 그들의 작은 마을에도 점차 퍼지면서, 사람들의 시선은 그제서야 호의적으로 변했다. 실제로 안과 피에르가 지역 사람들의 호의 어린 시선을 느낀 건 불과 얼마 전부터라고 한다.

이들의 포도밭은 현재 5.75헥타르이고, 이중 0.75헥타르에는 200년이 넘은 포도나무들이 있다. 그런데 놀랍게도 나이 든 포도나무들이 있는 밭이 다른 포도밭보다 더 많은 포도를 생산한다고 한다! 라베스 모자의 포도밭은 대부분 엄청난 양의 자갈로 이루어져 있고, 흙이 거의 없어 포도나무의 성장이 매우 더디고 수확량도 적다. 그런데 200년이 넘은 포도나무가 있는 밭은 언덕의 등성이에 자리 잡은 명당으로, 다른 곳보다 땅이 비옥하다. 이곳에서 생산되는 여러 가지 품종을 섞어 만들어진 와인은 과일 향과 숲의 청량감 그리고 뛰어난 구조감을 지닌다.

피에르는 2008년부터 실제 도멘의 운영자이자 소유주가 되었고, 안은 아들에게 고용되어 있는 형태다. 물론 둘의 의견이 언제나 일치하는 것은 아니다. "예를 들어 나는 우리 포도밭이 5헥타르라고 하는데 피에르는 5.75헥타르라고 하잖아. 하하." 하지만 피에르는 "엄마가 늘 옆에 있어서 정말 다행이지. 자식 돌보듯 포도나무를 재배하는 건 우리 엄마 외에는 아무도 못 하거든."이라고 한다.
나는 지미오의 와인 중에서도 로제와인을 특히 사랑하는데, 붉은 과일 맛과 예쁜 산미가 정말 기가 막히게 어우러지는 와인이다. 이 와인을 처음 생산한 건 안이었지만, 이를 발전시키고 현재의 모습으로 만든 건 피에르다. 펫낫 역시 마찬가지다. 그들의 로제와인은 특이하게도 화이트와인과 레드와인을 섞어서 만든다. 원래 로제와인을 싫어하던 안이 어느 날 문득 그녀가 마시던 화이트와인에 레드와인을 살짝 섞어본 것이 계기가 되었다고 한다.

안과 이야기를 나누다 보면, 그녀는 진정으로 자연과 소통하고 자연과 연결되어 있는 사람이 아닐까 싶다. 죽은 포도나무를 되살리기도 하고, 그녀의 밭에서 자라는 식물과 소통하며 정성스레 가꾼다. 더 이상 살지 못하는 나무들을 뽑고 다시 심은 적도 있는데, 이때는 반드시 풀이 몇 년간 땅에서 피고 지면서 땅을 정화시키기를 기다렸다가 심는다고 한다. 그리고 새로 심은 나무들이 탄탄하게 뿌리를 내릴 수 있도록 7년간은 포도를 수확하지 않는다고 한다. 대단한 인내심이다. 시간이 곧 돈으로 여겨지는 요즘 누가 이렇게까지 할까. 대부분의 경우 나무를 뽑으면 곧바로 다시 심고, 2년 후부터는 포도를 수확해 와인을 만든다. 나무뿌리가 탄탄해질 시간은 중요하지 않고, 애초에 그러한 개념 자체를 생각하지 않는 사람들이 대부분이다. 이렇게 뿌리를 강화해 키운 포도나무는 나중에 시간이 지나면서 늘 든든한 수확량을 보장해준다. 현재 그들의 25년산 포도나무는 최고의 역량을 보여주고 있다. "진정한 내추럴 와인은 마시는 사람한테 즐거움을 전달해 줄 수 있어야 해. 내추럴 와인에는 '빛'이 포함되어 있어서 우울할 틈 같은 건 없거든."

안과 피에르는 맑고 깨끗하고 청량한 느낌의 와인을 만든다. 오크를 전혀 사용하지 않고 스틸 탱크에서 발효 및 숙성을 거치는데, 이 과정에서 오는 깨끗한 뉘앙스도 있겠지만 무엇보다도 높은 언덕 위 바람이 잘 통하며 작고 하얀 돌이 깔려 있는 테루아에서 나온 포도의 힘이 큰 몫을 할 것이다.

함께한 와인

 ### Muscat Sec des Roumanis
뮈스카 섹 데 후마니

후마니는 100년이 넘은 뮈스카 포도가 심어진 밭 이름이다. 기존의 뮈스카가 달콤하게 양조되었다면, 지미오의 이 뮈스카는 드라이하며 미네랄이 넘치는 전혀 다른 화이트와인이다!

 ### Rosé
로제

안의 느낌에 따라 만들어진, 화이트와인과 레드와인을 섞은 로제와인이다. 다수의 품종이 섞여 있으며, 쉽게 마시기보다 시간을 들여 마실 만한 가치가 넘치는 와인.

Rouge de Causse
후즈 드 코쓰

백 년이 훨씬 넘은 16개의 서로 다른 포도 품종이 섞인 레드와인. 복합적이고 깊이 있으며, 과일과 미네랄리티의 조화가 놀랍다.

베르나르 벨라센

Bernard Belahsen

WINERY

도멘 폰테딕토
Domaine Fontedicto

NATURAL
WINEMAKER
No.30

베르나르 벨라센
Bernard Belahsen

마른 체구에 베레모를 즐겨 쓰는 베르나르 벨라센. 심각한 표정을 지을 때도 가끔 있지만, 그의 얼굴에는 늘 따뜻한 미소가 머문다. 그의 와이너리는 몽플리에Montpellier와 베지에Béziers 사이에 위치한 내륙 평지, 그곳에 살짝 올라와 있는 구릉지에 위치하고 있는데 포도밭 아래로 굽어보는 경치가 정말 아름답다. 현재 그의 집과 양조장을 둘러싼 3헥타르의 아름다운 포도밭은 1993년에 그가 처음 도착했을 무렵에는 버려진 지 60년이 넘은 곳이었다. 집은 거의 400년이 되어가는 폐허인 데다 수도도 없고, 전기도 없었다. 그래서 그가 직접 전기도 끌어오고 수도 공사도 했다. 그의 집은 30년이 되어가는 지금도 여전히 조금씩 수리 중이다.

베르나르의 와인을 처음 마셨던 때가 기억난다. 리덕션이 매우 심한 와인이라 나는 차마 다 마시질 못하고 산을 옆으로 빌어 놓았

435

다. 그러고 2시간쯤 지났을까? 다시 와인을 한 모금 입에 머금은 나는 눈이 휘둥그레져 레이블을 다시 살펴보고 그의 연락처를 찾았다. 아름다운 과일 향과 실크처럼 부드러운 보디, 그러면서도 입안을 꽉 채우는 구조감이 너무나 좋았다. 간신히 그와 연락이 닿았을 때 그의 답은 예상대로였다. "기다려라, 지금은 줄 와인이 없다." 그렇게 2년 넘게 기다리다가 마침내 2017년부터 베르나르의 와인이 한국에 수출되기 시작했다.

베르나르는 어릴 때부터 자연에 대한 의무감이 있었다고 털어놓았다. "적어도 땅을 깨끗하게 쓰다가 후대에 물려줘야겠다는 생각을 했어. 우리가 지금 땅을 소유하고 있더라도 진정한 소유는 아닌 거니까. 자연은 그 자리에 그대로 있고, 인간만이 스쳐 지나가는 건데, 지나가는 사람이 나쁜 짓을 해놓으면 그다음에 오는 사람이 그 모든 피해를 고스란히 받게 되는 거잖아…." 게다가 그는 도시를 견디지 못한다. 오로시 탁 트인 사연 안에서만 숨을 쉴 수 있다.

그는 와인을 만들기 전 포도주스만 15년간 생산했었다. 포도밭을 경작하고 포도를 수확해, 와인이 아닌 주스를 만든 것이다. 이때부터 이미 그의 밭은 유기농이었고, 모든 경작은 기계가 아닌 말을 이용해서 작업했다. 1.5헥타르의 작은 밭이었지만 포도는 충분히 열렸고, 딸린 가족 없는 그에게는 생활을 영위할 만한 양이었다. 하지만 그러다 아내 세실Cécile을 만나고 가족을 이루면서 포도주스를 생산하는 것만으로는 생활이 힘들어졌다. 그때 지금의 포도밭 지역으로 이주해 온 것이다. 포도주스를 만들던 밭은 평지였고 비옥한 땅이라 수확량이 아주 많았는데, 지금의 포도밭은 비탈길인데다 돌이 가득하며 석회질이다. 포도 수확량은 이전에 비해 비교할 수 없이 적다. 그렇다면 좀 더 높은 가치의 생산품, 부가 가치를 더할 수 있는 상품을 만들어야 했다. 바로 와인이었다. 그렇게 해서 그는 와인을 만들게 되었다.

그의 땅은 현무암과 석회석으로 구성되어 있고, 흙이 거의 없다. 게다가 북향에다 해발 150미터에 위치하고 있다. 그의 와인이 늘 신선한 청량감을 품고 있는 중요한 요인이다. 경작은 당연히 유기농으로 했으니, 수확량이 많을 수가 없었다. "땅을 더럽히고 싶지 않았어. 평지에서 포도주스를 만들었을 때도 마찬가지야. 내 인생에는 어떠한 화학제도 들어온 적이 없지." 그는 심지어 포도주스를 만들 때 누가 가르쳐준 것이 아니었는데도 수확한 포도를 감별하고 선별하는 작업을 거쳤다. 심지어 레드, 로제, 화이트와인용 주스를 따로따로 만들고, 각 포도의 품종별로 맛이 다르다는 것을 소비자들에게 알리기 위해 병입도 각각 했다. 이런 그가 와인을 만들게 된 것은 너무나 당연한 듯 보였다.

포도주스를 생산하던 시절 그는 직접 유기농 마켓을 돌아다니면서 주스를 판매했는데, 알자스의 내추럴 와인 살롱에서도 자신의 포도주스를 판매했다. 피에르 프릭이 주관하는 행사였다. 거기서 내추럴 와인을 마시고 아주 좋았던 기억이 남았다고 한다. 그 후 1994

년 첫 포도를 수확해 주스를 마셔보니 분명 좋은 와인으로 완성될 것이라는 확신이 들었다. 하지만 솔직히 두렵기도 했다. 와인 양조에 대한 지식이 전혀 없는 상태로 와인을 만들려고 하니 엄두가 나질 않았던 것이다.

그때 한 친구가 "너는 이렇게 맛있는 주스를 아무것도 안 넣고 만들고 있으니, 와인은 아마 훨씬 쉬울 거야."라며 격려해주었다. 사실 포도주스를 만들 때, 특히 베르나르처럼 유기농으로 재배한 포도를 안정제도 넣지 않고 저온 살균(파스퇴리제)조차 하지 않을 때는 모든 작업이 아주 깨끗한 환경에서 빛의 속도로 이루어져야 한다. 조금이라도 병입이 늦어지면 바로 발효가 일어나기 때문에 아까운 포도주스를 다 버려야 하는 것이다. 베르나르는 15년간의 경험을 통해 이를 이미 알고 있었다. 그래서 양조를 하면서도 늘 신속하게 움직였고, 배양 효모는 넣을 생각조차 하지 않았다. 효모를 더 넣으면 발효가 더 빨라지게 되는데, 포도주스를 만들 때는 적절한 속도가 중요하므로 처음부터 넣지 않았던 것이다. 이것이 베르나르만의 내추럴 와인 양조의 시작이었다.

그가 들려주는 포도주스 이야기가 너무 흥미로웠다. 주스를 생산할 당시 주변에도 유기농 포도주스를 생산하는 사람들이 있었고, 이를 한데 모아 함께 테이스팅하는 자리가 있었다. 그런데 그날 맛을 보고 그는 놀랄 수밖에 없었다. 그의 것만 빼고 다른 주스들의 맛이 모두 똑같았다. 당시 총 5종의 주스를 시음했는데, 4개의 맛이 모두 같았던 것이다. 알고 보니, 포도 생산지는 4명인데 주스로 만드는 사람은 1명이었다. 다른 밭의 포도를 섞은 것이 아니라 그 저 주스를 생산하는 방법이 같았을 뿐인데 결론적으로 맛이 다 똑 같아졌다. 주스에 두 개의 전극을 연결하고 전류를 흘려 75도까지 온도를 높인 다음 저온 살균을 한 후 병입하는 방법이었다. "나는 그 과정을 보고 쇼크를 받았어. 어떻게 먹는 음식에 전기를 직접 가하지? 그런 건 전혀 마시고 싶지 않았어. 나의 저온 살균법은 중 탕하는 방법이었거든. 훨씬 까다롭고 온도 조절에 온 신경을 써야 하지만, 적어도 주스에 다른 물질이 닿지는 않지." 베르나르는 중 탕하는 방식으로 저온 살균을 하고, 여러 번 실험을 통해 가장 온 도가 낮으면서도 재발효가 일어나지 않는 온도를 알아냈다. 주스 에 최소한의 쇼크를 가하고, 그 본연의 맛을 유지하기 위해서였다. 그가 찾아낸 답은 74도였다.

처음으로 와인을 만들었을 때 그는 양조 컨설팅 실험실에 샘플을 보냈다. 실험실에서는 앞으로 생길 수도 있는 여러 가지 문제를 예 방하기 위한 양조학적 처방이 빽빽하게 적힌 노트를 보내왔다. 하 지만 그는 왜 문제가 생기기 전에 예방을 해야 하는지 이해할 수 없었다. 그래도 첫 양조이기에 일단 레시피에 적혀 있는 양의 반 을 넣었다. 그리고 그다음 해에는 훨씬 더 적게 넣었다. 결국 약품 을 넣든 넣지 않든, 와인에는 큰 문제가 생기지 않는다는 걸 깨달 았다. 그는 다시는 약을 넣지 않았다. "정확하게 기억할 수는 없지 만 1996 혹은 1997 빈티지부터 나의 와인은 완벽하게 깨끗한 와인 이었어."

1995년 5월, 그에게 믿을 수 없는 일이 일어났다. 사실 그는 와인 업계가 어떻게 돌아가는지 전혀 모르는 사람이었고, 어떻게 와인을 팔아야 하는지도 잘 몰랐다. 어느 날 그의 아직 완성되지도 않은 양조장으로 나이가 좀 있는 미국인이 찾아왔다. 나중에 알고 보니 그 유명한 커밋 린치(캘리포니아의 유명한 와인 수입상이자 작가, 음악가. 내추럴 와인을 처음 미국에 들여온 이로 유명하다.)였다. 커밋 린치는 그의 와인을 시음하면서 대단히 만족해했고, 이런저런 질문도 했지만 결국 와인을 매입하지는 않았다. 당시 그에게는 양조 장비도 없었고 제대로 된 시설은 물론 외부와 차단된 셀러도 없었다. "5월이라 날씨가 이미 덥고 습했으니, 커밋 린치는 내 와인의 보관 상태에 대해 의구심을 가졌던 것이 분명해. 이후 셀러를 외부 공기로부터 보호하는 것부터 손을 봤지." 비록 와인을 팔지 못했지만, 아무도 찾지 못할 것 같은 외딴 와이너리에 그런 대단한 사람이 다녀갔다는 것은 그에게도 굉장한 놀라움이었다. 이후 다른 수입사들도 베르나르를 찾아오기 시작했고, 와인 판매는 그리 어렵지 않았다. 사실 그는 와인을 판매하기 위해 프랑스의 다른 지역이나 외국을 다닌 적이 없다. 심지어 파리에도 온 적이 없단다.

특히 베르나르의 1998년 빈티지 와인에는 벨기에의 와인 리뷰지 〈비노 베리타스〉가 랑그독 와인 중에서도 '매우 특별함'이라는 최고의 점수를 줬다. 당시 그의 와인 가격은 사실 말도 안 되게 저렴했다. 모두 수작업으로 생산하고 말을 사용해 밭일을 하는데, 대량 생산 기계를 사용한 다른 와인들과 값이 비슷했던 것이다. 심지어

이 사실을 알려준 것은 아이러니하게도 INAO(프랑스 국립 원산지관리소)의 검사관이었다. "당신은 와인 값을 더 많이 받아야 해요." 그의 와인은 2000년을 넘기면서부터 생산량이 수요를 못 따르는 상황이 되었다. 덴마크를 비롯한 북유럽과 일본에서의 인기 덕분이었다. 한국에 그의 와인이 소개된 것이 2017년이었으니, 늦어도 한참 늦은 것이다. 그러니 안타깝게도 그가 한국에 와인을 보낼 수 있는 수량은 이미 무척 제한적인 상태였다.

베르나르는 내추럴와인협회A.V.N의 창립 멤버 중 한 사람이다. 2005년에 1차 모임을 이끌며, 협회 규정 정립에도 많은 기여를 했다. 그런 그에게 협회에 대해 어떻게 생각하는지 물었다. 왜냐하면 약간의 이산화황을 넣은 와인조차 내추럴 와인으로 인정하지 않는 그의 올곧은 성향을 알기 때문이다. 최근 들어 이산화황을 소량 넣은 와인까지도 내추럴 와인으로 허용하는 추세에 대한 그의 의견이 궁금했다. "사람들은 A.V.N의 와인 살롱에 와서 '내추럴 와인'이 무엇인지 알고 싶을 거야. 그런데 그중에 살짝이라도 이산화황을 넣은 와인들이 섞여 있으면, 도리어 헷갈릴 수 있지 않을까? 적어도 동일한 철학으로 양조된 와인들만 시음하도록 해야 하지 않을까 싶어. 그래야 내추럴 와인이 컨벤셔널 와인과 명백하게 '다른' 와인임을 사람들이 알게 되지 않을까 싶은데…." 부드러운 어조였지만, 그의 확고한 생각을 읽을 수 있었다.

오랜만에 멀리서 찾아왔는데 오래된 와인 좀 마셔보자며 그가 와인을 하나 내왔다. 8년간 숙성을 하고 2017년에 병입을 한 2009년산 와인이었다. "이거 한국에도 보냈어." 하며 싱긋 웃는다. 와인은 여전히 놀랍도록 싱싱했다. 이제야 살짝 진화가 시작될까 말까 한 정도였다. "뜨거운 남쪽이니 포도를 일찍 수확해야 한다고들 생각하는데, 그건 실수야. 정답은 포도밭에 있다고. 비오디나미가 답이지. 그래야 아주 잘 익은 포도를 수확해도 아름다운 산미가 받쳐주는 와인이 나오거든. 다행인 건 요즘 젊은 생산자들이 이걸 깨닫기 시작했다는 거야. 그래서 난 미래가 밝다고 봐."

그는 천천히 다른 삶을 준비 중이다. 벌써 17년째 그는 매주 금요일마다 빵을 만들고 있다. 직접 경작한 밀을 직접 빻아, 직접 키운 효모를 사용해 만드는 빵이다. 그의 빵은 늘 예약제로 판매가 되는데, 벌써 몇 주 치 예약이 밀려있다. "사실 빵은, 와인 생산량이 생활하는데 충분하게 나오지 않아서 시작한 건데 이게 생각보다 재밌더라고. 손이 많이 가긴 하지만 조금씩 생산량을 늘려가려고 해." 그만큼 그의 와인은 점차 줄어든다는 이야기일 것이다. 그의 와인을 아끼는 사람들에게는 서운한 소식이겠지만, 그는 이렇게 또 다른 방법으로 자연을 아끼며 한 걸음씩 나아가고 있다.

함께한 와인

랑그독의 뜨거운 태양 아래에서 잘 익은 포도로 만들어진 와인답게, 베르나르의 와인은 꽤 묵직하다. 하지만 오랜 기간 비오디나미로 내공을 쌓은 그의 포도나무들은 이런 더위에도 신선함을 간직한 포도를 내놓고, 이는 와인에도 고스란히 반영되어 멋진 밸런스를 선사한다.

 ### Promise
프로미즈

온갖 종류의 붉은 과일과 다양한 향신료가 복합적으로 얽혀 있는 대단한 와인. 오픈해서 3시간은 지나야 서서히 본색(!)을 드러낸다.

 ### Pirouette
피루에트

단연코 최고의 카리냥 와인이다. 엄청난 파워가 있지만 동시에 신선함 역시 강렬하다.

디디에 바랄

WINERY

도멘 레옹 바랄
Domaine Léon Barral

NATURAL
WINEMAKER
No.31

디디에 바랄
Didier Barral

내가 디디에 바랄의 존재를 처음 알게 된 건 내추럴 와인을 알기 훨씬 전의 일이었다. 파리의 유명 파티시에인 피에르 에르메Pierre Hermé가 와인 애호가라는 소문이 자자해서, 그와 와인 관련 인터뷰를 하기 위해 만났다. 그때 그에게 가장 아끼는 와인이 무엇인지 물었더니, 그는 샤토 무통 로칠드 한 상자와 디디에 바랄의 퀴베 발비니에르Valvignière 한 상자를 기꺼이 교환할 수 있을 정도로 발비니에르를 사랑한다고 답했다. 무통 로칠드와 맞교환을 하겠다는 랑그독 포제르Faugère 지역의 와인이라⋯. 그때가 2010년이었는데, 그를 만났던 당시의 내 입맛으로는 솔직히 엄청나게 공감할 수 없었다. 하지만 피에르 에르메가 내어 준 와인을 마시고, 시간이 지나며 계속해서 바뀌는 와인의 향과 맛에 매료되었던 기억은 남아있다. 나중에 제대로 찾아보니 그는 랑그독의 유명한 비오디나미스트였고, 그의 와인은 이산화황을 아주 소량 쓰거나 또는 아예 쓰

449

지 않는 깨끗한 와인이었다. 그렇게 디디에 바랄을 알고 그의 와인을 좋아하게 되었지만 정작 그를 만난 적은 없었다.

이번 책의 인터뷰를 위해 드디어 처음으로 만난 디디에. 그는 놀랍게도 여전히 팩스를 사용한다. 아니, 팩스만을 사용한다. 이메일도 없다. 거부한다. 유선 전화 또는 팩스가 그와의 유일한 커뮤니케이션 수단이다. 내가 왜 그를 이제야 만나게 되었는지 단박에 이해가 되었다. 규모가 꽤 큰 와이너리임에도 불구하고 그만의 방식으로 잘 운영되고 있는 것이 참 신기했다.

만나자마자 그는 기후 변화에 대한 고민부터 풀어놓았다. 이 지역의 겨울은 원래 축축했는데 이제는 매우 건조해졌으며, 도리어 건조했던 봄이 축축해지고 있단다. 이러한 현상은 계속 심해지고 있고, 45도에 육박하는 한여름의 더위는 포도의 숙성을 막고 태워 버린다고 걱정이 이만저만이 아니란다.

그는 땅을 갈아엎는 쟁기질도 기부한다. 인간이 인위적으로 만들어낸 경작 방법으로, 흙이 풀과 미생물들과 함께 살아가는 사이클을 무너뜨리는 일이기 때문이다. 그가 쟁기질을 거부한 첫해는 1998년이었다. 당시 밭을 반으로 나눠서 절반은 쟁기질을 하고 절반은 그대로 두었는데, 두 번째 해까지는 두 땅에서 난 포도의 맛 차이가 별로 없었다고 한다. 하지만 세 번째 해부터 차이가 나기 시작했는데, 쟁기질을 하지 않은 땅에서 나온 포도가 복합미나 신선한 느낌이 월등했다. 그가 직접 손으로 파서 보여 준 그의 포도밭 아래에는 지렁이가 가득했고, 보기에도 유기물들이 넘쳐나는 땅이었다. 어느덧 쟁기질을 하지 않은 지 20년이 되어 가는, 진정 살아 있는 땅이다.

그는 기존의 관습을 꽤 일찍부터 거부했는데, 원래 대대손손 와인을 만드는 집 자손이었는지 궁금했다. "내가 대략 13대손 정도 될 거야. 예전에는 와인보다는 양을 치는 일이 주업이었는데 100년쯤 전부터 포도밭 경작만 하게 되었지." 그가 계속해서 들려준 이야기는 영화에 나올 듯한 비극이었다. "100년 전의 조상들은 양을 아주 많이 소유하고 계셨어. 그런데 양보다 포도가 돈이 될 것 같으니 전부 포도밭으로 돌리자고 결정을 하셨지. 그래서 그 많은 양들을 몰고 도시로 나가서 전부 다 팔았어. 그 돈으로 포도밭을 매입하려고. 그런데 돌아오시는 길에 강도를 만난 거야. 돈만 뺏긴 게 아니라 목숨도 잃으셨지. 바로 돌아가신 건 아니고 2달쯤 지나서… 지금 우리가 있는 이 집에서 말이야."

그 후 그의 선조들은 조금씩 포도밭을 늘려왔고, 아버지 대에는 양조협동조합에 포도를 팔기도 했다. 디디에는 1993년에 밭을 물려받으면서 조합을 탈퇴하고 독립을 했다. 당시 포도밭은 23헥타르였다. 어머니가 시집오시면서 지참금으로 가지고 오신 포도밭 10여 헥타르와 합해진 규모였다. 현재 그는 30여 헥타르의 포도밭을 가지고 있고, 여기에 카리냥Carignan 생소Cinsault, 무르베드르Mourvedre 등 남쪽 지방의 품종을 재배하고 있다. 디디에는 비교적 북쪽 지역의 품종이라 시원한 기후에 최적인 샤르도네와 메를로를 이렇게 더운 남쪽에 심는 건 잘못된 일이라고 잘라 말한다. 만약 포도를 새로 심는다면 절대로 토착 품종이어야 한다. 세계적으로 잘 팔리는 포도 품종을 심느라 기존의 토착 품종을 뽑아버렸던 예전의 실수가 되풀이되어서는 안 된다고 힘주어 말한다.

사실 디디에는 처음에는 와인을 만들 생각이 없었단다. 다만 자연을 너무 좋아했고, 가족들이 사는 마을을 떠나고 싶지 않았다. 그러다 보니 자연스럽게 와인을 만들게 되었다. 그런데 왜 유기농과 비오디나미를 시작했을까? "나는 호기심이 많아. 그래서 포도밭에 뿌리는 제초제나 화학 비료를 쓰기 전에 꼭 '왜?'라는 질문을 스스로 하곤 했지. 남들이 한다고 무조건 따라 하질 않았어. 그러다 보니 유기농으로, 또 그러다 보니 비오디나미로 자연스레 옮겨가게 된 거야." 웃음기 띤 얼굴로 그가 이어서 말하길 "나는 늘 궁금하고, 해결해야 하고, 지켜볼 것이 많아. 그런데 그 덕분인지 그 흔한 '중년의 위기'도 없었어. 하하."라고 한다. 중년의 위기는 말 그대로, 안정되어야 할 중년의 나이에 인생을 돌아보며 갑자기 지나온 생을 후회하거나 새로운 인생을 계획하고자 하는 현상을 말하는데, 자연과 바쁘게 살아온 디디에게 인생을 돌아볼 시간이라는 것이 있었을 턱이 없다.

"비오디나미 농법을 하며 말을 몰고 땅을 갈고 있을 때였어. 아직 쟁기질을 할 때였지. 나는 늘 밭 구석구석의 땅을 자세히 살펴보곤 했는데, 말이 똥을 싸고 지나간 자리 아래에는 다양한 미생물이 나오는데, 구입한 퇴비를 뿌려둔 땅 밑에는 살아 있는 생명이 없는

거야. 대체 왜 그럴까? 어마어마하게 파고들었지. 그 이유를 깨닫고 이해하는 데 꼬박 3년이 걸렸어." 시판 퇴비에는 똥과 함께 오줌도 들어가는데, 오줌에는 암모니아가 있고 그 암모니아가 모든 미생물을 태우는 것이다. 그래서 그는 퇴비도 직접 만들기 시작했다.

그럼 와인에 이산화황을 현저하게 줄이고 결국 안 넣게 된 계기는 무엇인지 물었다. 그는 이 역시 호기심에서 비롯되었다고 한다. "와인을 계속 만들다 보니 이런 생각이 들더라고. 와인은 살아 있는 유기체인데 이산화황은 효모를 제외한 유해한 박테리아를 없애고, 산화를 방지하기 위해 넣는 거잖아? 그럼 살아 있는 와인에 들어 있는 유기체들이 죽겠구나, 유기체가 없으면 와인은 제대로 된 건강한 진화를 못 하겠구나 싶었어. 그래서 소량으로 실험을 해봤어. 일부 와인에는 이산화황을 넣고, 일부 와인에는 넣지 않았지. 그 결과 이산화황을 넣지 않은 와인의 품질이 월등하더라고. 나는 실험 결과를 토대로 단순하게 생각한 거지 뭐 거창하게 내추럴 와인을 만들겠다, 하는 생각은 전혀 없었어."

조합을 탈퇴하고 독립된 와이너리를 시작한 것은 디디에 자신인데, 왜 도멘 이름이 레옹 바랄인지 궁금했다. 레옹은 그의 할아버지의 이름이었다. 낮에는 포도를 경작하고 밤에는 밀렵을 하셨던 할아버지는 진정 땅에 속한 분이셨다. 와이너리의 이름은 그런 할아버지에 대한 존경을 담은 헌사였던 것이다. 그렇게 다르게 만들어진 도멘 레옹 바랄의 와인은 처음에는 팔기가 쉽지 않았다. 그는 인터뷰를 하면서 어려웠다는 이야기를 여러 번 했다. 와인을 팔기까지 정말 오래 걸렸고 힘들었단다. 그는 같은 업계에 아는 사람도 없었고, 유기농을 하는 다른 사람들도 몰랐다. 그저 본인이 생각하는 좋은 방향으로 꾸준히 자신을 이끌어온 것이다.

그의 와인은 풀 보디의 탄탄한 구조를 갖고 있는 남부 와인이지만, 목에 걸림이 없다. 정말 마시기에 쉽다. "로버트 파커의 시대는 이제 갔다고. 그때는 정말 말도 안 되게 강한 와인들, 이상한 와인들, 마실 수도 없는 와인들이 판을 쳤지." 비싼데 마실 수 없는 와인들이 아니었냐며 그는 계속해서 말을 이었다. "와인 생산자는 감각적이고 유연해야 하는데 그땐 다들 '자의식' 과잉이었지."

"지금까지 와인을 만들면서 자신의 최고 빈티지를 꼽는다면?" 하고 물었다. "그걸 어떻게 알겠어. 난 내 와인 안 마셔. 다른 사람의 와인을 마시지. 친구들의 와인을 마시는 게 큰 즐거움이야."라며 웃는다. 역시나 그는 모두의 예상을 뛰어 넘는, 남다른 감각을 가진 사람이었다.

함께한 와인

지역 특성상 지하 카브Cave가 없는 곳에서 디디에는 오크 숙성을 통해 산미와 복합미, 그리고 과실 향까지 갖춘 멋진 와인을 빚고 있다. 그의 와인은 숙성을 거치면 더욱 맛있어지지만, 출시한 지 얼마 안 된 와인도 충분히 맛있다.

 ### Faugère
포제르
꽃 향기 넘치는 신선함이 매우 인상적인 와인. 알코올이 14도가 넘지만 뛰어난 밸런스가 이를 받쳐주고 있다.

 ### Jadis
자디스
카리냥과 시라를 베이스로 하여 기본적으로는 힘이 있는 와인이지만, 검은열매 향과 향신료 향으로 채워져 우아함이 넘친다. 2년간 오크 숙성을 거친다.

 ### Valvignière
발비니에르
믿을 수 없을 만큼 섬세함을 갖춘 강건한 와인. 단연코 디디에가 만든 최고의 와인이다.

알랑 카스텍스

WINERY

레 뱅 뒤 카바농
Les Vins du Cabanon

알랑 카스텍스
Alain Castex

2015년 여름의 어느 날이었다. 평소 즐겨 찾던 파리의 작은 내추럴 와인 바를 찾아 오늘은 좀 특별한 와인을 마시고 싶다고 했다. 그 때 주인장이 의미심장한 웃음을 지으며 꺼내 온 와인이 바로 알랑 카스텍스의 칸타 마냐나Canta mañana였다. 스페인어로 '내일을 노래하다'라는 뜻을 가진 로제와인이었다. 스페인 국경과 맞닿아 있는 루시용 지역은 프랑스어와 스페인어, 두 언어가 흔히 함께 사용되는데 알랑 카스텍스 역시 퀴베 이름을 스페인어로 지은 것이다.

여름날의 초저녁 무렵이었고, 더운 기운이 조금씩 잦아들고 있기는 했지만 여전히 후덥지근한 상태였다. 남쪽 지역의 과일 향 넘치는 레드 품종 사이로, 한 줌 정도 섞였을까 싶은 뮈스카 품종의 곱고 달콤한 향이 로제와인의 어여쁜 색과 함께 어우러져 한낮의 더위를 시원하게 날려 버리는 느낌이었다. 그야말로 내일을 노래하고 싶은 심정이었다!

와인의 백 레이블에는 친절하게도 알랑 카스텍스 본인의 이메일과 전화번호가 적혀 있었다. 내추럴 와인을 한국에 소개하기 시작한 이후로, 숨바꼭질이라도 하듯 꼭꼭 숨어 있는 생산자들을 찾느라 늘 동분서주하곤 하는데 이렇게 친절하게 모든 연락처를 적어 두다니, 엎드려 절이라도 하고 싶은 심정이었다. 그러나 연락처를 적어뒀다고 해서 연락이 쉬운 것은 아니다. 나는 무려 3년을 기다렸다가 2018년에 처음으로 그의 와인을 한국에 소개하기 시작했다. 나중에 알고 보니, 내가 여름날 마셨던 2015년산 칸타 마냐나는 그가 바뉼스를 떠나 좀 더 북쪽 내륙 지역인 트루이야스_Trouillas에 자리를 잡고 만든 첫 와인이었다.

알랑의 와인 양조에 대해 이야기하려면 우선 그가 처음으로 와인을 만들었던 랑그독의 코르비에르_Corbière 지역부터 시작해야 한다. 알랑은 1986년부터 포도밭 경작을 유기농으로 전환했다. 80년대의 랑그독은 그야말로 유기농의 불모지 중의 불모지였는데, 알랑은 용감하게도 유기농을 시도한 것이다. 그런데 그로부터 불과 몇 년 지나지 않아 그는 또 다른 전환점을 맞는다. 1991년에 막스 레글리즈(부르고뉴의 유명한 양조가로, 은퇴 후 상 수프르 양조기업 전파에 힘을 쏟았다.)와 클로드 부르기뇽(부인인 리디아 부르기뇽과 함께 토양과 테루아에 대한 연구로 유명하다.)이 주도한 와인 컨퍼런스에 참여한 것이 그의 양조에서 큰 전환점이 되었다. "막스 레글리즈를 통해 상 수프르 양조법에 대해 처음 들었어. 당시 피에르 오베르누아가 누군지, 쥘 쇼베가 누군지도 전혀 몰랐거든. 그런데 막스가 하는 얘기가 귀에 쏙쏙 들어오더라고." 이 만남을 통해 알랑은 유기농을 넘어선 차원의 양조를 추구하기 시작했다. "랑그독 루시용 지역이 유기농이나 내추럴 양조와는 좀 많이 떨어져 있고, 워낙 저렴하고 생산량에만 치중하는 대량 생산 지역이다 보니 소위 말하는 유명하고 명성 있는 지역의 생산자들은 우리를 좀 무시하는 게 좀 있었지. 나는 그걸 극복해 보고 싶었어."

그의 새로운 시도는 1995년에 바뉼스로 터전을 옮긴 후에도 계속되었다. 바뉼스는 역사적으로 뱅 두 나튀렐Vin Doux Naturel(발효되고 있을 때 증류주를 넣어 발효를 중단시키고 적당한 잔당을 남기는 프랑스 남부 지역의 와인)로 유명한 지역이다. 식전주 혹은 식후주로 즐기기에 적당한 이 달콤한 음료는 '바뉼스를 찾은 사람은 적어도 바뉼스 한 병은 들고 돌아간다'는 이야기가 생길 정도로 유명하다. 따라서 드라이한 와인이 설 자리가 약하고, 여기에 유기농이나 내추럴 양조까지 실험할 용감무쌍한 와인 생산자가 어디 있었겠는가.

알랑은 그런 바뉼스 지역의 내추럴 와인 움직임을 이끈 핵심 인물이다. 바뉼스는 스페인 국경과 거의 맞닿아 있는 남프랑스 지중해에 접해 있는 항구 도시로, 정식 명칭은 바뉼스 쉬흐 메흐Banyuls-sur-Mer다. 페르피냥을 지나 바뉼스로 향하는 국도를 따라가다 보면 바닷가를 향해 꽤 높고 작은 산비탈이 구비구비 이어져 있는데, 그 산비탈이 모두 포도밭으로 채워져 있다. 내륙 도로가 이어지다가 어느 순간 지중해의 푸른 바다와 함께 펼쳐지는 포도밭 풍광은 숨이 막힐 정도로 멋지다. 게다가 해산물이 주 식재료인 이 지역의

음식은 스페인 식문화와 묘하게 섞여 대단한 풍미가 있다.

하지만 이 멋진 지역은 꽤 늦게까지 유기농 와인조차 존재하지 않았던 내추럴 와인의 불모지였다. 바닷가를 따라 펼쳐지는 아름다운 산비탈의 포도밭들은 포도나무들 사이로 풀 한 포기 안 보이는, 제초제로 뒤덮인 깔끔한(!) 경관을 자랑한다. 이 경관은 유기농 경작과 내추럴 와인에 대한 움직임이 조용하지만 확실하게 시작된 오늘날까지도 이어지고 있다. 유기농 혹은 내추럴 와인 생산량이 이 지역 전체 생산량에서 차지하는 비중은 여전히 미미하기 때문이다. 바뉼스의 가파른 산비탈에 위치한 포도밭에서 알랑은 1997년부터 유기농으로 포도를 경작하고 있으며, 첨가제를 전혀 넣지 않고 뚝심있게 내추럴 와인을 만든다. 카조 데 마이올Casot des Mailloles이라는 와이너리를 바뉼스에서 시작한 것이 1995년이었으니, 2년 후에 내추럴 양조로 전환했던 것이다.

그는 안주하는 법을 모르는 것일까, 알랑은 2014년에 다시 다른 곳으로 훌쩍 떠난다. 신흥 생산자인 조르디 페레즈Jordi Perez에게 카조 데 마이올을 넘긴 후 그는 원래 가지고 있던 페르피냥에서 남쪽으로 15킬로미터 떨어진 곳에 위치한, 1헥타르가 조금 넘는 트루이야스의 땅으로 돌아갔다. 알랑이 떠난 후 현재 바뉼스의 내추럴 와인을 이끄는 사람으로는 브뤼노 뒤쉔Bruno Duchêne이 대표적인데 브뤼노는 이탈리아 출신 마누엘 디 베키 스타라즈Manuel Di Vecchi Staraz(비니에 데 라 루카Vinyer de la Ruca의 생산자)와 함께 또 다른 젊은이들을 양성하며 그 지역 내추럴 와인 성장에 크게 기여하고 있다.

"남들은 3대에 걸쳐 같은 곳에서 와인을 만들고 있다고 자랑하는데, 나는 내 길지 않은 인생에서 3번이나 무대를 바꿨단 말이지. 코르비에르에서 바뉠스로 그리고 다시 트루이야스로 말이야." 일흔을 훌쩍 넘긴 알랑은 세월의 흔적이 그대로 묻어 있는 얼굴 가득 웃음을 띠며 또 다른 모험을 할 준비가 된 듯 보인다. 공식적으로는 은퇴를 한 상태이지만, 그가 소량씩 만드는 와인은 여전히 전 세계 팬들을 여전히 열광시킨다. 칸타 마냐나, 에조Ezo, 티흐 아 블랑Tir à Blanc, 푸드르 데스캉페트Poudre d'Escampette 등.

기계공으로 사회생활을 시작했던 그는 어느새 은퇴한, 그러나 여전히 활동하는 내추럴 와인 업계의 거장이다. 그는 어쩌다가 이런 길을 걷게 되었을까. "사실 나는 단순해. 포도나무가 좋은 열매를 맺었으면 했고, 좋은 포도를 가장 단순한 방법을 써서 와인으로 만들고 싶었어." 딘순함을 찾아 가다 보니 어느새 유기농, 그리고 내추럴 와인까지 왔다며 싱긋 웃는다.

함께한 와인

알랑의 와인은 마시는 사람을 즐겁게 만드는 마력이 있는 듯하다. 한 줌 넣었을까 싶은 뮈스카의 뉘앙스 때문인지 그의 모든 와인들은 밝고 유쾌하다. 즐거운 마음으로 밭에서 일하고, 즐거운 마음으로 양조를 하는 알랑의 정신이 담뿍 담긴 와인들이다.

No.1   Canta Mañana
칸타 마냐나

꽃향기에 프레시함이 더해진 아름다운 로제와인. 특히 검은 체리 향이 도드라진다.

No.2   Tir à blanc
티흐 아 블랑

다수의 남쪽 화이트 품종이 섞였지만 그 중 한 줌 정도 들어간 뮈스카 달렉상드리가 존재감을 드러내는 상큼한 화이트와인.

No.3   Ezo
에조

크리스피하며 과육을 깨무는 듯한 신선함이 느껴지는 레드와인. 조금 기다려야 자신을 드러낸다.

Carole & Olivier & Corine Andrieu

카롤 & 올리비에 &
코린 앙드리유

WINERY

클로 팡틴
Clos Fantine

카롤 & 올리비에 & 코린 앙드리유
Carole & Olivier & Corine Andrieu

넓게 펼쳐진 낮은 구릉들이 포도밭으로 구비구비 이어지는 랑그독의 포제르Faugères 지역. 앙드리유 삼남매, 카롤, 올리비에 그리고 코린이 일구는 아름다운 와이너리 클로 팡틴은 그 언덕 사이에 마치 요람처럼 자리 잡고 있다.

몇 대째 내려오는 작은 시골 농가를 그들의 아버지가 먼저 현대적으로 개조했고, 이후 카롤과 코린이 함께 살며 지금의 모습으로 레노베이션을 했다. 올리비에는 그의 아내, 아이들과 함께 마을의 다른 집으로 독립해 나간 지 오래되었지만, 밭일이 끝나면 종종 들러함께 식사를 하곤 한다. 나는 카롤의 가족과 아직 미혼인 코린이함께 살고 있는 이 집을 무척 좋아한다. 포도밭 사이로 난 좁은 길을 따라 언덕을 넘으면, 그 아래에 그림 엽서에 나올 것만 같은 예쁜 정원이 딸린 큰 집이 나온다. 그들의 따뜻한 벽난로는 그 주변에 앉아서 수다를 떨며 와인 한잔하기에 최고의 분위기를 만들어

준다. 저녁 식사를 마치고 음악을 들으며 이들과 와인을 나누다 보면 늘 자정을 넘기고도 못다 한 이야기가 한가득이다.

앙드리유 집안은 대부분의 시골 농가들이 그렇듯 대대로 폴리컬쳐를 하면서 약간의 포도밭을 가지고 있었다. 그리고 제초제와 화학 비료가 이 지역을 장악하기 시작했을 때, 그들의 할머니는 이를 모두 거부하셨다. 하지만 1930년대에 만들어진 지역 양조협동조합에는 가입을 하셨고, 포도는 모두 조합으로 판매되었다. 당시에는 유기농 포도라고 값을 더 쳐주는 것이 아니었기에 할머니는 고생을 많이 하셨다고 한다. 이를 지켜봤기 때문일까, 아버지는 농사로는 생활을 하기가 힘들다고 판단하고 학업을 계속하신 후 파리에서 우체국 공무원으로 15년간 일을 하셨다. 그래서 삼남매는 모두 파리에서 태어나 어린 시절을 보냈다. "우린 사실 파리지앵이었어. 하하하." '파리지앵'이란 단어는 늘 도회적이고 세련된 느낌으로 다가오는데, 이런 깡촌에 있는 우리가 그런 사람이었다며 활짝 웃는다.

파리에 사셨지만 늘 포도밭을 사랑하셨던 아버지는 이따금 시골로 내려와 밭을 돌보곤 하셨다. 그러다 아버지는 결국 15년간의 파리 생활을 청산하고 몽플리에의 우체국으로 자리를 옮겼다. 주말에는 늘 몽플리에에서 차로 한 시간 거리에 위치한 포도밭에 계셨고, 주중에도 일이 끝나면 밭으로 향했다. 하지만 어린아이 셋과 몽플리에 우체국의 일까지… 바쁜 일상에서 양조는 꿈도 꾸지 못할 일이었고, 수확한 포도는 늘 협동조합에 판매되었다.

몽플리에서의 생활부터 그들에겐 어머니가 없었다. 파리에서 몽플리에로 이사하는 길에 사고를 당해 돌아가신 것이다. 털어놓기 쉽지 않은 이야기였을텐데, 이제는 시간이 많이 흘러서 무뎌졌다며 그날의 비극을 들려주었다. 삼남매는 따로 차를 타고 이동했고, 부모님은 이사를 돕겠다는 친구분들과 같은 차를 타고 있었다. 중간에 잠깐 화장실을 다녀오면서 자리를 바꿔 앉았는데… 어머니가 앉은 자리 위로 커다란 돌이 떨어진 것이다. "그래서 일어날 일은 반드시 일어나게 되어 있다는 걸 우린 알아." 맏이인 카롤이 담담하게 말했다. 어머니의 죽음으로 인해 삼남매는 할머니의 집과 숙모네로 뿔뿔이 흩어졌다. 맏이였던 카롤은 당시 10살이었다. 가슴 아픈 사연을 품고 남쪽으로 내려왔던 아버지는 15년이 흐른 후인 1996년에야 가족 와이너리인 클로 팡틴을 시작했다. 당시에는 셀러도 없어서 이웃집 셀러에서 양조를 했다. 첫 와인을 만들고 1년 후에 아버지는 돌아가셨다. 당신도 몰랐던 심장병이 원인이었다.

20대 초중반이었던 삼남매와 은행 빚을 남기고 돌아가신 아버지. 그들은 의외로 담담하게 상황을 받아들였다. "아버지가 유기농으로 경작을 하셨던 건 돌아가신 할머니에 대한 존중이었고, 그건 바로 땅에 대한 존중이었을 거야. 아버지와 함께 포도밭을 걸을 때면 손으로 땅을 파서 그 속에 살고 있는 수많은 미생물들 보여주시며 뿌듯해하시던 모습을 잊을 수 없어. 그래서 자연스럽게 우리가 그

분의 뒤를 이어야겠다는 생각을 하게 된 거지."

아버지가 클로 퐁틴을 시작하셨을 때, 올리비에는 이미 양조 관련 기본 학습을 마치고 아버지와 함께 일하고 있었다. 카롤은 몽플리에에서 대학을 마치고 우체국 공무원으로 재직 중이었다. 막내 코린은 몽플리에 대학에서 과학을 전공하고 있었는데, 언니, 오빠와 함께 와이너리를 운영하는 것으로 삶의 방향을 전환해 곧바로 몽플리에 대학의 양조학으로 전공을 바꿨다. "나는 어릴 때부터 아버지랑 포도밭에서 일하는 게 좋았어. 그래서 양조학으로 전공을 바꾸는 결정은 어렵지 않았지." 첫 와인을 만든 후 아버지는 와인을 싣고 그가 일하던 파리로 향했는데, 그때 막내 코린을 데리고 가셨다고 한다. "아버지랑 차에 싣고 갔던 와인을 다 팔고 왔거든. 기분이 정말 좋았어."

삼남매가 뜻을 합해서 와이너리를 계속할 수 있었던 것은, 가족의 땅과 집에 대한 사랑 덕분이었다. 셋이 함께하지 않았다면, 현재의 클로 퐁틴은 없었을 거라고 그들은 입을 모은다. 하지만 동시에 이런 이야기도 한다. "어휴, 우리는 아직도 매일 싸워. 하지만 가끔은 차라리 넷이 아닌 게 다행이라고 생각을 해. 둘씩 편이 되어 의견이 대립되면 답이 없을 텐데 우린 셋이니까 다수결로 해결이 가능하거든." 아버지가 남긴 빚을 갚느라, 카롤은 오랫동안 우체국 일을 병행해야 했고 올리비에는 월급 없는 생활을 오랫동안 해야 했다. 학교 성적이 뛰어났던 코린은 다행히 생활비까지 장학금으로 받으며 양조학 학위를 받았다. 어려운 상황을 함께 헤쳐 나가며 삼 남매의 관계가 훨씬 더 단단하고 견고해진 것은 당연한 듯 보인다.

카롤과 코린은 우연의 일치로 비슷한 시기에 각각 다른 장소에서 내추럴 와인을 접했다. 카롤은 몽플리에의 한 와인숍에서 베르나르 벨라센을, 코린은 어느 레스토랑에서 르 마젤의 와인을 마신 것이다. 내추럴 와인이 뭔지 전혀 모르고 있을 때였다. 그들은 다른 와인보다 월등히 마음에 드는 그 와인이 왜 좋은지 의문을 가졌다. 그래서 더 알고자 노력했고, 이는 당연히 그들도 그런 와인을 만들겠다는 결론으로 이어졌다. 첫 번째 스텝은 우선 와인에 배양 효모를 넣지 않는 것이었다. 밭은 이미 오래전부터 유기농이었으니 바로 실행에 옮길 수 있었는데, 그게 2000년의 일이다. 그리고 2004년부터는 100% 상 수프르 와인으로 전향했다.

"바로 그해의 와인, 쿠르티 올-Courtiol 2000년산(그르나슈 100%)를 마셔볼까?" 하며 코린이 와인을 들고 왔다. 아쉽게도 그 밭은 이제 없다. 극소량의 이산화황을 병입할 때 넣었다고 하는데, 20년이 훨씬 넘은 와인의 신선함이 놀라왔다. 아직 젊었고, 전혀 꺾이지 않았다. 하지만 이제는 완벽하게 상 수프르 와인을 만든 지 20년이 된 그들은 미세하게 느껴지는 이상화황의 느낌을 좀 힘들어하면서 아쉬워했다.

완전히 상 수프르로 전향한 뒤, 첫해에는 유럽 전역에 수출을 하던 거래처와 결별했다. 그 거래처는 클로 팡틴의 바뀐 와인 스타일을 전혀 이해하지 못했던 것이다. 앙드리유 삼남매는 당시 와인 업계의 동향이나 생산자들끼리의 결속에 대해 전혀 알지 못했다. 그런데 2004년의 어느 날 근처 해변 도시인 아그드Agde의 한 레스토랑에 식사를 하러 갔다가 내추럴와인협회A.V.N에 관련된 포스터를 우연히 보게 되었다. "어? 저 사람들 우리랑 비슷하게 와인 만드는 것 같아." 이렇게 해서 그들은 내추럴 와인 생산자들과 '연결'되었다. 첫 미팅은 2005년에 피에르 오베르누아의 집에서 있었다. 그때 그들을 초대한 사람이 베르나르 벨라센이었다. 당시 A.V.N은 가입 조건이 따로 상세하게 기재되어 있지는 않았고, 기존 멤버들이 방문해 와인을 마셔보고 기준에 적합하면 초대를 하는 형식이었는데 베르나르 벨라센이 바로 이들을 내추럴 와인으로 이끈 장본인이었던 것이다.

올리비에는 회고했다. "정말 대단한 순간이었지. 내 눈을 크게 뜨게 해 준 사건이었어." 처음 만나는 피에르 오베르누아. 이미 나이가 꽤 지긋했던 피에르는 젊은 삼남매에게는 더욱더 확신을 심어주는 존재였고, 그가 이끄는 테이스팅은 말 그대로 경이로웠다. 다들 떠들고 시끄럽다가도 피에르가 시음을 위해 와인을 오픈하면 1분간 침묵을 했다. 피에르가 정한 규칙이었다. 생산자에 대한 존경을 표하는 시간. 1분의 침묵이라니, 정말 감동적인 규칙이 아닌가. 이 모임을 계기로 그들은 더 이상 고립되고 동떨어진 생산자가 아닌 그들과 비슷한 사람들과 연결되었다는 느낌을 가질 수 있었다. 내추럴 와인 살롱에도 참가하기 시작했다. 그렇게 만나게 된 다른 내추럴 와인 생산자들의 삶의 방식이 너무 좋았다. 예를 들어 내추럴 와인 생산자의 집을 찾아간 사람이 노동자든 포르쉐를 탄 부자든 같은 와인병이 열렸고, 차별은 없었다. 앙드리유 집안의 철학과 잘 맞았다. 그것이 인생을 살아가는 올바른 방법이라고 배웠기 때문이다. 금전의 가치가 우선시되는 작금의 현실과 비교했을 때 많은 울림을 주는 이야기다.

삼남매는 모든 것을 함께하지만, 각각의 전문 분야가 있긴 하다. 카롤은 주로 대외적인 활동을, 올리비에는 포도밭을, 막내 코린은 양조를 책임진다. 물론 모든 일은 셋이 상의해서 진행하지만 각각의 책임이 존재하는 것이다. 포도밭에 자신의 인생을 건 듯 보이는 올리비에. 그와 땅 이야기를 하게 되면, 땅에 대한 폭넓은 지식과 애정에 놀라게 된다. 그는 화학제나 제초제를 쓰지는 않았지만 원래는 땅을 갈아엎는 것을 좋아했다. 특히 살아 있는 땅속에 묻혀 있던 각종 미생물과 버섯 균사 등이 흙과 함께 노출되면서 풍기는 '흙의 냄새'가 좋았다. 하지만 시간이 지날수록 그 작업이 자연의 사이클을 멈추게 하고 망친다는 것을 깨닫게 되었다.
쟁기질은 토양을 산화시키고 이는 결과물인 와인에도 반영이 된다. 사람이 산화하는 것은 늙는 것이고, 땅이 산화되는 것도 부정적인 신호인 것이다. 쟁기질을 멈춘 지 어느덧 7~8년이 되어가는 요즘, 클로 팡틴의 포도밭은 온갖 종류의 허브로 뒤덮여 있으며, 비가 오지 않아도 포도나무가 말라 죽을 위험이 현저히 줄었다. 처음 몇 년간은 수확량이 많이 줄어서 경제적인 어려움이 많았지만,

꿋꿋하게 믿음을 가지고 견뎌낸 결과다.

파리 태생에 고급 교육을 받은 세 남매. 아무도 알아주지 않는 시골에서 와인을 만들게 되기까지의 긴 여정과 그들의 와인에 대한 사랑, 땅에 대한 사랑, 자연에 대한 사랑 이야기를 나누다 보니 밤을 지나 다음 날 오후까지 대화가 계속되었다. 그때 올리비에가 들려준 한마디가 마음에 길게 남는다. "Timidité de cime(Treetop shyness, 나무와 나무가 자라면서 공중에서 부딪히게 되면 그 이상 자라지 않거나 성장의 방향을 바꾸는 현상)." 포도나무를 자식 돌보듯 자세히 관찰하다 보니 이런 현상을 관찰하게 되었다고 하는데, 내게는 그들 셋의 관계가 꼭 그렇게 보였다.

함께한 와인

솔직하고 직설적이며 뚜렷한 캐릭터를 지닌 클로 팡틴의 와인. 때로는 폭탄처럼 터지는 과실미가 입안을 가득 채우기도 하고, 마치 과육이 씹히는 듯 풍만한 보디감을 보여주기도 한다. 아름다운 와인들이다.

(No.1) Lanterne
랑테흔느

랑그독의 토착 품종인 생소Cinsault와 아라몽Aramon의 흔치 않은 조합. 신선한 과일 향과 생동감 있는 풍미가 돋보이는 와인이다.

(No.2) Tradition
트라디시옹

진한 과일 향으로 시작해 약간의 감초 향으로 발전하는 과정이 아름답다. 실크같이 부드러운 보디감 이면에 크리스피함도 살아 있는 멋진 와인.

(No.3) Courtiol
쿠흐티올

몇 년간 잘 숙성시킬 만한 가치가 있는 퀴베. 숙성 후 터져 나오는 향의 부케가 특히 아름답다.

Yoyo & Jean François Nick

요요 &
장 프랑수아 닉

WINERY

도멘 요요 & 도멘 풀라흐 후즈
Domaine Yoyo & Domaine Foulards Rouges

요요 & 장 프랑수아 닉
Yoyo & Jean François Nicq

페르피냥에서 남쪽으로 30분 정도 거리에 있는 작고 예쁜 마을에 요요와 장 프랑수아의 양조장이 있다. 이들은 오래된 2층짜리 건물을 함께 사용하고 있는데, 두 사람의 와이너리 이름이 건물 외벽의 왼쪽과 오른쪽에 크게 나누어 표기되어 있는 것이 재미있다. 부부가 따로 또 같이 와인을 만들고 있다는 것을 한눈에 알아차릴 수 있는 표시다.

와이너리 앞쪽으로 난 길을 따라 걷다 보면 작은 숲을 지나고, 이어서 장 프랑수아의 포도밭들이 나온다. 비밀의 화원처럼 숲에 둘러싸인 아름다운 밭도 있고, 피레네산맥이 보이는 탁 트인 경치를 지난 밭도 있다. 요요의 밭은 마을의 다른 쪽에 일부가 있고, 차로 30분 정도 바다를 향해 남쪽으로 내려가면 나오는 가파르른 언덕 근처 바뉼스에도 있다. 요요는 원래 바뉼스의 밭에서 와인을 만들기 시작했다가 장 프랑수아를 만나면서 지금의 마을에도 밭을 일구게 되었다.

부부는 원래 각각 유명한 내추럴 와인 생산자였지만, 2018년에 상영되었던 프랑스의 다큐멘터리 영화 〈와인 콜링Wine Calling〉에 그들의 포도 수확, 양조 과정 등이 다뤄지면서 영화의 성공과 함께 더욱 유명해졌다. "사실 〈와인 콜링〉은 내추럴 와인에 대한 이야기가 아니야. 서로 도우며 양조를 하는 사람들의 이야기지. 오래전 품앗이를 하던 전통이 없어졌는데, 우리를 비롯한 이 지역 내추럴 와인 생산자들은 서로 돕고 협동하고 있거든. 우리끼리는 거래처도 공유할 정도야." 이렇게 서로 돕고 양조 도구들을 공유하는 모습은 다른 지역의 내추럴 와인 생산자들에게서도 쉽게 찾아볼 수 있다. "큰 도시들을 돌며 영화에 참가한 생산자들과 함께하는 상영회가 열렸는데, 특히 젊은 사람들의 반응이 매우 뜨겁더라고. 영화를 보고 나가면서 '나도 내추럴 와인을 만들어 보고 싶다'거나 '나가서 내추럴 와인을 한잔하자'는 분위기였거든. 이 정도면 성공한 거지."

하지만 영화를 기획했던 감독의 원래 의도는 달랐다. 그는 1960년대 미국에서 펑크 뮤직Funk Music이 처음 시작되었을 때의 분위기와 지금의 내추럴 와인 운동이 비슷한 거라는 잘못된 판단을 했던 것이다. "내추럴 와인을 만드는 과정은 절대 펑키한 음악을 들으며 술 마시고 노는 축제가 아니야. 감독도 기획 의도가 잘못되었다

는 것을 바로 깨닫고 방향을 틀었지. 우리와 함께 생활해보니 이건 절대 축제 분위기가 아니거든. 중도동 중에서도 중노동이지. 하하. 만약 그가 방향 전환을 하지 않았다면 우리가 영화에 참여했을 리도 없고."

'펑키Funky'라는 단어가 나와서 부연 설명을 하자면, 사실 많은 사람들이 내추럴 와인은 '펑키하다'고 표현하곤 한다. '펑키'의 원래 의미인 '기존과 다른, 즉 컨벤셔널하지 않다'는 의미로 해석해본다면 '나는 내추럴 와인이 펑키해서 좋다', '그 살아 있음이 좋다'라고도 이해할 수 있을 것이다. 하지만 이는 맛에 대한 부정적인 의미로도 해석될 수 있고, 그런 식으로 완성도가 떨어지는 내추럴 와인이 일부 생산되고 있는 것이 사실이기도 하다. 하지만 장 프랑수아는 이러한 현상에 대해 꽤 긍정적인 견해를 가지고 있다. "요즘의 소비자들은 예전보다 내추럴 와인에 익숙하고 교육도 잘 되어 있어. 그런 완성도 떨어지는, 소위 부정적 의미의 펑키한 내추럴 와인은 시장에서 점점 설 자리가 없어질 거야. 난 크게 긱징 안 해. 시장이 발전하는 기본 과정일 뿐이지."

장 프랑수아는 몽플리에서 지질학을 공부하고 부르고뉴의 마콩에서 양조 과정을 공부했다. 사실 와인에 특별한 애정이 있어서는 아니었고, 지질학을 선택할 당시 전공을 2개로 할 수 있었는데, 이력서에 하나 더 추가하는 게 좋을 것 같아서 양조학을 선택했다며 싱긋 웃는다. 물론 재미있을 것 같아서기도 했다고 덧붙이며, 참고로 그는 와인과 전혀 관계없는 교육자 집안 출신이다.

1986년에 시작한 마콩에서의 양조 학습을 통해 그는 바로 근처인 보졸레의 내추럴 와인 생산자를 만날 수 있었고, 특히 당시 보졸레에서 왕성한 활동을 하고 있던 마르셀 라피에르로부터 큰 영향을 받게 된다. "근데 와인을 너무 마셨어. 하하. 매일 와인만 마시러 다니다가 결국 마콩에서 제적을 당했지, 뭐." '제적'이라는 단어를 그는 아무렇지도 않게 툭 뱉는다. 그래도 학업을 포기하지는 않았다. 이후 보르도의 양조 과정으로 옮겨 공부를 마쳤다.

장 프랑수아는 2002년에 현재 자리 잡고 있는 지역으로 오기 전, 아비뇽 근처의 양조협동조합인 에스테르자그Estérzargues에서 7년간 양조 책임자로 일했다. 이 협동조합의 공식 명칭은 레 비뇨롱 데스테르자그Les Vignerons d'Estérzagues. 그는 이곳에서 용감하게 내추럴 와인을 생산했다. 아마 프랑스 전역의 양조협동조합 중 최초이자 유일한 사례일 듯하다. 그에 의하면 그리 규모가 크지 않은 작은 협동조합이었고, 조합원들이 열린 사고를 하는 사람들이어서 가능했다고 한다. 병입 후 판매를 한 것이 아니었고 완성된 와인을 벌크로 판매를 했는데, 이 역시 내추럴 양조를 가능하게 한 요인이었다. 그가 만든 내추럴 와인은 지역의 큰 체인 슈퍼마켓이 주요 고객이었는데, 일종의 PB상품으로 빠르게 판매가 되었다. "그 가격에 그 품질의 내추럴 와인은, 아마 다른 곳에서는 찾아보기 힘들거야."

에스테르자그의 조합원 중에는 에릭 피페흘링Eric Pfifferling이라는 생산자가 있었는데, 그는 바로 나중에 도멘 랑글로흐Domaine L'Anglore를 만든 사람이다. 에릭은 장 프랑수아의 양조 방식에 깊은 감명을 받았고, 그의 도움을 받아 본인 역시 내추럴 와이너리를 설립하게 된다. 우연히도 장 프랑수아가 에스테르자그를 떠난 같은 해에, 에릭역시 조합을 탈퇴하고 자신의 와이너리를 설립했다.

로랑스 마니아 크리프Laurance Manya Kriff. 요요의 원래 이름이다. 하지만 다들 요요Yoyo라고 부른다. 그녀는 와이너리 이름도 도멘 요요라고 지었다. 페르피냥에서 태어나 어린 시절을 보낸 요요는 파리의 한 기성복 브랜드의 디렉터로 오랫동안 일했던, 사실은 파리지앵이다. 브랜드 디렉터로서 수없이 많은 여행을 다녔고, 힘들었지만 재미도 있었다. 하지만 결혼과 출산으로 일을 그만두었고, 다시 일을 시작할 때는 다른 일을 하고 싶었다. 처음에는 와인 바를하고 싶었다. 그러려면 와인에 대한 기본 지식이 있어야 한다고 생각한 그녀는, 고향이자 와인 생산의 중심지인 페르피냥으로 돌아왔다. 2005년에 성인을 위한 양조 과정, 즉 직업을 바꾸려는 성인을 대상으로 한 학습 과정에 등록을 했다. 포도 재배부터 양조 그리고 판매까지 모든 기본 지식을 알려주고 그 과정을 정상적으로이수하면 정부에서 정착 보조금까지 주는 과정이었다.
그녀는 결국 와인 바가 아닌 와인 생산자가 되는 길로 인생 경로를수정했다. 그리고 그 과정을 같이 다녔던 동료들 덕분에 내추럴 와인을 발견하게 되었다. 난생 처음 맛보는 내추럴 와인, 그녀의 첫와인은 마르셀 라피에르였고, 두 번째는 지금 남편인 장 프랑수아의 와인이었다. 그 와인을 마시고 나서 그녀는 '나도 무조건 이런 와인을 만들 거야!'라고 다짐했다.

하지만 그들의 만남은 생각보다 그리 로맨틱하지 않았다. 기대에 차서 장 프랑수아를 만났는데, "아니 어떻게 이렇게 좋은 와인을 만드는 사람이, 어떻게 이렇게나 바보 같을 수 있지?"가 첫 느낌이었다고 한다. 물론 나중에 알고 보니, 장 프랑수아는 워낙 낯을 가리고 처음 만난 사람과는 쉽게 대화를 나누지 않는 사람이라서였다. 그리고 보니 나 역시도 처음에는 그와 '답이 없는 메아리 같은 대화'를 많이 했던 것 같은 기억이 난다.

양조학 과정을 마친 후, 그녀는 바뉼스의 멋진 테루아에 반해 곧장 포도밭을 매입했다. 이때 그녀는 알랑 카스텍스로부터 무한한 도움을 받았다며 여전히 감사한 마음을 전했다. 그녀의 다양한 퀴베들 중 검은 잉크로 글이 써 있는 것이 바로 이 바뉼스 땅의 포도로 만들어진 것이고, 그림이 그려져 있는 와인들은 그녀가 2010년에 현재의 양조장이 있는 마을로 이주하면서 추가로 매입한 밭에서 나온 포도로 양조된 것이다.

그녀가 구입한 바뉼스의 밭은 오랫동안 화학 제품에 찌든 상태였기에, 첫 수확한 포도는 조합에 판매를 했다. 유기농으로 전향을 한 첫해에 내추럴 양조가 과연 가능할지 자신이 없었고, 무엇보다 그녀는 혼자였고 경험도 없었다. 참 용감하다 싶었다. 다른 사람들은 보통 여러 와이너리에서 경험을 쌓은 후 자신의 와이너리를 시작하는데, 그녀는 처음부터 돌직구였던 것이다. 나중에 깨달은 사실이지만, 얼마나 경험이 있느냐가 중요한 것이 아니라 얼마나 직관력을 가지고 있느냐가 관건이라고 말하는 요요. 레시피가 없는 내추럴 와인 양조는 그때그때의 상황에 맞는 육감Sixth Sense이 중요하다는 얘기다. "어차피 지금도 매번 양조 때마다 새로운 문제들이 찾아오고 있어. 매년 새로운 작업이지."

장 프랑수아는 에스테르자그의 협동조합에서 받는 월급도 나쁘지 않고 일도 재밌어서 떠날 생각이 별로 없었다. 하지만 조합원으로부터 매입한 포도로 양조를 계속하려니 포도밭에서 직접 경작을 하고 싶다는 생각이 점점 커졌다. 결국 그는 근처의 밭을 보러 다녔는데 이미 론 지역의 포도밭은 너무 비싼 상태였다. 그리고 그곳에 꼭 머물러야겠다는 애정도 특별히 없었다. 다른 지역도 두루 둘러보던 중, 2001년 1월에 현재의 포도밭을 방문했다. "한눈에 너무 좋았어. 포도밭도 경치도 가격도. 테루아가 어떤지 보려고 근처의 와이너리들을 방문해 와인을 마셔봤는데, 충분히 좋았어. 그래서 비로 계약을 했지."

자영업자로서, 예전의 편안했던 월급 생활을 그리워한 적은 없는지 물어보았다. 그는 잠시 멍한 표정을 지었다. 역시나 힘든 시절이 많았겠지 싶었다. "하얗게 지새운 밤이 얼마나 많았는지 알려달라는 거야? 물론 힘들었지만 후회한 적은 없어. 지금이 행복해. 엘도라도를 찾는 게 그렇게 쉬울 수는 없잖아? 하하. 아들이 내 뒤를 이어 와인을 만들겠다고 하는데, 협동조합에 있었다면 아마 아들한테 이런 기회를 줄 수도 없었을 거야."

요요는 어떤지 물었다. 그녀는 곧바로 너무 행복하다고 답했다. "기성복 브랜드에서 디렉터로 일하던 때는 하루에 10시간을 일해야 했어. 사람도 많이 만나고 여행도 많이 다니는 직업이라 좋아하지 않으면 할 수 없는 일이었지. 그런데 와인 생산도 마찬가지야. 좋아하면, 어려워도 할 수 있는 일이더라고." 그녀에게 열정은 충분조건임이 분명하다. "와인을 만드는 일은 항상 배움의 연속이잖아. 그래서 재미있는 거지. 그리고 큰 실패라는 건 없어. 왜냐면 실패가 있어야 다음의 결과가 더 좋아지는 거니까." 그녀는 열정뿐 아니라 초긍정 마인드까지 가지고 있다.

장 프랑수아는 이미 내추럴 와인을 오랫동안 만들어왔기 때문에 2002년에 자신의 와이너리를 설립하고 와인을 생산하기 시작했을 때 판매에 큰 어려움이 없었다. 일본에서 바로 주문이 들어왔고, 미국과 북유럽으로 수출이 이어졌다. "당시에는 전체 내추럴 와인 생산량보다 시장의 수요가 더 크지 않았나 싶어." 뒤늦게 2007년에 첫 와인을 만든 요요의 상황은 더 좋았다. "첫 와인을 병입하자마자 남쪽 지방의 내추럴 와인 행사 중 가장 큰 규모인 라 흐미즈La Remise에 초대받았고, 거기서 곧바로 파리의 마켓과 연결되었어. 수출도 곧 이어졌지."

우리는 자연스럽게 그들보다 힘든 길을 걸었던 1세대 내추럴 생산자에 대해 이야기를 했다. 그리고 최근 랑그독 루시용 지역의 내추럴 와인 생산자들의 변화에 대한 이야기로 연결되었다. 장 프랑수아에 의하면 이 지역에서 내추럴 와인은 스스로 깨달은 사람들-베르나르 벨라센, 안 마리 라베스, 알랑 카스텍스 등-을 제외하고는, 대부분 그들과 만날 기회가 있었거나 혹은 그들의 와인을 마셔본 사람들이 만들었다고 한다. 그렇지 않은 경우는 별로 본 적이 없단다. 장 프랑수아의 경우는 다른 지역에서 내추럴 와인을 만들다가 이 지역이 좋아서 이주해 온, 특별한 케이스였다. 요요가 계속해서 말했다. "2010년 무렵까지 루시용 지역(페르피냥 남쪽을 말한다. 북쪽은 랑그독이다.)에 새로 생기는 내추럴 와이너리는 대부분 알랑 카스텍스나 장 프랑수아를 거쳐 갔어. 이들과 교류하고 도움을 받으면서 다들 내추럴 와인을 만들었지. 하지만 요즘 새로 정착한 생산자들에게 거꾸로 알랑이나 장 프랑수아를 아느냐고 묻는다면 '그들이 누군데요?' 하고 반문할 수도 있어. 옛날처럼 서로 다 아는 관계가 될 수 없을 만큼 생산자들의 숫자가 늘어난 거지." 장 프랑수아가 덧붙였다. "예전에는 내추럴 와인이 약간 종교 같았잖아? 요즘은 그냥 양조의 한 지류인 것 같아. 그 정도로 스펙트럼이 넓어진 거지." 꽤 흥미 있는 해석이다. 지금은 이 지역에 새로 생기는 와이너리의 70~80%가 내추럴 와이너리라고 한다.

내추럴 와인 시장이 계속해서 발전하고 있으니 앞으로의 미래가 밝다고 입을 모으는 두 사람. 장 프랑수아의 와이너리는 아들이 물려받을 예정이고, 요요는 좀 더 두고 보고 싶다고 한다. 부부는 포도밭에서나 양조장에서 일을 할 때 늘 신참이 된 기분이라고 한다. 단 한 번도 새롭지 않은 일이 없다고. 하지만 그렇기 때문에 이 일이 언제나 멋지다는 부부.

우리가 만났던 날은 일요일이었는데, 집안에 중요한 일이 있어 저녁을 함께 못한다며 근처에 문을 연 식당이 없을 거라고 부부는 걱정을 했다. 나는 두 사람이 예쁘게 싸준 도시락과 와인을 들고 길을 나섰다. 그들이 전해준 밝은 에너지에 내 마음도 정말 따뜻해졌다.

함께한 와인

부부가 양조장도 함께 사용하고, 포도 농사도 협의하고, 어쨌든 많은 일을 공유하면서 와인을 만들지만 묘하게 서로의 와인 캐릭터가 다르다. 요요의 와인이 좀 더 자유롭고 여성적인 매력이 있다면, 장 프랑수아의 와인은 정교함을 추구하는 정돈된 남성미가 있는 와인이다.

요요의 와인

No.1 Akoibon
아쿠아봉
딸기, 체리, 오디 등 다양한 과일 향이 부드러운 향신료과 뒤섞인 예쁜 레드와인. 부드럽고 섬세하다.

No.2 KM31
카엠트랑테엥
바뉼스에서 재배한 포도로 만든 강건한 레드와인. 하지만 요요 양조 특유의 섬세함과 부드러움 역시 갖추고 있다.

장 프랑수아 닉의 와인

No.1 Octobre
옥토브르
시라를 베이스로 탄산 침용 방식을 살짝 변형해 만든 프리마 와인. 과일 향이 넘치는 와인으로 일 년 내내 마실 수 있을 듯하다.

No.2 Frida
프리다
장 프랑수아가 만든 가장 복합적이면서 가장 전통적인 와인. 우아함이 넘친다.

악셀 프뤼퍼

WINERY

도멘 르 탕 데 쓰리즈
Domaine Le Temps des cerises

악셀 프뤼퍼
Axel Prüfer

프랑스에 정착해서 와인을 만드는 여러 외국인 중 한 명인 악셀 프뤼퍼. 그는 동독 출신이다. 아마도 내가 아는 한, 동독 출신으로서 프랑스에서 와인을 만드는 유일한 사람인 듯하다. 게다가 그는 100% 내추럴 와인을 만든다.

악셀은 베를린 장벽이 무너지기 훨씬 전, 음악의 아버지 헨델의 도시인 할레Halle에서 태어나고 자랐다. 당시 동독은 러시아의 영향하에 있었고, 그는 어린 시절 학교에서 러시아어를 배웠다. 베를린 장벽이 무너진 건 1989년이었는데 그의 나이 막 16세가 되던 해였다. 그가 기억하는 어린 시절은 좋은 기억뿐이다. 서독에 비해 경제적으로 뒤쳐졌던 동독에는 자동차도 많지 않았고, 시골의 풍광이 흔했다. 그에게는 동독의 공산주의에 대한 나쁜 기억이 없다. 아이들에게는 그리 문제가 되지 않는 사회 구조였을 수도 있지만,

가족 중에는 체제를 비판하다가 귀양을 간 사람도 있었다. 하지만 그런 정치적인 것들을 인지하기에 그는 너무 어렸다. 베를린 장벽이 무너진 후 그는 평소처럼 학업을 계속했고, 고등학교를 마친 후에는 대학을 다녔다. 사실 대학은 그저 친구들과 놀기 위한 도구였을 뿐 공부에는 관심이 없었던, 악셀은 그 시대의 평범한 젊은이였다. 동독의 젊은 남성은 병역의 의무를 다하지 않을 경우 감옥에 가거나 국외로 떠나야 했는데, 지금은 아내가 된 당시의 여자친구와 함께 캠핑카를 몰고 여자친구의 부모님이 휴가를 즐기시던 남프랑스로 내려왔다가 다시 돌아가지 않았다. 병역의 의무를 피하고 프랑스에 정착하기로 한 것이 1998년이었다.

대학 시절 아르바이트를 하던 바에서 와인 리스트를 담당하게 되면서 와인을 처음 접했던 그는, 프랑스에서 돈을 벌기 위해 일자리를 찾을 때 자연스럽게 포도밭으로 향했다. 포도를 수확하는 일부터 시작했고, 그렇게 만난 사람이 안 호엘Yann Rohel이었다. 얀은 자크 네오포호로부터 양조를 배운 자크의 수제자 중 한 사람이었다. 그리고 이어서 장 프랑수아 닉과도 인연을 맺게 된다. 이 사람들을 만나지 않았다면 그가 과연 내추럴 와인을 알 수 있었을까. 그리고 현재의 그의 모습이 될 수 있었을까, 잠시 궁금해졌다. 인생이란 어쩌면 필연이 우연을 가장하고 나타나는 건 아닐까. "얀과 함께 마시는 와인들, 바로 이게 진정한 와인이란 생각이 들었어. 의문의 여지가 없었지. 얀과 함께 보졸레의 내추럴 와인 군단들을 만나고, 오베르뉴의 피에르 보줴Pierre Bauger를 만나고, 이후 실비 오쥬로

Sylvie Augereau와의 만남을 통해 루아르의 내추럴 와인 군단도 만났지. 긴 여행이었어."

1998년에 캠핑카를 몰고 도착한 곳은 남부 론 지역인 픽생루Pic Saint Loup(몽플리에 북쪽)였는데, 2003년에 그는 픽생루에서 서쪽으로 2시간 떨어진 랑그독의 작은 마을에서 그가 평생을 함께할 포도밭을 찾았다. 베르나르 벨라센이 있는 곳에서 내륙으로 불과 30분 남짓 거리다. 그가 포도밭을 고르는 기준은, 무엇보다 일하고 싶은 멋진 경치가 필수 조건이었다. 멋진 경치와 함께 일하면 기분이 좋을 테고, 그의 좋은 기분은 포도나무에게도 분명 좋은 영향을 끼칠 것이기 때문이다.

첫 빈티지인 2003년산 포도를 수확했을 때, 그에게는 양조를 할 곳이 없었다. 2002년에 이미 루시용에 정착했던 장 프랑수아 닉의 포도가 악셀의 포도보다 한 달 이상 먼저 익었다. 그래서 그는 수확한 포도를 장 프랑수아에게로 가지고 가서 양조를 할 수 있었다. 장 프랑수아의 포도는 그때 이미 발효를 마쳤기 때문이다. 첫 번째 르 탕 데 쓰리즈 와인은 이렇게 장 프랑수아의 풀라흐 후즈 양조장에서 탄생했다.

그는 2003년 포도로 만든 와인을 2004년에 루아르의 내추럴 와인 살롱 라 디브에서 선을 보였다. 라 디브는 지금과 같이 큰 규모가 아니었고, 한정된 예산으로 진행을 해야 했기 때문에 북쪽과 남쪽의 와이너리가 한 부스를 공동으로 이용했다. 즉 남쪽 팀이 먼저

4시간을 사용하고 이후 북쪽 와이너리가 4시간을 사용했다. 그런데 그에게 주어진 단 4시간 만에 그해 생산한 와인 13,000병이 전량 매진되었다! 구매자의 80%는 파리의 레스토랑과 와인 바, 와인 숍들이었고 20%는 수출용이었다. 그 후로도 악셀의 와인은 늘 생산량보다 수요가 컸다. 계속해서 수확량이 적은 해가 이어졌기 때문이다. 컨벤셔널 경작에서 유기농법으로 전환하면, 첫 한두 해는 수확량이 비슷할 수 있으나 결국 점점 줄어들 수밖에 없다. 나무도 땅도 적응할 시간이 필요한 것이다. 그는 트랙터도 없이 모두 손으로 일을 했는데, 그의 밭은 11헥타르에 달했다. 현재는 그는 7헥타르의 밭을 여전히 수작업으로 일구고 있다.

그의 와이너리 이름 '르 탕 데 쓰리즈Le Temps des Cerises'는 사실 불문학도였던 내가 즐겨 듣던 노래였다. 1866년에 시가 쓰였고, 1868년에 작곡된 아주 오래된 샹송이다. 이브 몽탕의 감성 어린 목소리에 실린 그 노래는 다른 오래된 샹송들과 함께 나의 대학 초년 생활을 함께했던 기억이 있다. 얼핏 사랑 노래처럼 들리지만 1871년 파리코뮌 혁명 당시 혁명에 참여한 시민들이 불렀던 혁명가이기도 하다. 가사에는 프랑스 문화의 특징인 '메타포'들이 여기저기 숨어있고, 그 메타포는 혁명과 묘하게 일치한다. 파리코뮌은 1789년의 프랑스 혁명에도 불구하고 계속되었던 군국주의에 대한 반혁명이었다.

이런 저항가를 와이너리 이름으로 정하다니, 체제가 무너진 한 시대를 살아 온 악셀다운 선택이다. 그는 갑자기 나라가 바뀌는 일을

겪었다. 나고 자란 나라가 하루아침에 없어진 것이다. "부모님이 돌아가셔도 친구들은 남잖아? 그런데 다 갑자기 없어진 거야. 국가 이념도 바뀌었어. 사회주의에서 자본주의로. 극에서 극으로 바뀐 거지." 어린 시절의 추억이 아무리 행복으로 가득했다고는 해도, 그 역시 분명 힘든 시기를 겪었던 것이다. '아반티 포폴로Avanti popolo(자, 나아갑시다)', '레 랑드망 키 샹트Les lendemains qui chantent(노래하는 내일)', '라 푀흐 뒤 후쥬La peur du rouge(붉은색에 대한 두려움)' 등이 그의 와인 이름들이다.

아직 남북으로 나뉜 조국을 갖고 있는 나는 개인적으로 베를린 장벽이 무너진 사건이 당시의 젊은이들한테 어떤 영향을 미쳤는지 궁금했다. "내 나이 16살에 장벽이 무너졌고, 25살에 남프랑스로 왔지. 다른 사람은 모르겠지만, 나에게는 동서의 결합이 꽤 빨리 이루어졌던 것 같아. 2~3년 지나고 나니 마치 계속 하나였던 것 같은 생각이 들었거든." 꽤 신기한 이야기였다. 솔직히 조금 부럽기도 했다. 분단된 조국, 외국인으로서 프랑스에 정착해 살고 있는 점. 우연히도 악셀과 나는 두 가지나 공통점이 있다. 프랑스 남부, 특히 한 성격한다고 알려진 사람들 곁에서 그들과 다른 와인을 만들기는 쉽지 않았을 텐데? "그다지 어렵지는 않았어. 나는 별로 다른 사람들의 삶에 관여를 하는 성격이 아니거든. 답은 없어도 늘내가 먼저 인사를 했지. 15년이 지난 지금에서야 이웃으로 인정하는 듯해." 그는 시골이라서 누구나 다 품어주는 곳도 있지만, 시골이라서 외부 사람들을 색안경 끼고 보기도 한다고 덧붙인다. "어떤 사람인지 알아야 마음을 열 수 있었을 텐데, 나는 유기농 경작을 하고, 이산화황도 쓰지 않고 양조를 하니 그들 눈에는 이래저래 완벽한 이방인이었을 거야. 하하하."

악셀은 와인 양조 시 본능과 감각을 많이 활용한다. 인터뷰를 진행하며 많은 와인을 시음했는데, 클레레트_Clairette(화이트 품종)로 만든 와인이 정말 신선하고 좋았다. 아름다운 향을 지니고 있지만, 보통 산도가 부족해서 종종 산이 좋은 다른 품종과 블렌딩되는 품종이다. 그런데 악셀은 이런 취약점을 스킨 콘택트로 멋지게 극복한 와인을 만들었다. 요즘 유행하는 스타일이기 때문에 만든 최근의 와인이 아니다. 그의 '본능'이었다. 예를 들어 민트 잎을 베어 물면 상쾌함이 느껴지는데, 민트의 한 분자가 그런 역할을 하는 것이다. 클레레트의 포도 껍질 역시 그런 역할을 하지 않을까, 하는 생각으로 스킨 콘택트를 시도했다고 한다.

국방의 의무를 거부하고 동독을 떠나 프랑스의 와인 산지로 왔고, 우연히 내추럴 와인을 알게 되고, 중요한 생산자를 만나 영향을 받고, 결국 그 또한 내추럴 와인 생산자가 되었다. 현재 그의 와인이 배정되기를 애타게 기다리는 전 세계의 거래처가 수두룩하다. 간단히 몇 줄로 줄여보니 그의 인생이 매우 운 좋고 평탄한 듯 보이지만, 그의 아름답지만 깊이를 알 수 없는 와인들을 마셔보면 생각이 달라지게 될 것이다.

함께한 와인

악셀의 와인은 첫 모금은 늘 가볍게 느껴지지만 시간이 지나고 잔을 거듭할수록 깊이가 생기는 묘한 와인이다. 탄산 침용을 많이 사용해 남쪽 포도의 강한 보디감을 줄여, 마시기에 매우 편하고 맛있는 와인들이다.

(No.1) Avanti popolo

아반티 포폴로

씹히는 듯한 과일 맛과 술술 넘길 수 있는 편안함이 매력적이다. 하지만 시간을 들여 마신다면 더 좋을 와인이다.

(No.2) Les lendemains qui chantent

레 랑드망 키 샹트

100% 그르나슈로 만든 레드와인. 섬세하고 프레시하며 우아하다.

앙토니 토튈

Anthony Tortul

라 소르가
La Sorga

NATURAL
WINEMAKER
No.36

앙토니 토튈
Anthony Tortul

26살이었던 앙토니가 라 소르가를 세우고 내추럴 와인을 만들어 세상에 내놓기 시작하던 시기는 프랑스를 비롯한 유럽과 미주에서 내추럴 와인 시장이 서서히 날갯짓을 시작하던 때였다. 본격적으로 내추럴 와인 시장이 움직이기 시작한 게 2010년 무렵부터였는데, 앙토니의 첫 와인은 2008년 포도로 만들어져 2009년부터 선을 보이기 시작한 것이다. 그는 곧바로 내추럴 와인계의 "젊은 재능"이라는 찬사를 받기 시작했고, 꽤 오랫동안 이 타이틀을 유지했다. 이제는 마흔 고개를 넘은 앙토니. 하지만 그는 여전히 새로운 아이디어로 충만한 '젊은' 영혼이다. 이 젊은 영혼은 내가 주최하는 내추럴 와인 페어 살롱 오를 찾아 한국을 벌써 2번이나 방문했고, 그때마다 유럽과 다른 한국의 '젊은' 감각에 푹 빠져들곤 한다.

툴루즈 남쪽의 산악 지방 아리에쥬Ariège에서 태어난 앙토니는 고등학교를 마치고 화학을 전공하려던 참이었다. 잠시 툴루즈로 여행을 갔는데, 그때 근처 질소비료 공장의 대대적인 폭발 사고가 있었다. 이 사고로 막대한 질산암모늄이 폭발하면서 30여 명이 사망하거나 다쳤고, 근처 건물들까지 폭파되었다. 2001년 9월 21일에 일어난 이 사건은 앙토니의 인생을 완전히 바꾸었다. 고등학교에서 화학과 과학에 특히 뛰어났던 그는, 대학에서 화학을 전공하기로 결정했고 막 입학을 한 상태였다. 하지만 이 폭발 사고를 겪은 후, 그는 자연과 함께하는 일을 할 수 있는 분야를 공부해야겠다는 결심을 한다.

자연을 가까이할 수 있으면서, 과학, 화학에 대한 재능을 살릴 수 있는 일. 바로 와인 양조였다. 우선 2년짜리 양조 과정BTS에 등록을 했다. 와인에 대해 아무런 지식이 없는 그는 외계어처럼 느껴지는 용어들과 함께 2년 과정을 꽤 재미있게 마쳤다. 학업을 마친 후, 양조에 대해 끝까지 가보고자 보르도 3대학의 양조학과에 지원을 했다. 보르도 3대학 양조학과는 입학 허가를 받는 것도 어렵지만 학위를 받는 것은 더더욱 어려운 학교인데, 그는 무사히 양조학 학위를 받았다. "하지만 양조학 학위, 그런 게 대체 무슨 소용이 있는지 모르겠어. 어렵게 공부는 마쳤는데 내가 지금 만들고 있는 내추럴 와인과는 사실 아무 관계가 없거든. 양조 과정 정도면 충분했어. 거기서 배운 지식 정도면 충분한 거였다고." 하지만 나의 시각에서 그를 보면, 그는 테이스팅을 함께하거나 발효, 숙성 중인 와인에 대해 설명할 때 온갖 양조학적 용어를 적절하게 구사해서 이

516

해를 돕는다. 또한 기후 변화에 대처하는 방식도 기본적으로 양조학적 테크닉에서 기인한다는 아이러니를 갖고 있는데, 본인만 실감하지 못할 뿐이다. 양조학 공부가 지금의 그에게 많은 도움을 준 것이 분명하다는 건 나의 개인적인 결론일 뿐이지만.

"현대 양조학은 내추럴 와인과 정반대의 결을 가지지만, 바로 그 양조학 전공을 하면서 나는 내추럴 와인을 발견했어. 게다가 와인 시음을 주관하셨던 교수님은 개인적으로 내추럴 와인만 드시는 분이셨거든." 2000년대 초반 보르도 3대학 양조학과의 테이스팅교수가 내추럴 와인 애호가였다? 상당히 흥미로운 이야기였다. "물론 학교 강의 시간에 내추럴 와인을 시음용으로 내놓거나 내추럴 와인과 관련된 얘기를 하시지는 않았어. 하지만 개인적으로 함께 와인을 마실 때는 꼭 내추럴 와인을 마셨지." 교수님과 사적으로도 와인을 많이 마셨는지 물으니 "응, 시음에 관한 한 내가 늘 최고였거든. 다 맞추곤 했어. 하하. 사실 양조학은 학위를 취득한 후 양조 컨설턴트가 되거나 실험실에서 근무하는 경우가 많아. 와인을 '마셔야 하는' 혹은 '꼭 알아야 하는' 건 아니라서, 내 동기들 중에는 심지어 와인을 별로 좋아하지 않는 친구도 있었어. 테이스팅은 성적만 채우면 되는 과목이었거든." 그런데 앙토니는 진심을 다해 시음을 하고 늘 최고의 성적을 거뒀으며, 게다가 내추럴 와인에 대한 이야기까지 사적으로 나누는 사이였으니 교수님의 애제자였을 수밖에 없었을 것이다.

그는 학업을 마친 후에는 고향으로 돌아가 큰 와이너리에서 와인 양조를 하며 정착을 할 계획이었다. 우선 몇 달간 인턴으로 대규모 와이너리에서 양조를 담당했다. 그런데 상황이 예상했던 대로 흘러가질 않았다. 그 와이너리는 유기농 경작을 했고 배양 효모도 사용하지 않았기에 선택을 한 것이었는데, 문제는 주인이 와인에 이산화황을 넣으라고 강요를 한 것이다. 그리고 필터링도 포기할 수 없다는 것이다. 이를 계기로 그는 만들고 싶은 와인을 마음껏 만들어야겠다고 결심을 한다. 그리고 창업할 돈을 벌기 위해 대형 양조 협동조합에 취직을 했다. 프랑스 전체 와인 소비의 99%는 저렴한 와인들이다. 바로 그런 식의 소비를 위한 와인을 만드는 곳이 대형 양조협동조합이었는데, 앙토니는 협동조합의 경험으로 인해 더욱 더 자신이 원하는 방향에 대한 확신을 얻었다. 본인이 마실 수 없는 와인을 만들어야 하는 그 어쩔 수 없는 경험이, 그를 더욱 간절하게 내추럴 와인 양조로 이끈 것이다.

그리고 2008년, 그는 드디어 창업을 하게 된다. 앙토니는 자신이 직접 일구는 포도밭에서 와인을 만들기보다는 좀 더 다양한 테루아를 다뤄보고 싶었다. 일단 수많은 지역을 방문해 다양한 테루아를 모두 직접 보고 선택을 했다. 놀랍게도 유기농 포도를 발견하는 것은 생각보다 어렵지 않았다. 그리고 좋은 테루아 역시 계속해서 발견할 수 있었다. 원래는 화이트와인만 만들려고 했는데, 엄청난 테루아의 레드 품종을 발견하고는 레드와인까지 만들었다. 사실 그는 레드와인 양조 경험밖에 없었다. 하지만 그는 화이트와인에 대한 개인적인 애정이 있었고, 본인이 마실 수 있는 와인을 만들어야 하니 용감하게 화이트와인만 만들자고 결심했던 것이다. 하지만 경험이 없는 화이트와인과 로제와인를 양조하면서, 혹시나 하는 의구심에 처음 두 해 동안은 병입 시 이산화황을 살짝 넣었다. 개인적 의견이지만, 이는 양조학 전공자의 공통된 특징이다. 처음부터 경험 없이 완전히 이산화황을 배제한 와인을 만드는 것은 양조 학위를 받은 사람들에게는 거의 불가능한 일이 아닐까 싶다. 그는 이산화황을 넣은 와인이 시간이 가면서 변해가는 모습에 실망을 했고, 2010년부터 완벽하게 순수한 내추럴 와인만을 만들고 있다.

그가 양조를 시작한 지 얼마 안 되어 병입한 와인이 있었는데, 이상한 맛이 났다. 바로 마우스Souris/Mouse였다. 사실 이 맛은 어쩌면 화학제를 사용한 양조를 하기 이전에 존재했었을 것이다. 하지만 그 이후 오랫동안 와인에 존재하지 않는 맛이었다. 땅이 깨끗해지고 양조에 항산화제를 사용하지 않으면서 다시 돌아왔다고 짐작하는 사람들도 있지만, 이론적으로나 과학적으로 증명된 바는 없다. 어쨌든 앙토니는 눈물을 머금고 해당 와인을 3유로 정도에 '땡처리'를 해버렸다. 싸게 팔고 남았던 소량의 와인은 그냥 보관을 했는데, 2년 후 파리에서 살롱을 할 때 친구들과 마시려고 가지고 갔다. 그런데… 맛이 너무 좋았다. 와인을 믿고, 다시 제맛을 찾기를 기다렸어야 하는 것이다!

앙토니의 와인은 2016년부터 한국에 수출되기 시작했는데, 첫 수출에 포함되었던 '샤젠Chatzen'이라는 퀴베가 있다. 2010년의 포도로 양조한 와인인데, 2016년에야 세상에 선을 보인 것이다. 앙토니는 3유로에 와인을 처분하는 실수를 한 이후, 이렇게 오랫동안 기다렸다가 와인이 준비가 되면 판매를 시작한다. 샤젠은 당시 한국에서 선풍적 인기를 끌며 앙토니의 '라 소르가'를 한국 소비자들에게 각인시켰다. 양조학적으로 부적합 사유인 볼라틸(휘발산)이 꽤 높은 자유로운 영혼 같은 와인이었다. "그 와인은 전 세계적으로 팬이 많았어. 소비자는 바보가 아니라구. 감성을 울리는 와인을 선호하지."

내추럴 와인을 좋아하고 많이 마시는 사람이라면 한번쯤 '브루탈 Brutal'이라는 와인을 본 적이 있을 것이다. 이름과 레이블은 같은데, 생산자는 다양하고 와인도 다양하다. 이 유명한 퀴베는 사실 앙토니에 의해 탄생된 것이다. 정확히 얘기하면 앙토니와 다른 3명의 생산자-호안 라몬Joan Ramon(에스코다Escoda), 라우레아노 세레스Laureano Serres 그리고 헤미 푸졸Rémy Pouzol(르 탕 페 투Le Temps Fait Tout)가 함께 시작한 프로젝트다. 그들이 앙토니의 양조장을 찾았던 2013년의 여름의 일이었는데, 당시 숙성 중인 오크통 100여 개를 하나하나 시음하고 다들 꽤나 기분 좋게 취한 상태였다. 그런데 이중 스페인에서 온 호안과 라우레아노는 테이스팅을 하면서 계속 "브루탈, 브루탈!"을 외쳤다. "프랑스어로 브루탈은 끔찍하거나 안 좋다는 거잖아. 근데 왜 자꾸 저러나 싶어서 왜 그러냐고 했더니,

'아냐 아냐 절대 아냐! 너무 좋아서 그래!'라고 하는 거야. 하하하."

그날 저녁 모두 함께 식사를 하는 자리에는 악셀 프뤼퍼도 함께 했
는데 그 역시 같이 "브루탈!"을 외쳤다.

다음 날 아침, 앙토니는 일어나자마자 브루탈 레이블을 만들었다.
그리고 그의 퀴베 중 최고로 좋은 것을 선택해 브루탈로 병입했다.
이건 모든 사람들한테도 마찬가지였다. 가장 좋은 퀴베여야 하고,
좋은 에너지를 가진 '브루탈'을 외칠 수 있는 와인이어야 한다는
것이 조건이었다. 100% 내추럴 와인이란 조건은 기본이었다. '브
루탈'은 이후 상당한 반향을 일으키며 크게 성공을 거두었고, 다양
한 내추럴 와인 생산자들이 브뤼탈을 만들었다. 레코스테Le Coste,
바바스Babass, 장 피에르 호비노Jean Pierre Robinot, 알랑 카스텍스, 파
트릭 부쥐, 옥타방Octavin 등. 그러나 나중에는 누구나 만들 수 있는
퀴베가 되었다. 그래서 앙토니는 브루탈 생산을 중단했었다. 너무
많은 사람들이 아무런 규제 없이 만들게 되었기 때문이다. 그래서
그는 다시 옛날처럼 브뤼탈을 만들고자 한다. 새로운 레이블도 준
비되었다. 진정 '브루탈'한 와인만 쓸 수 있는 레이블이 되길 바라
며 말이다.

앙토니는 언젠가는 태어나고 자란 곳으로 돌아가고 싶어 한다. 이
제 마흔이 된 그는, 10년 후에는 생산량을 확 줄인 후 아리에쥬의
산으로 가는 꿈을 꾼다. 그곳에서 포도밭을 가꾸며 와인을 만들며
살고 싶단다. 그곳은 프랑스 전역에서 가장 인구 밀도가 적은 곳
중 하나이고, 그래서 돌아가고 싶다고 한다. 사실 아리에쥬는 중세

까지 아주 유명했던 와인 생산지이고, 왕을 위해 와인을 만들던 곳이었지만 필록세라 사건 이후 포도밭이 거의 사라졌다. 이를 다시 살려내고 키우고 싶은 것이 그의 소박하지만 원대한 꿈이다.

함께한 와인

'젊은 영혼'의 소유자 앙토니는 와인 역시 그 젊은 영혼의 끼를 잔뜩 발휘해 독창적이고 유니크한 와인을 만든다. 그가 랑그독 루시용 전역을 누비며 골라낸, 마음에 드는 테루아에서 생산된 온갖 종류의 포도에 그만의 색채를 입힌 와인들이다.

No.1 Noir Metal
누아 메탈

카베르네 프랑 100%. 약간의 스모키함과 초콜렛 뉘앙스를 지녔다. 깊고 강건하지만 신선하다.

No.1 Rouge et Noir
후즈 에 누아

그르나슈 누아, 그르나슈 블랑, 그르나슈 그리. 총 3종의 그르나슈가 들어간 와인이다. 감귤류의 향이 엷은 장미로 바뀌었다가 흰 후추 쪽으로 흐른다.

No.1 Maître Spinter
메트르 스펭테흐

화이트 품종인 픽풀Picpoule 100%로 만든 와인. 하얀 과일 향이 압도적이었다가 감귤류 그리고 매력적인 염분도 느껴진다. 뒤이어 따라오는 미네랄은 행복한 플러스.

Sylvie Augereau

실비 오쥬로

WINERY

도멘 실비 오쥬로 Domaine Sylvie Augereau &
라 디브 부테이유 La Dive Bouteille 운영

실비 오쥬로
Sylvie Augereau

프랑스의 내추럴 와인 살롱 '라 디브 부테이유La Dive Bouteille'(이하 '라 디브')는 프랑스를 비롯해 구대륙 전체의 내추럴 와인 생산자들뿐만 아니라 신대륙(북미, 남미, 오세아니아, 아프리카 등)의 생산자들까지도 참여하는 초대형 내추럴 와인 행사다. 그리고 이 행사의 와인 선정을 비롯해 진행과 관련된 모든 일을 주관하는 사람이 바로 실비 오쥬로다. 라 디브는 규모 면에서나 역사적 측면에서 현재 전 세계적으로 가장 중요한 내추럴 와인 행사라고 할 수 있다.

사실 실비는 '라 디브 운영자'라는 타이틀 이전에 최고의 내추럴 와인 저널리스트다. 계속해서 와인에 대한 새로운 책을 집필하며, 프랑스의 와인 전문 잡지인 〈에흐 베 에프RVF(Revue de Vin de France)〉와 〈르 누벨 옵세르바퇴르Le Nouvel Observateur〉(1964년에 창간된 프랑스의 주간 잡지)에 정기적으로 내추럴 와인에 관한 글을 쓰고,

라디오 프랑스에도 정기적으로 출연한다. 여기까지만 봐도 이미 그녀의 다이어리는 일 년 내내 빼곡한 스케줄로 채워져 있을 것 같은데, 2016년부터는 루아르에서 직접 내추럴 와인을 만들고 있는 와인 생산자이기도 하다. 그야말로 넘치는 열정과 에너지의 소유자가 아닐 수 없다.

개인적으로 그녀와 친분을 쌓은 지도 벌써 8년이 되어 가는데, 우리는 같은 여성으로서 남초 현상이 극심한 와인 업계를 바라보는 시각을 나누기도 하고, 현재 내추럴 와인계의 떠오르는 별은 누구인지 의견을 나누거나, 최근에 마셨던 맛있는 와인 이야기를 하기도 한다. 서로 멀리 있어 일 년에 한두 번 만나는 것이 전부지만 그럴 때마다 늘 함께 나누고 싶었던 이야기가 한가득 넘친다.

실비는 어릴 때부터 와인을 즐겼다고 한다. 하지만 그녀가 내추럴 와인을 처음 만난 것은 성인이 된 후, 90년대 말쯤이었다고 한다. 화끈한 성격의 실비는 곧바로 내추럴 와인 생산자들을 찾아 나섰다. "어머, 그런데 와인만 좋은 게 아니었어. 사람들까지 너무 좋은 거야. 하나같이 깨어 있고, 유쾌하고, 열린 사람들이었어. 뜨거운 가슴과 열정까지 갖춘. 그리고 그런 모든 것들이 그들의 와인에 녹아 있었지!"

그녀의 첫 번째 내추럴 와인 경험은 보졸레의 전혀 알려지지 않은 어느 작은 생산자였다. 쥘 쇼베의 영향을 받은 분이었는데, 마르셀 라피에르처럼 여러 사람들과 교류하기보다는 그저 혼자 조용히 와인을 만드는 분이셨다. 그녀야말로 지금까지 거의 모든 내추럴 와인 생산자들을 만나보았을 텐데, 내추럴 와인에 대한 지식을 쌓은 후 만난 생산자 중에 가장 놀라운 사람이 누구인지 궁금했다. "샤흘리 푸코Charly Foucault(루아르의 와이너리 클로 후자르Clos Rougeard의 생산자. 샤흘리는 예명이고 본명은 장 루이Jean Louis다.)가 가장 놀라웠어." 샤흘리는 안타깝게도 지난 2015년 12월에 타계했는데, 더 안타까운 소식은 그가 타계한 후 그의 와이너리 클로 후자르가 프랑스의 거대 기업에 매각되었다는 것이다. "그는 와인을 만드는 집안의 4대손이었는데, 그저 예전에 할아버지가 만들던 방법으로 와인을 만들었을 뿐이라고 했어. 샤흘리는 워낙 머리가 좋고 활짝 열린 생각을 갖고 있는 사람이라서, 다른 사람들의 와인을 어마어마하게 테이스팅하고 그 안에서 계속해서 해답을 찾았지. 그러한 과정에서 그는 우리가 잊고 있던 것들을 살려낸 거야. 펌프를 사용하지 않고 중력을 이용해서 병입을 한다든가 하는, 정말 간단한 옛날 양조 방법들 말이야. 옛날의 방법에서 그는 정답을 찾아낸 거지."

실비는 내추럴 와인 생산자의 시대를 둘로 나눠 생각한다. 첫 세대는 세계대전 이후 시작된 모든 화학제(제초제, 비료 등)를 불신하며 예전 방식을 고수한 사람들이다. 그들은 양조학이라는 신개념의 도입으로 인해 평준화되고 잘 팔리는 와인, 이른바 '쉽게 만들 수 있는 와인'을 만드는 사람들과 대적할 수 없었고 그저 묵묵히 자신의 와인을 만들 뿐이었다. 그다음 세대는 마르셀 라피에르 등으로 대표되는 '내추럴 와인 생산자들'이다. 이미 첫 세대가 예전 방식을 고수하며 와인을 만들었고, 이로 인해 발생된 모든 문제들을 어

느 정도 감싸 안았기 때문에 그다음 세대의 와인 생산자들은 첫 세대가 만들어 놓은 길을 '생각보다 편하게' 갈 수 있었다. 내추럴 와인에 대해 이보다 명쾌한 해석이 또 있을까.

나는 사실 앞서 언급한 두 세대를 함께 묶어서 내추럴 와인메이커스 1세대라고 생각했었다. 생각해보니, 이 두 세대를 동시에 아우르는 사람이 있다. 바로 피에르 오베르누아가 아닐까. 그는 화학제와 제조제를 그의 지역에 소개하러 온 세일즈맨의 이야기를 듣지 않았고, 예전 방식을 고수하다가 쥘 쇼베의 영향을 받고 본격적으로 그리고 과학적인 방법으로 내추럴 와인을 만든 생산자이기 때문이다. 또한 이 책에 실린 클로드 쿠흐투아 또한 그러하다. 실비와 얘기를 하다 보면 나는 늘 속이 시원하게 뚫리는 듯한 느낌을 받는다.

그녀가 재미있는 예를 들었다. "내추럴 와인 생산자가 한창 발효가 진행 중인 와인 샘플을 실험실에 들고 가서 분석을 할 때는, 살아 있는 미생물이 많은지 확인하려는 거잖아? 그런데 반대로 컨벤셔널 생산자가 샘플을 들고 실험실에 갈 때는 와인에 아무것도 없는지, 살아 있는 미생물이 확실하게 하나도 없는지를 확인하려는 거야." 내추럴 와인과 컨벤셔널 와인의 특성이 확연하게 구분되는 설명이다. 테루아와 와인의 효모는 아주 밀접하게 관련이 있고, 내추럴 와인은 바로 이 살아 있는 미생물의 하나인 천연 효모의 문제다. 천연 효모는 테루아마다 다르고, 또 해마다 그 유형과 특성이 다르니, 내추럴 와인은 당연히 효모의 직접적인 영향을 받는 것이다. "요즘 프랑스 사람들이 내추럴 와인을 살 때 뭐부터 묻는 줄 알아? 이거 얼마나 견디나요? 이런 바보 같은 질문이 어딨어. 그래서 나는 '아, 당신이 늙어 꼬부라져도 마실 수 있는 힘만 있다면 그때까지도 멀쩡해요!'라고 답하곤 해. 사실 샤흘리는 다음 세대를 위한 와인을 만든 거야. 정말 위대한 카베르네 프랑이지. 근데 뭐? 내추럴 와인은 오래 못 견디죠? 웃기는 소리지."

실비는 대학을 졸업한 후 루아르 지역의 작은 신문사에서 일하면서 대단한 경험을 쌓을 수 있었다고 한다. 만약 큰 신문사에서 일했다면 사회 초년생이 생각해보지도, 경험하지도 못했을 일들을 그곳에서는 그녀에게 맡긴 것이다. 본인 이름으로 연재도 했다. 루아르 지역 소뮈르 근방의 와이너리들을 방문해 기사로 연재하면서, 일주일에 한 번씩 와이너리 방문과 인터뷰 테이스팅을 진행했다. 그 후 홍보 일도 잠시 했었는데, 남들은 사십 대에 겪는다는 중년의 위기를 그녀는 나이 삼십이 되면서 맞이했다. "그때는 내 옆에 있는 남자친구도 싫었고, 내 직업도 싫었어. 내가 뭘 좋아하지? 생각해봤는데 바로 와인인 거야." 그래서 그녀는 와인에 대한 책을 쓰는 것으로 인생의 방향을 결정했다. 참 신기하게도 나와 인생 전환의 시기, 그리고 그 이유까지 동일하다!

와인 책을 쓰려면 일단 와인 양조에 대한 모든 것을 알아야 한다는 생각에 그녀는 프랑스 전역의 와이너리를 돌며 일을 하고 글을 썼다. 2년에 걸친 대장정이었는데, 대부분 내추럴, 비오디나미 와이너리였다. 여행을 하면서 쓴 글은 〈에흐 베 에프〉 지면에 기고를 했다. 그리고 돌아와서는 기고했던 글을 엮어서 책으로 완성했다.

살롱 라 디브 부테이유는 원래 루아르의 도멘 브르통Breton에서 루아르의 생산자들을 위해 만든 작은 행사였다. 그러다 브르통 측에서 실비에게 운영을 맡아달라고 요청을 한 것이 2002년. 당시만 해도 약 20여 명의 생산자들이 모인 작은 테이스팅 행사였다. 사실 실비는 이 행사가 정확히 무엇인지 잘 몰랐다고 한다. 다만 브르통의 요청을 흔쾌히 받아들였던 이유는, 그녀가 2년 동안 전국을 돌며 만난 모든 내추럴 와인 생산자들에 대한 감사의 표시였다. 언제든지 문을 열어 주고, 잠자리를 마련해주고, 아낌없이 이야기와 와인을 나누어 주었던 사람들에 대한 그녀 나름대로의 보답이었던 것이다. 나는 이 대목에서 그녀와 정말 깊은 공감을 나눌 수 있었다. 나 역시 혼자 와이너리를 찾아 다닐 때는 여러 내추럴 생산자들의 배려를 통해 동가식서가숙으로 생활했기 때문이다.

그녀가 라 디브를 맡은 첫해부터 행사는 활기를 띠기 시작했다. 2003년에는 각 생산자에게 각자 한 사람씩 다른 젊은 생산자들과 함께 부스에 참여하라고 했고, 두 번째 해에는 모두 가장을 하고 행사에 참석하라는 조건을 걸었다. 행사의 규모가 커지고 더 재미있어진 것이다. 물론 농담인 줄 알고 그녀의 요청을 따르지 않은 생산자도 몇 있긴 했지만, 대부분의 생산자들은 아스테릭스, 달리다 등 유명한 인물들로 가장을 하고 왔다. 이는 기존 체제에 혁명을 일으킨 내추럴 와인의 정신과도 너무 잘 맞았고, 라 디브를 찾는 모든 사람들이 함께 열광했다. 이런 이야기가 입소문을 타면서 라 디브를 찾아오는 해외의 수입사들이 기하급수적으로 늘어나기 시작했다. 2022년에 열린 라 디브는 약 4,000여 명이 넘는 방문객을 맞았다. 실비에 따르면 매년 방문객 수가 늘어나고 있다고 한다.

라 디브는 해마다 새로운 테마를 정하고, 이에 맞는 재미있는 포스터를 제작한다. 라 디브를 매해 찾고 있는 나 또한 올해는 또 어떤 재미있는 포스터와 주제가 있을지 기다려진다. 라 디브에 소개되는 모든 와인은 실비가 일일이 시음해본 후 결정한다. 생산자의 사람 됨됨이도 꼭 본다. 한 번은 와인은 괜찮았는데, 생산자가 동성애에 반대하는 입장이라는 것을 알고 초대를 취소했던 적도 있다.

그녀는 2016년에 와인 생산자로서 인생의 또 다른 장을 열었다. 그녀의 와인은 첫해보다 두 번째 해가 좋았고, 그다음 해가 또 더 좋았다. 실비는 와인 생산자로서도 눈부신 발전을 거듭하는 중이다. 내추럴 와인이 급격히 성장하고 전 세계로 퍼져나가는 현상을 누구보다 가까이에서 지켜보고 있는 그녀. 그녀가 보는 내추럴 와인의 미래는 어떨까. "오히려 고요할 듯해. 시장이 폭발하는 것과 동시에 점점 더 많은 새로운 생산자들이 유입되고 있으니까. 그리고 새로운 세대, 새로운 고객들은 기존 세대보다 와인을 대하는 태도가 더 솔직하고, 더 개방적인 것 같아. 하지만 조심해야 해. '내추럴 와인이니까'라는 말로 와인의 결점을 묵과하면 안 돼. 이제는 더욱 정교하게 잘 만들어진, 진정한 내추럴 와인만 받아들여지는 시장이 되지 않을까 싶어."

실비 오쥬로의 저서

«Carnet de vigne 1» 2007, Epure

«Carnet de vigne 2» 2009, Hachette

«Carnet de vigne 3» 2010, Hachette

«Soif d'Aujourd'hui» 2016, Tana

«Le Vin, par ceux qui le font, pour ceux qui le boivent» 2018, Tana

함께한 와인

기자에서 작가로, 다시 생산자로 변신한 실비.
다양한 삶의 궤적만큼 그녀의 와인이 보여주는
스펙트럼 역시 넓고 풍부하다. 해마다 발전하고
있는 실비의 와인은 마실 때마다 놀랍다.

(No.1) **Pulpe**

쀨프

슈냉 블랑으로 빚어진 프레시한 와인. 레몬 계열의 향과 탄탄한 미네랄이 주는
구조감이 더할 나위 없이 잘 어울린다.

(No.2) **Les Manquants**

레 망캉

100년이 넘은 카베르네 프랑이 주는 부드러우면서 힘있는 보디감. 스파이스한
느낌조차 우아하다.

(No.3) **Peau**

포

오래된 슈냉 블랑을 스킨 콘택트 방법으로 양조한 와인. 놀라울 정도의 복합미를
내뿜는다.

내추럴 와인메이커스
두 번째 이야기

1판 1쇄 인쇄	2023년 2월 10일
1판 1쇄 발행	2023년 2월 20일

지은이	최영선
사진	임정현
펴낸이	김기옥

실용본부장	박재성
편집 실용2팀	이나리, 장윤선
마케터	이지수
판매 전략	김선주
지원	고광현, 김형식, 임민진

디자인	스튜디오 고민
인쇄 · 제본	민언프린텍

Photo credits
p. 527~538 ⓒ김진호

펴낸곳 한스미디어(한즈미디어(주))
주소 121-839 서울시 마포구 양화로 11길 13(서교동, 강원빌딩 5층)
전화 02-707-0337 | 팩스 02-707-0198 | 홈페이지 www.hansmedia.com
출판신고번호 제 313-2003-227호 | 신고일자 2003년 6월 25일

ISBN 979-11-6007-893-0 13590